材料电化学基础

邱萍　董玉华　张瑛　编

化学工业出版社

·北京·

内容简介

《材料电化学基础》全书共分为 8 章，第 1 章绪论简要介绍了电化学科学的发展、组成体系和应用范围；第 2、3 章系统介绍了电化学的基本原理，包括电极界面双电层结构及电位，以及电极过程动力学基础；第 4、5 和 6 章主要介绍了电化学原理在化学电源、电催化和光电化学中的应用；第 7 章介绍了金属在不同环境中的典型腐蚀现象以及电化学保护；第 8 章则介绍了各种电化学测试方法，包括极化曲线、电化学阻抗谱、电化学噪声等常规测试技术及其在不同领域的应用，以及各种微区测试技术等。

《材料电化学基础》可作为高等学校材料科学与工程、材料腐蚀与防护专业、化工专业、油气储运专业的教材使用，也可供相关专业的工程技术人员参考。

图书在版编目（CIP）数据

材料电化学基础/邱萍，董玉华，张瑛编. —北京：化学
工业出版社，2021.1（2024.1重印）
ISBN 978-7-122-38203-0

Ⅰ.①材…　Ⅱ.①邱…②董…③张…　Ⅲ.①材料科
学-电化学　Ⅳ.①O646

中国版本图书馆 CIP 数据核字（2020）第 244941 号

责任编辑：陶艳玲　　　　　　　　　　　　文字编辑：林　丹　骆倩文
责任校对：李雨晴　　　　　　　　　　　　装帧设计：关　飞

出版发行：化学工业出版社（北京市东城区青年湖南街 13 号　邮政编码 100011）
印　　装：北京盛通数码印刷有限公司
787mm×1092mm　1/16　印张 12½　字数 311 千字　2024 年 1 月北京第 1 版第 5 次印刷

购书咨询：010-64518888　　　　　　　　　售后服务：010-64518899
网　　址：http://www.cip.com.cn
凡购买本书，如有缺损质量问题，本社销售中心负责调换。

定　　价：45.00 元　　　　　　　　　　　　　　　版权所有　违者必究

前 言

电化学原理与技术在现代生产中已应用于多个领域，如在化学电源、电催化和光电化学、金属材料腐蚀与防护、能源制备等领域得到了广泛的运用，对国民经济的发展起到了重要的促进作用。为适应国家对"新工科"建设的倡导，更加贴合材料电化学领域专业人才培养需求，特编制《材料电化学基础》一书。

全书共分为 8 章，第 1 章绪论简要介绍了电化学科学的发展、组成体系和应用范围；第 2、3 章系统介绍了电化学的基本原理，包括电极界面双电层结构及电位，以及电极过程动力学基础；第 4、5 和 6 章主要介绍了电化学原理在化学电源、电催化和光电化学中的应用；第 7 章介绍了金属在不同环境中的典型腐蚀现象以及电化学保护；第 8 章则介绍了各种电化学测试方法，包括极化曲线、电化学阻抗谱、电化学噪声等常规测试技术及其在不同领域的应用，以及各种微区测试技术等。

本书第 1、4、5、6 章由邱萍编写，第 2、3、7、8 章由董玉华、张瑛编写。最后统稿由邱萍、董玉华、张瑛共同完成。

本书承蒙陈长风教授的审阅，并提出宝贵意见，在此表示衷心感谢。本书的出版得到中国石油大学（北京）教改项目基金的资助，特此表示感谢。

限于水平和时间，书中不当之处在所难免，欢迎读者批评指正。

编 者
2020 年 7 月

目 录

第1章

绪　论

导言 ▶▶▶

　　本章主要介绍了电化学科学的发展历程，电化学在环境净化、氢的有效使用、化学电源、电催化、太阳能转换以及腐蚀与防护领域的应用，重点掌握电化学科学的研究对象、法拉第定律以及电化学体系中阳极和阴极的定义。

1.1　电化学科学

　　电化学科学发展的历史很奇特。伽伐尼（Galvani）1791 年发表的《论在肌肉运动中的电力》一文中首次阐述了生物电的存在。1794 年意大利物理学家伏特（Volta）实验中发现只要有两种金属同时接触蛙腿，蛙腿就会产生抽搐。因此提出，金属是真正的电流激发者，而神经与肌肉起到连接两种不同金属（托盘和刀片）的作用，并对这个问题进行了更深入的研究，1800 年他宣布发明了伏打电堆。1800 年，尼克松（Nichoson）和卡利苏（Carlisle）首次利用伏打电堆电解水溶液，并发现两个电极上有气体析出，实现了电解水的第一次尝试。法拉第（Faraday）在 1834 年发表了他的电解定律，根据这一定律，通过一定量的电荷就会沉积出一定量的物质，在电解过程中，阴极上还原物质析出的量与所通过的电流强度和通电时间成正比。

　　随后的 1889 年，蒙德（Mond）和朗格尔（Langer）以铂黑为电催化剂，以铂为电流收集器，组装出了世界上第一组燃料电池。在氢氧燃料电池中，发生的正是上述水电解的逆过程，即将化学能转化为电能。氢气与氧气通过电极表面，自发地与电解质进行电荷的传递，因此产生了电能与水（图 1-1）。

　　1897 年杰克（Jacques）在 Harper 杂志上提出使用燃料电池作船舶动力的详细设计，并指出所需要的燃料比通常燃煤的船舶所消耗的燃料要少得多。

　　此外，日常生活中涉及的电化学过程随处可见，如金属的腐蚀。当金属暴露于空气中，除了贵金属外，所有金属均有发生电化学腐蚀的倾向（图 1-2）。金属表面的某些原子倾向于放出一个或两个电子而本身变成离子进入薄液膜中。在酸性环境中，这些电子从金属中移出，通过几个埃（$1\text{Å}=10^{-10}\text{ m}$）的距离与质子（$H^+$）结合成氢原子，氢原子再彼此结合形成氢分子。而在中性或碱性环境中，电子会与溶解在薄液膜中的氧气相结合，形成羟基。

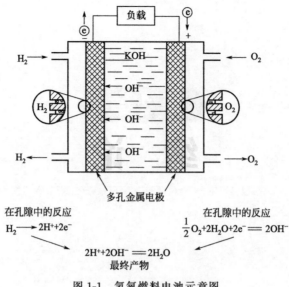

图 1-1　氢氧燃料电池示意图

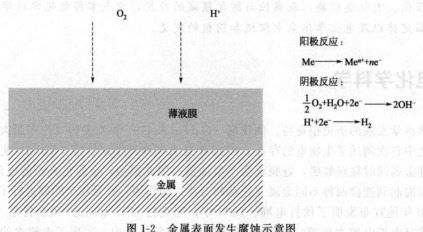

图 1-2　金属表面发生腐蚀示意图

这个过程在表面的各个部分反复进行着，其净结果是金属溶解成离子并放出氢气或形成羟基氧化物。该过程的速率是通过金属-溶液界面的电位差来控制的。因此，材料的耐蚀性和电化学有关。

　　另一个例子涉及生物医学材料。当将一个外部材料植入人体时，血液与植入物相遇将凝结并形成血栓的沉积物。这种由外来材料引起的凝结作用，是人们制造永久性人工植入材料的主要障碍。索耶（Sawyer）与斯里尼瓦桑（Srinivasan）发现，血液的凝结取决于植入材料与血液之间的界面电位差（图 1-3）。

　　此阶段的电化学科学仍处于实验阶段，并开始逐步形成进入电化学理论体系。大约在1900 年，能斯特方程式已众所周知，严格地说，这个方程只适用于平衡态热力学的情况。1905 年塔菲尔（Tafel）发现了电流密度与在该电流密度下的电极电位和无电流通过时的电极电位之间差值的关系，这就是著名的塔菲尔公式。

　　上述所有的例子都涉及两相界面间的电位差。因此电化学科学定义为研究电子导电相（金属和半导体）和离子导电相（溶液、熔盐和固体电解质）之间的界面上所发生的各种界面效应，即伴有电现象发生的化学反应的科学。

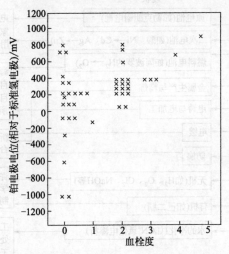

图 1-3　铂丝电极插入犬颈动脉与股动脉中血栓形成的相对程度与电极电位的函数
（每一个×代表一次实验结果，只有当电极电位为正时才形成血栓）

1.2　电化学的应用

1.2.1　环境净化

电化学技术可以使被污染的大气、江河、湖泊与海洋中止污染并转向洁净。当用原子能产生电能并用电化学方法来储存电能时，产生的核废料可能带来严重的环境污染。采用电化学沉积的方法可使其净化，净化后剩余的固体废物（具有强烈的放射性）压缩后，包装储存于矿井中。

污水也可用电化学法将其充分地转化成二氧化碳，而二氧化碳再用电化学方法转化成有用的甲醛；甚至可将酶放入氮气中使其转化成蛋白质。

电化学技术可以清除被弃置的机动车辆。因为将整个车辆投入炼钢炉会引起钢中存在一些不希望有的杂质，所以目前只有车辆中的极小一部分铁及其他金属再次使用。而电化学方法就有可能将整个车辆溶解于含有离子的盐槽中。此后，用一种电提取的方法，就可使车辆的组分分别地发生电化学沉积。计算表明，一辆车在盐槽中需溶解一星期左右，据此可得的再生原料价值约为 100 英镑。用该法获得的再生铁约占钢产量的 1/4，并且这样生产出的铁为粉末状，正是粉末冶金所需要的。

如上所述，电化学科学将成为我们未来的能量供应、材料稳定性、材料的再生与合成等的中心环节（图 1-4）。

1.2.2　氢的有效使用

随着核反应的发展，其将成为电力的主要来源，但问题是这种能量是用电流通过金属导线网进行配电，还是用其他方法进行配电。用金属线配电的困难在于金属线耗电，成本增加，这是由于导线的电阻使电压损失了"IR"伏，并浪费了"I^2R"的功率。而目前超导材料（电阻为零）大都只是在极低的温度下才保持超导性。

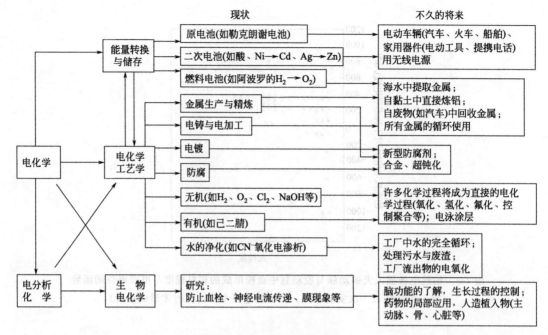

图 1-4　电化学技术的未来

　　另一条途径便是在原子能电站，利用电能去电解水，大规模产生氢气，所产生的氢用输送管送至用户（就好像天然气一样），再通过 H_2-空气燃料电池的方法提供电力（图 1-5）。这样输送的电能比用电线输送在价格上要降低 50％。

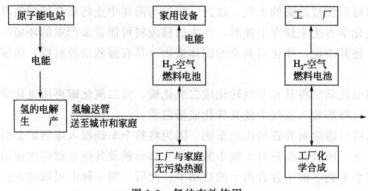

图 1-5　氢的有效使用

1.2.3　化学电源

　　利用物质的化学变化或物理变化，并把这些变化所释放出来的能量直接转换成电能的装置，叫作电源或电池。

　　把物理反应产生的能量转换成电能的装置叫作物理电源或物理电池，如太阳能电池、原子能电池等。在物理电池中，需从外部输入热、光、放射线等能量，使电池处于不稳定状态而向外部输出电流。

　　把化学反应产生的化学能转换成电能的装置叫作化学电源或化学电池。在化学电池中必须有物质发生氧化还原反应，才能释放出能量，并把这些能量转变成电能而向外部输出电流。电池中发生氧化还原反应放出能量的物质，称为活性物质。化学电源有三种主要类型：

活性物质仅能使用一次的电池叫一次电源或原电池；放电后经充电可继续使用的电源叫二次电源或蓄电池；活性物质由外部连续不断地供给电极的电池叫燃料电池。燃料电池又可分为一次燃料电池和充电后可继续使用的再生型燃料电池。

化学电源在各个领域获得了极其广泛的应用。民用方面如生活照明、家用电器、声像设备、电子钟表、电子玩具、电动工具、医疗电子等。工业方面如无线通信、邮政电信、便携电脑、仪器仪表、机电设备、矿山机械、应急照明、备用电源等。交通方面如火车、汽车、吊车、拖拉机、飞机、船舶等的启动电源和照明电源，电瓶车、电动汽车等的动力电源。军用方面如坦克、战车、舰船、潜艇、飞机、导弹。宇航方面如人造卫星、航天飞机、飞船轨道站等。因此电池是电化学应用的主要领域，也是电化学工业的主要组成部分。

1.2.4 电催化

化学催化是众所周知的现象。在不同的基体上能以不同的速度发生一定的反应，基体在改变速度中的作用称为催化作用，而基体本身并没有发生变化。

电极上的反应也有类似的情况。从平衡电位时氢释出反应速度（交换电流密度 i_0）随电极基体而变化可以看出，催化剂不同其反应速度变化可达 10^{10} 倍。

电催化的含义是电极反应速度在同样的过电位下随电极基体的改变而变化。研究指出，电极基体不同其反应速度变化可达 10^{10} 倍。如进行电解水的电池工作电压约 2V，但电池平衡电压为 1.23V，差值为氢和氧电极的过电位以及两个电极间的 IR 降之和。其中阳极上氧的过电位占了最大部分，约为 0.5V，这是由于它的 i_0 比较小。如果我们用比镍的 i_0 大十倍的其他材料来代替镍作电极，则氧的过电位有希望减小 0.1V 左右，整个电池电压将减少 5%。若电费以每兆焦 0.3 美分（每度电 1 美分）计，则由此项改革，各个单元电池每年节约的美元值为：

$$节约 = 500 \times 24 \times 360 \times 0.05 \times 0.003 \times 18$$
$$= 11664（美元/年）$$

生产电解铝的大型电化学工厂中，也像这样使过电位降低 0.01V，则由此所节约的电能价值超过百万美元。

1.2.5 太阳能转换

著名能源咨询公司爱科菲斯公司（ECOFYS Inc.）综合当前世界经济增长速度与各国能源科学发展现状，估算出 2050 年新能源将占全球总能源消耗的 90%。图 1-6 给出了新能源在 50 年内的升级路线，其中氢气能源所占比重较大。地球上所有能量均来自太阳能，所以新能源的开发必然也离不开太阳能的参与。

20 世纪 70 年代，人们就开始研究光照下半导体电极的电化学行为，并逐渐发展成为一门新学科——光电化学。光电化学过程即光作用下的电化学过程，在光照射条件下，物质中电子从基态跃迁到激发态，进而产生电荷传递。与电化学反应相类似，在光化学反应体系中也会产生电流的流动。因此，利用光电化学反应可以把光能转换成化学能或电能。光电化学是当前电化学领域中十分活跃的一个研究方向，它是光伏打电池、光电催化、光解和光电合成等实际应用的基础。

光电化学水解是一门由电化学、催化化学等多门基础理论学科发展而来的交叉学科，光电化学水解产生的大量氢气可作为生产生活中所需要的燃料。其实质是在光电协同作用下，水分子在催化剂表面化学键断裂又重新获取通过催化剂吸收的光中的能量后，再形成新的化

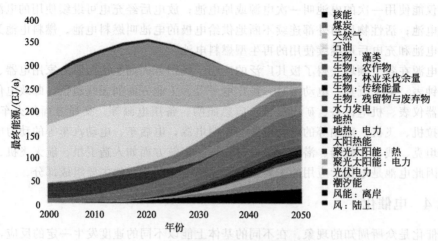

图 1-6　新能源 50 年内的升级路线

学键（即形成氢气与氧气）。半导体作为光阳极的光电化学水解过程如下：当外加电场后，在碱性环境中氢气由对电极富集的电子来还原水分子所产生，氧气则由光阳极富集空穴并氧化水中的羟基而生成，如图 1-7 所示。氧气与氢气在不同空间产生的特点，也使光电化学水解在收集高纯氢气方面具有明显优势。

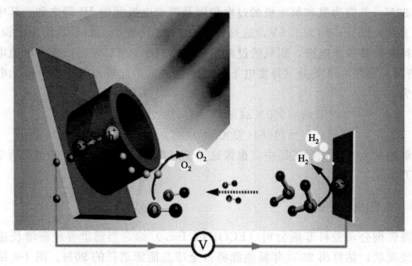

图 1-7　光电化学水解过程示意图

1.2.6　腐蚀与防护

　　材料在环境作用下发生性能下降、状态改变，直至损坏变质，这就是腐蚀。腐蚀不仅影响材料的外观，而且直接影响设备、构件、建筑物的使用寿命。现已发现，不仅是金属，几乎所有材料使用过程中在环境作用下都会发生腐蚀。导致材料发生腐蚀的环境有两类，一类是自然环境，如大气、海水、土壤等；另一类是工业环境，如酸、碱、盐溶液。绝大多数材料都在自然环境中使用，如农业机械、工业设备、城乡建筑、海港码头、海洋平台、交通车辆、武器装备、地下管道等。因此，材料的自然环境腐蚀最普遍，造成的经济损失亦最大。全世界在大气中使用的钢材量一般超过其生产总量的 60%，在大气环境中腐蚀损失的金属量约占总损失量的 50% 以上。世界各国自然环境条件差别很大，因此，自然环境的腐蚀性相差也很大。我国地域辽阔，海岸线长，土壤类型多，特别是因地处温带、亚热带，气候潮湿，自然环境腐蚀性强。随着经济建设与工业的发展，环境污染日趋严重，进一步加剧了材料的自然环境腐蚀，使设备、构件、建筑物的使用寿命明显缩短。因此，了解自然环境的腐蚀性，掌握材料在不同自然环境中的耐蚀特性及腐蚀规律，对于合理选用材料，控制腐蚀，延长设备、构件的使用寿命，减少腐蚀造成的经济损失是十分重要的。

研究腐蚀产生的原因和控制腐蚀的方法已有一百多年的历史。由于材料自然环境腐蚀存在普遍，危害大，影响因素复杂，因此很早就引起了人们的注意，并开始对它进行系统的研究。工业发达国家从20世纪初就开始对金属自然环境腐蚀进行试验研究。美国材料试验学会（ASTM）从1906年开始建立材料大气腐蚀试验网，进行多种材料的大气腐蚀试验。1912年美国国家标准局（NBS）在全国95种土壤中，建立了128个腐蚀试验站（点），埋置了333种材料、36000多个试件，进行了历时45年的土壤腐蚀试验，1957年试验结束，M. Romanoff发表了《地下腐蚀》（《Underground Corrosion》）的专著。随着造船工业的兴起和合金钢的发展，美国在赖茨维尔（Wrightsvill Beach）海滨拉奎（LaQue）建立海水与海洋大气腐蚀试验站，从20世纪30年代中期开始了金属在海水和海洋大气中的暴露试验，后来试验地区逐步扩大到东海岸其他海域及西海岸和巴拿马运河区。试验结果发现，不同大气环境、不同海域，金属腐蚀率显著不同。这些材料的自然环境腐蚀试验结果，为合理选用材料与防护措施选择提供了科学依据。

我国材料自然环境（大气、海水、土壤）腐蚀试验开始于20世纪50年代中期，1955年开始建立大气腐蚀试验网，后来又建立海水与土壤腐蚀试验网。20世纪60年代中期至70年代末试验一度中断，1980年在国家科委组织和有关部门的共同支持下，全国大气、海水、土壤腐蚀试验网全面恢复建设，开始了我国常用材料自然环境（大气、海水、土壤）中长期、系统的腐蚀试验研究。

在20世纪20年代，焊接技术发展很快，因此开始敷设焊接的管道干线，这就为广泛地应用阴极保护创造了条件。1928年，美国开始了管道的阴极保护。就在这一年，Kuhn在新奥尔良（New Orleans）的管道干线上装设了第一个阴极保护装置，开辟了阴极保护在气道上实际应用的先例。在我国，1965年以前，船舶的保护基本上采用纯锌牺牲阳极，由于杂质铁的影响，纯锌牺牲阳极的保护作用下降。自1965年起，开始应用三元锌牺牲阳极来防止舰船的腐蚀。到20世纪70年代，铝合金牺牲阳极已应用于海洋设施的防腐蚀。

电化学保护是比较经济和效率较高的防止金属腐蚀的方法。据报道，表面没有保护层的金属结构物，进行电化学保护所需的费用为结构物造价的 $1\% \sim 2\%$；如果表面有保护层，则所需的费用仅为造价的 $0.1\% \sim 0.2\%$。例如地下油气管道阴极保护费用还不到管道总投资的 1%，钢桩码头阴极保护费用为码头总造价的 2% 左右。现在，电化学保护方法的优点已经得到公认，它的应用范围将日益扩大，经济效益将更为显著。

1.3 电化学体系

1.3.1 电化学科学的研究对象

图1-8为电解池回路。其中 E 为电源，负载为电解池 R（如电镀槽）。在外线路中，电流从电源 E 的正极经电解池流向电源 E 的负极。通电后，来自金属导体的自由电子不能从电解池的溶液中直接流过，而是依靠正、负离子的定向运动传递电荷。

那么两类导体的不同载流子之间是怎样传递电荷的呢？以利用电解池进行镀锌过程为例，在正极（锌板）上发生氧化反应：

$$Zn \longrightarrow Zn^{2+} + 2e^-$$
$$4OH^- \longrightarrow 2H_2O + O_2 \uparrow + 4e^-$$

负离子 OH^- 所带的负电荷通过氧化反应，以电子的形式传递给锌板，形成金属中的自由电子。

在负极（镀件）上发生还原反应：

$$Zn^{2+} + 2e^- \longrightarrow Zn$$
$$2H^+ + 2e^- \longrightarrow H_2 \uparrow$$

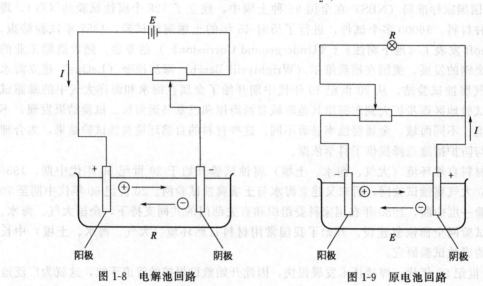

图 1-8　电解池回路　　　　　图 1-9　原电池回路

正离子 H^+、Zn^{2+} 所带的正电荷通过还原反应，以从负极取走电子的形式传递给负极。这样，从外电源 E 的负极流出的电子，到了电解池的负极，经过还原反应，将负电荷传递给溶液（电子与正离子复合，等于溶液中负电荷增加）。在溶液中依靠正离子向负极运动，负离子向正极运动，将负电荷传递到了正极。又经过氧化反应，将负电荷以电子形式传递给电极，极板上积累的自由电子经过导线流回电源 E 的正极。所以，两类导体导电方式的转化是通过电极上的氧化还原反应实现的。

在图 1-9 中，R 为负载，E 为电源，该回路称作原电池。原电池和电解池类似，也是由两个极板和电解质溶液组成的，在原电池内部是离子导电，同时在阳极上发生氧化反应，在阴极上发生还原反应。不同的是，电解池中的氧化还原反应是由电源 E 供给电流（电能）而引发的；原电池中的氧化还原反应则是自发产生的。因此，原电池中化学反应的结果是在外线路中产生电流供负载使用，即原电池本身是一种电源。

通过对上述两个回路的分析，可以得出以下结论：电解池和原电池具有共同的特征，即都是由第一类导体和第二类导体串联组成的，是一种在电荷转移时不可避免地伴随有物质变化的体系，这种体系叫作电化学体系。第一类导体是指依靠自由电子的定向运动而导电的物体，即载流子为自由电子（或空穴）的导体，也叫作电子导体。第二类导体是指依靠离子运动而导电的导体，也叫作离子导体，例如各种电解质溶液、熔融态电解质和固体电解质。在电解池和原电池中两类导体的界面性质及其效应是电化学科学研究的对象。两类导体界面上发生的氧化反应或还原反应称为电极反应。也常常把电化学体系中发生的伴随有电荷转移的化学反应统称为电化学反应。

1.3.2 法拉第定律

图 1-10 是典型的原电池，由中央碳棒、锌壳及这两极间的 NH_4Cl 溶液组成。

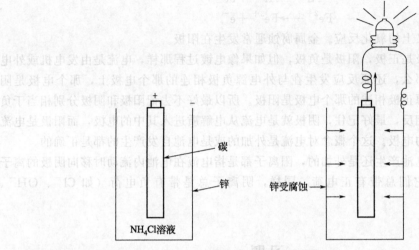

图 1-10　原电池示意图

与两极相连的白炽灯泡连续发光，电能由两极上的化学反应提供。碳电极（正极）上发生还原反应，锌极（负极）上发生氧化反应。金属锌被转变成水合锌离子：$Zn^{2+} \cdot nH_2O$。早在 19 世纪就已由法拉第（Michael Faraday）提出法拉第定律：流过电池的电流越大，生成的水合锌离子也越多，它们的关系是定量的。

$$参与反应的金属质量 = kIt \tag{1-1}$$

式中　I——电流，A；

　　　t——时间，s；

　　　k——常数，称为电化学当量。

锌的电化学当量 k 等于 3.39×10^{-4} g/C（克/库仑）。1 个库仑单位被定义为 1 安培电流在 1s 内传递的电量。当用低阻抗金属导线将电池短路时，电池的锌外壳可能数小时内就会被腐蚀穿孔，但是，如不接通（电池开路），锌外壳可维持完好达数年之久。

1.3.3 阳极和阴极的定义

原电池将化学能转化成电能，当这种电池短路时，正电荷从正极通过金属导线流到负极。电流的这种方向是历史上随意约定的，因为当时对电的本质一无所知。尽管现在已经知道，只有负电荷或电子才能在金属中移动，但是至今仍采用电流方向的这种规定。当然，电子是从负极流向正极的，与想象中的正电荷流动方向恰好相反。

在电化学体系中，将发生还原反应的电极（或正电荷从电解质进入其中的电极）称为阴极。阴极反应的例子有：

$$H^+ \longrightarrow \frac{1}{2}H_2 - e^-$$

$$Cu^{2+} \longrightarrow Cu - 2e^-$$

$$Fe^{3+} \longrightarrow Fe^{2+} - e^-$$

它们全都是化学意义上的还原反应。

将发生氧化反应的电极（或正电荷离开该电极进入电解质）称为阳极。阳极反应的例子有：

$$Zn \longrightarrow Zn^{2+} + 2e^-$$
$$Al \longrightarrow Al^{3+} + 3e^-$$
$$Fe^{2+} \longrightarrow Fe^{3+} + e^-$$

它们是化学意义上的氧化反应。金属腐蚀通常发生在阳极。

原电池中，阴极是正极，阳极是负极，但如果像电镀过程那样，电流是由发电机或外电源强加到电池中，那么，还原反应发生在与外电源负极相连的那个电极上，那个电极是阴极。同理，和外电源正极相连的那个电极是阳极。所以最好不去记阳极和阴极分别相当于负极和正极还是恰好相反，最好记住，阴极就是电流从电解质进入其中的电极，而阳极是电流离开并进入电解质的电极。这个概念对电流是外加的或是电池自发产生的都是正确的。

不管电流是由电池产生还是外加的，阳离子都是指电流在电池内流动时移向阴极的离子（如 H^+、Fe^{3+}），它们总带有正电荷。同样，阴离子总是带有负电荷（如 Cl^-、OH^-、SO_4^{2-}）。

习题

1. 举例说明电化学科学在实际生活中的应用。
2. 什么是电化学体系？请举例说明。
3. 能说电化学反应就是氧化还原反应吗？为什么？
4. 电子导体和离子导体间是如何实现电荷传递的？

第2章
电极界面双电层结构及电位

导言 ▶▶▶

　　本章主要介绍了电极界面双电层的形成，双电层的结构，以及电极电位的产生原因，可逆电极和不可逆电极的分类，相应的可逆电极电位的计算和不可逆电极电位的确定。重点掌握电极电位的产生原因以及可逆电极和不可逆电极的分类，还有能斯特方程的应用。了解双电层的形成原因和结构。

2.1　相间电位

　　相间电位是指两相接触时，在两相界面层中存在的电位差。

　　两相之间出现电位差的原因是带电粒子或偶极子在界面层中的非均匀分布。造成这种非均匀分布的原因有以下几种。

　　① 带电粒子在两相间的转移或利用外电源向界面两侧充电，都可以使两相中出现剩余电荷。这些剩余电荷不同程度地集中在界面两侧，形成所谓的"双电层"。例如在金属和溶液界面间形成如图 2-1（a）所示的"离子双电层"。

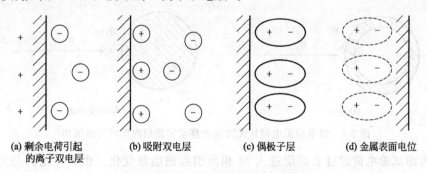

　　(a) 剩余电荷引起　　　(b) 吸附双电层　　　(c) 偶极子层　　　(d) 金属表面电位
　　　的离子双电层

图 2-1　引起相间电位的几种可能情形

　　② 荷电粒子（阳离子和阴离子）在界面层中的吸附量不同，造成界面层和相本体中出现等值反号的电荷，因而在界面的溶液一侧形成双电层（吸附双电层），如图 2-1（b）所示。

③ 溶液中的极性分子在界面溶液一侧定向排列，形成偶极子层，如图 2-1 （c）所示。

④ 金属表面因各种短程作用力而形成的表面电位差，例如金属表面偶极化的原子在界面金属一侧的定向排列所形成的双电层，如图 2-1 （d）所示。

上述四种情况，严格来讲只有第一种情况是跨越两相界面的相间电位差，其他几种情况的相间电位实质上是同一相中的"表面电位"。而且在电化学体系中，离子双电层是相间电位的主要来源。所以，首先讨论第一种情况引起的相间电位。

为什么会在两相之间出现带电粒子的转移呢？

我们知道，同一种粒子在不同相中所具有的能量状态是不同的。当两相接触时，该粒子就会自发地从高能态的相向低能态的相转移。假如是不带电的粒子，那么，它在两相间转移所引起的自由能变化就是它在两相中的化学位之差，即

$$\Delta G_i^{A \to B} = \mu_i^B - \mu_i^A \tag{2-1}$$

式中　ΔG——自由能变化；

　　　μ——化学位，上标表示相，下标表示粒子。

显然，建立起相间平衡，即 i 粒子在相间建立稳定分布的条件是

$$\Delta G_i^{A \to B} = 0 \tag{2-2}$$

也即该粒子在两相中的化学位相等：

$$\mu_i^A = \mu_i^B \tag{2-3}$$

然而，对带电粒子来说，在两相间转移时，除了引起化学能的变化外，还有随电荷转移所引起的电能变化。建立相间平衡的能量条件就必须考虑带电粒子的电能。因此，我们先来讨论一个孤立相中电荷发生变化时的能量变化，再进一步寻找带电粒子在两相间建立稳定分布的条件。

首先讨论将单位正电荷从无穷远处移入一个孤立相 M 内部所需做的功。作为最简单的例子，假设孤立相 M 是一个由良导体组成的球体，因而球体所带的电荷全部均匀分布在球面上（如图 2-2 所示）。当单位正电荷在无穷远处时，它同 M 相的静电作用力为零。当它从无穷远处移至距球面 $10^{-5} \sim 10^{-4}$ cm 时，可认为试验电荷与球体间只有库仑力（长程力）起作用，而短程力尚未开始作用。又已知真空中任何一点的电位等于一个单位正电荷从无穷远处移至该处所做的功。所以，试验电荷移至距球面 $10^{-5} \sim 10^{-4}$ cm 处所做的功 W_1 等于球体所带净电荷在该处引起的全部电位，这一电位称为 M 相的外电位，用 ψ 表示。

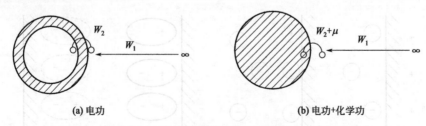

(a) 电功　　　　　　　　　　　　(b) 电功+化学功

图 2-2　将单位正电荷从无穷远处移至实物相内部时所做的功

然后考虑试验电荷越过表面层进入 M 相所引起的能量变化。由于讨论的是实物相 M，而不是真空中的情况，因为这一过程涉及两方面的能量变化。

① 任一相的表面层中，由于界面上的短程力场（范德华力和共价键力等）引起原子或分子偶极化并定向排列，使表面层成为一层偶极子层。单位正电荷穿越该偶极子层所做的电功 W_2 称为 M 相的表面电位 χ。所以将一个单位正电荷从无穷远处移入 M 相所做的电功是

外电位 ψ 和表面电位 χ 之和。即

$$\varphi = \psi + \chi \tag{2-4}$$

式中　φ——M 相的内电位。

② 为克服试验电荷和组成 M 相的物质之间的短程力作用（化学作用）所做的化学功。

如果进入 M 相的不是单位正电荷，而是 1mol 的带电粒子，那么所做的化学功等于该粒子在 M 相中的化学位。若该粒子荷电量为 ne，则 1mol 粒子所做的电功为 $nF\varphi$。F 为法拉第常量。因此，将 1mol 带电粒子移入 M 相所引起的全部能量变化为

$$\mu_i + nF\varphi = \overline{\mu}_i \tag{2-5}$$

式中　$\overline{\mu}_i$——i 粒子在 M 相中的电化学位。

显然

$$\overline{\mu}_i = \mu_i + nF(\psi + \chi) \tag{2-6}$$

电化学位 $\overline{\mu}_i$ 的数值不仅决定于 M 相所带的电荷数量和分布情况，而且与该粒子及 M 相物质的化学本性有关。应当注意，$\overline{\mu}_i$ 具有能量的量纲，这与 ψ、χ 不同。

以上讨论的是一个孤立相的情况。对于两个相互接触的相来说，带电粒子在相间转移时，建立相间平衡的条件就是带电粒子在两相中的电化学位相等。即

$$\overline{\mu}_i^A = \overline{\mu}_i^B \tag{2-7}$$

同样道理，对离子的吸附、偶极子的定向排列等情形，在建立相间平衡之后，这些粒子在界面层和该相内部的电化学位也是相等的。

当带电粒子在两相间的转移过程达到平衡后，就在相界面区形成一种稳定的非均匀分布，从而在界面区建立起稳定的双电层（见图 2-1）。双电层的电位差就是相间电位。

若按照上述孤立相中几种电位的定义，对相间电位也可相应地定义为以下几类：

① 外电位差，又称伏打（Volta）电位差，定义为 $\psi^B - \psi^A$。直接接触的两相之间的外电位差又称接触电位差，用符号 $\Delta^B\psi^A$ 表示，它是可以直接测量的参数。

② 内电位差，又称伽尔伐尼（Galvani）电位差，定义为 $\varphi^B - \varphi^A$。直接接触或通过温度相同的良好电子导电性材料连接的两相间的内电位差可以用 $\Delta^B\varphi^A$ 表示。只有在这种情况下，$\varphi^B - \varphi^A = \Delta^B\varphi^A$。由不同物质相组成的两相间的内电位差是不能直接测得的。

③ 电化学位差，定义为 $\overline{\mu}_i^B - \overline{\mu}_i^A$。

下面，分别介绍几种在金属材料领域中常见的相间电位。

2.1.1　金属接触电位

相互接触的两个金属相之间的外电位差称为金属接触电位。

由于不同金属对电子的亲和能不同，因此在不同的金属相中电子的电化学位不相等，电子逸出金属相的难易程度也就不相同。通常，以电子离开金属逸入真空中所需要的最低能量来衡量电子逸出金属的难易程度，这一能量叫电子逸出功。显然，在电子逸出功高的金属相中，电子逸出比较难。

当两种金属相互接触时，由于电子逸出功不等，相互逸入的电子数目不相等，因此在界面层形成双电层结构：在电子逸出功高的金属相一侧电子过剩，带负电；在电子逸出功低的金属相一侧电子缺乏，带正电。这一相间双电层的电位差称为金属接触电位。

2.1.2　电极电位

如果在相互接触的两个导体相中，一个是电子导电相，一个是离子导电相，并且在相界

面上有电荷转移，这个体系就称为电极体系，有时也简称为电极。但是，在电化学中，"电极"一词的含义并不统一。习惯上也常将电极材料，即电子导体（如金属）称为电极。这种情况下，"电极"二字并不代表电极体系，而只表示电极体系中的电极材料。所以，应予以区分。

我们已经知道，电极体系的主要特征是：在电荷转移的同时，不可避免地要在两相界面上发生物质的变化（化学变化）。阴极、阳极都是这样的体系。

电极体系中，两类导体界面所形成的相间电位，即电极材料和离子导体（溶液）的内电位差称为电极电位。

电极电位是怎样形成的呢？它主要决定于界面层中离子双电层的形成。由于在金属材料领域中遇到的电极体系大多是由金属和电解质溶液所组成的，因而以锌电极（如锌插入硫酸锌溶液中所组成的电极体系）为例，具体说明离子双电层的形成过程。

金属是由金属离子和自由电子按一定的晶格形式排列组成的晶体。锌离子要脱离晶格，就必须克服晶格间的结合力，即金属键力。在金属表面的锌离子，由于键力不饱和，有吸引其他正离子以保持与内部锌离子相同的平衡状态的趋势；同时，又比内部离子更易于脱离晶格。这就是金属表面的特点。

水溶液（如硫酸锌溶液）的特点是，溶液中存在着极性很强的水分子、被水化了的锌离子和硫酸根离子等，这些离子在溶液中不停地进行热运动。

当金属浸入溶液时，便打破了各自原有的平衡状态：极性水分子和金属表面的锌离子相互吸引而定向排列在金属表面上；同时锌离子在水分子的吸引和热运动的不停冲击下，脱离晶格的趋势增大，这就是所谓的水分子对金属离子的"水化作用"。这样，在金属/溶液界面上，对锌离子来说，存在着以下两种矛盾的作用。

① 金属晶格中自由电子对锌离子的静电引力。它既起着阻止表面的锌离子脱离晶格而溶解到溶液中去的作用，又促使界面附近溶液中的水化锌离子脱水化而沉积到金属表面来。

② 极性水分子对锌离子的水化作用。它既促使金属表面的锌离子进入溶液，又起着阻止界面附近溶液中的水化锌离子脱水化而沉积的作用。

在金属/溶液界面上首先是发生锌离子的溶解还是沉积，要看上述矛盾作用中，哪一种作用占主导地位。实验表明，对锌浸入硫酸锌溶液来说，水化作用是主要的。因此，界面上首先发生锌离子的溶解和水化，其反应为

$$Zn^{2+} \cdot 2e^- + nH_2O \longrightarrow Zn^{2+}(H_2O)_n + 2e^- \tag{2-8}$$

式中　n——参与水化作用的水分子数。

本来金属锌和硫酸锌溶液都是电中性的，但锌离子发生溶解后，在金属上留下的电子使金属带负电，溶液中则因锌离子增多而有了剩余正电荷。这样，由于金属表面剩余负电荷的吸引和溶液中剩余正电荷的排斥，锌离子的继续溶解变得困难了。而水化锌离子的沉积却变得容易了。于是，有利于下列反应的发生：

$$Zn^{2+}(H_2O)_n + 2e^- \longrightarrow Zn^{2+} \cdot 2e^- + nH_2O \tag{2-9}$$

这样，随着过程的进行，锌离子溶解速度逐渐变小，锌离子沉积速度逐渐增大。最终，当溶解速度和沉积速度相等时，在界面上就建立起一个动态平衡。即

$$Zn^{2+} \cdot 2e^- + nH_2O \Longrightarrow Zn^{2+}(H_2O)_n + 2e^- \tag{2-10}$$

此时，溶解和沉积两个过程仍在进行，只不过速度相等而已。也就是说，在任一瞬间，有多少锌离子溶解到溶液中，同时就有多少锌离子沉积到金属表面上。因而，界面两侧（金属与溶液两相中）积累的剩余电荷数量不再变化，界面上的反应处于相对稳定的动态平衡

之中。

　　显然，与上述动态平衡相对应，在界面层中会形成一定的剩余电荷分布，如图 2-1（a）所示。我们称金属/溶液界面层这种相对稳定的剩余电荷分布为离子双电层。离子双电层的电位差就是金属/溶液之间的相间电位（电极电位）的主要来源。

　　除了离子双电层外，前面提到的吸附双电层［如图 2-1（b）所示］、偶极子层［如图 2-1（c）所示］和金属表面电位等也都是电极电位的可能的来源。电极电位的大小等于上述各类双电层电位差的总和。

　　上述锌电极电位形成过程也可以理解为：由于在金属和溶液中的电化学位不等，必然发生锌离子从一相向另一相转移的自发过程。建立动态平衡后，锌离子在两相中的电化学位就相等了，也可以说整个电极体系中各粒子的电化学位的代数和为零。所以，按照界面上所发生的电极反应，即锌的溶解和沉积反应：

$$Zn \rightleftharpoons Zn^{2+} + 2e^-$$ (2-11)

可将相间平衡条件具体写为

$$\overline{\mu}_{Zn^{2+}}^S + 2\overline{\mu}_e^M - \overline{\mu}_{Zn}^M = 0$$

$$\overline{\mu}_{Zn}^M = \mu_{Zn}^M$$

$$\overline{\mu}_{Zn^{2+}}^S = \mu_{Zn^{2+}}^S + 2F\varphi^S$$ (2-12)

$$\overline{\mu}_e^M = \mu_e^M - F\varphi^M$$

$$\varphi^M - \varphi^S = \frac{\mu_{Zn^{2+}}^S - \mu_{Zn}^M}{2F} + \frac{\mu_e^M}{F}$$

　　这就是锌电极达到相间平衡，建立起电极电位的条件。上式也是锌电极电极反应的平衡条件，因此，可写出电极反应平衡条件的通式

$$\varphi^M - \varphi^S = \frac{\sum V_i \mu_i}{nF} + \frac{\mu_e}{F}$$ (2-13)

式中　V_i——i 物质的化学计量数，在本教材中规定还原态物质的 V 取负值，氧化态物质的 V 取正值；

　　　　n——电极反应中涉及的电子数；

　　$(\varphi^M - \varphi^S)$——金属与溶液的内电位差。

　　显然，对电极体系来说，它就是金属/溶液之间的相间电位，即电极电位。

2.1.3　绝对电位和相对电位

2.1.3.1　绝对电位与相对电位的概念

　　从上述讨论可以看出，电极电位就是金属（电子导电相）和溶液（离子导电相）之间的内电位差，其数值称为电极的绝对电位，然而绝对电位是不可能测量的。为什么呢？仍以锌电极为例，为了测量锌与溶液的内电位差，就需要把锌电极接入一个测量回路中去，如图 2-3 所示。图中 P 为测量仪器（如电位差计），其一端与金属锌相连，而另一端却无法与水溶液直接相连，必须借助另一块插入溶液的金属（即使是导线直接插入溶液，也相当于某一金属插入了溶液）。这样，在测量回路中又出现了一个新的电极体系。在电位差计上得到的读数 E 将包括三项内电位差，即

$$E = (\varphi^{Zn} - \varphi^S) + (\varphi^S - \varphi^{Cu}) + (\varphi^{Cu} - \varphi^{Zn})$$

$$= \Delta^{Zn}\varphi^S + \Delta^S\varphi^{Cu} + \Delta^{Cu}\varphi^{Zn} \tag{2-14}$$

本来想测量电极电位 $\Delta^{Zn}\varphi^S$ 的绝对数值，但测出的却是三个相间电位的代数和。其中每一项都因同样的原因无法直接测量出来。这就是电极的绝对电位无法测量的原因。

电极绝对电位不可测量这一事实是否意味着电极电位缺乏实际应用的价值呢？不是的。如果仔细分析一下式(2-14)，可以看到，电极材料不变时，$\Delta^{Cu}\varphi^{Zn}$ 是一个恒定值，因此若能保持引入的电极电位 $\Delta^S\varphi^{Cu}$ 恒定，那么采用图 2-3 的回路是可以测出被研究电极（如锌电极）相对的电极电位变化的。也就是说，如果选择一个电极电位不变的电极作基准，则可以测出

$$\Delta E = \Delta(\Delta^{Zn}\varphi^S) \tag{2-15}$$

如果对不同电极进行测量，则测出的 ΔE 值大小顺序应与这些电极的绝对电位的大小顺序一致。还会发现，影响电极反应进行的方向和速度的，正是电极绝对电位的变化值 $\Delta(\Delta^M\varphi^S)$，而不是绝对电位本身的数值。因此，处理电化学问题时，绝对电位并不重要，有用的是绝对电位的变化值。

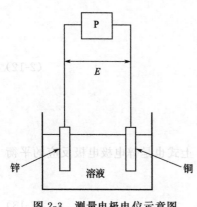

图 2-3　测量电极电位示意图

如上所述，能作为基准的、其电极电位保持恒定的电极叫作参比电极。将参比电极与被测电极组成一个原电池回路（如图 2-3 所示），所测出的电池端电压 E（称为原电池电动势）叫作该被测电极的相对电位，习惯上直接称作电极电位，用符号 φ 表示。为了说明这个相对电位是用什么参比电极测得的，一般应在写电极电位时注明该电位相对于什么参比电极电位。

对于相对电位的含义，可以把式(2-14) 写为

$$E = \Delta^M\varphi^S - \Delta^R\varphi^S + \Delta^R\varphi^M \tag{2-16}$$

式中　$\Delta^M\varphi^S$——被测电极的绝对电位；

$\Delta^R\varphi^S$——参比电极的绝对电位；

$\Delta^R\varphi^M$——两个金属相 R 与 M 之间的金属接触电位。

因为 R 与 M 是通过金属导体连接的，所以，电子在两相间转移平衡后，电子在两相中的电化学位相等，有：

$$\Delta^R\varphi^M = \frac{\mu_e^R - \mu_e^M}{F}$$

$$E = \left(\Delta^M\varphi^S - \frac{\mu_e^M}{F}\right) - \left(\Delta^R\varphi^S - \frac{\mu_e^R}{F}\right) \tag{2-17a}$$

$$\Delta^M\varphi^S = \frac{\sum V_i\mu_i}{nF} + \frac{\mu_e^R}{F}$$

$$\Delta^R\varphi^S = \frac{\sum V_i\mu_i}{n'F} + \frac{\mu_e^R}{F} \tag{2-17b}$$

$$E = \frac{\sum V_i\mu_i}{nF} + \frac{\sum V_i\mu_i}{n'F}$$

当某些因素引起被测电极电位发生变化时，式(2-17a) 和 (2-17b) 中右方第二项是不变的，所以可以把与参比电极有关的第二项看成是参比电极的相对电位 φ_R，把与被测电极有关的第一项看作是被测电极的相对电位 φ。这样，式(2-17a) 和 (2-17b) 简化为

$$E = \varphi - \varphi_R \tag{2-18}$$

如果人为规定参比电极的相对电位为零，那么实验测得的原电池端电压 E 值就是被测电极相对电位的数值。即

$$\varphi = E$$

而且有

$$\varphi = \Delta^M \varphi^S - \frac{\mu_e^M}{F} = \frac{\sum v_i \mu_i}{nF} \tag{2-19}$$

由此可知，实际应用的电极电位（相对电位）概念并不仅仅是指金属/溶液的内电位差，而且还包含了一部分测量电池中的金属接触电位。

2.1.3.2 绝对电位符号的规定

根据绝对电位的定义，通常把溶液深处看作是距离金属/溶液界面无穷远处，认为溶液深处的电位为零，从而把金属与溶液的内电位差看成是金属相对于溶液的电位降。因此，当金属一侧带有剩余正电荷、溶液一侧带有剩余负电荷时，其电位降为正值。故规定该电极的绝对电位 $\Delta^M \varphi^S$ 为正值，如图 2-4（a）所示。反之，当金属一侧带有剩余负电荷时，规定该电极绝对电位为负值，如图 2-4（b）所示。

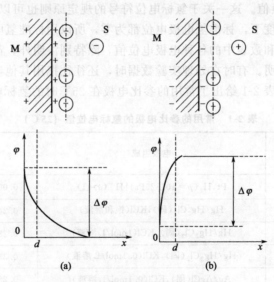

图 2-4 电极绝对电位的符号规定

2.1.3.3 氢标电位和相对电位的符号规定

在实际工作中经常使用的不是单个电极的绝对电位，而是相对于某一参比电极的相对电位。电化学中最常用、最重要的参比电极是标准氢电极。图 2-5 是一个氢电极的结构简图。

将一个金属铂片用铂丝相连，固定在玻璃管的底部形成一个铂电极，并在铂片表面镀上一层疏松的铂（铂黑），一半插入溶液，另一半露出液面。溶液中氢离子活度为 1。使用时，通入压力为 101325Pa 的纯净氢气，镀铂黑的铂片表面吸附氢气后，就形成了一个标准氢电极。该电极可用下式表示：

$$Pt, H_2O(p = 101325Pa) | H^+ (\alpha = 1)$$

式中　p——氢气分压；

　　　α——氢离子在溶液中的活度。

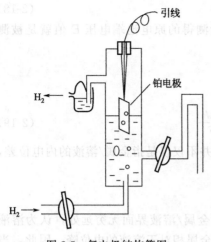

引线

铂电极

$H_2 \leftarrow$

$H_2 \rightarrow$

图 2-5 氢电极结构简图

所以，标准氢电极就是由气体分压为 101325Pa 的氢气（还原态）和离子活度为 1 的氢离子（氧化态）溶液所组成的电极体系。

标准氢电极的电极反应是

$$H^+ + e^- \rightleftharpoons \frac{1}{2}H_2$$

在电化学中，人为规定标准氢电极的相对电位为零，用符号 $\varphi^{\ominus}_{H_2/H^+}$ 表示，上标 $\ominus$ 表示标准状态。所以有

$$\varphi^{\ominus}_{H_2/H^+} = 0$$

这样，选用标准氢电极作参比电极时，任何一个电极的相对电位就等于该电极与标准氢电极所组成的原电池的电动势。相对于标准氢电极的电极电位称为氢标电位。并规定，给定电极与标准氢电极组成原电池时，若给定电极上发生还原反应（给定电极作阴极），则该给定电极电位为正值；若给定电极上发生氧化反应（给定电极作阳极），则该电极电位为负值。这一关于氢标电位符号的规定原则也可以适用于其他参比电极。

由于规定了任何温度下，标准氢电极电位都为零，所以用标准氢电极作参比电极时计算起来最方便。通常文献和数表中的各种电极电位值，除特别注明外，都是氢标电位。一般情况下，氢标电位无须注明。有时在处理实验数据时，还往往把用其他参比电极测出的电极电位值换算成氢标电位。表 2-1 给出了常用的参比电极在 25℃ 时的氢标电位值。

表 2-1 常用的参比电极的氢标电位值 (25℃)

电极	电极组成	φ/V	$\dfrac{d\varphi}{dT}/(V/℃)$
标准氢电极	$Pt, H_2(p=101325Pa)\|H^+(\alpha=1)$	0.0000	0.0×10^{-4}
饱和甘汞电极	$Hg/Hg_2Cl_2(固), KCl(饱和溶液)$	0.2415	-7.5×10^{-4}
1mol/L 甘汞电极	$Hg/Hg_2Cl_2(固), KCl(1mol/L溶液)$	0.2800	-0.7×10^{-4}
0.1mol/L 甘汞电极	$Hg/Hg_2Cl_2(固), KCl(0.1mol/L溶液)$	0.3338	-2.4×10^{-4}
0.1mol/L 氯化银电极	$Ag/AgCl(固), KCl(0.1mol/L溶液)$	0.2881	-6.5×10^{-4}
氧化汞电极	$Hg/HgO(固), NaOH(0.1mol/L溶液)$	0.1650	
硫酸亚汞电极	$Hg/Hg_2SO_4(固), SO_4^{2-}(\alpha=1)$	0.6141	
硫酸铅电极	$Pb(Hg)/PbSO_4(固), SO_4^{2-}(\alpha=1)$	-0.3505	
饱和硫酸铜电极	$Cu/CuSO_4(固), SO_4^{2-}(饱和溶液)$	0.3000	

2.1.4　液体接界电位

相互接触的两个组成不同或浓度不同的电解质溶液相之间存在的相间电位叫液体接界电位（液界电位）。形成液体接界电位的原因是：由于两溶液相组成或浓度不同，溶质粒子将自发地从浓度高的相向浓度低的相迁移，这就是扩散作用。在扩散过程中，因正、负离子运动速度不同而在两相界面层中形成双电层，产生一定的电位差。所以，按照形成相间电位的

原因，也可以把液体接界电位叫作扩散电位，常用符号 φ_j 表示。

以两个最简单的例子来说明液体接界电位产生的原因。例如，两个不同浓度的硝酸银溶液（活度 $a_1 <$ 活度 a_2）相接触。由于在两个溶液的界面上存在着浓度梯度，所以溶质将从浓度大的地方向浓度小的地方扩散。在本例中，能进行扩散的是银离子和硝酸根离子（如图 2-6 所示）。

由于两种离子的性质不同，所以它们在同一条件下的运动速度不同。一般说来，Ag^+ 的扩散速度要比 NO_3^- 的扩散速度小，故在一定时间间隔内，通过界面的 NO_3^- 要比 Ag^+ 多，因而破坏了两溶液的电中性。在图 2-6 中，界面左方 NO_3^- 过剩，界面右方 Ag^+ 过剩，于是形成左负右正的双电层。界面的双侧带电后，静电作用对 NO_3^- 通过界面产生一定的阻碍，结果 NO_3^- 通过界面的速度逐渐降低。相反，电位差使得 Ag^+ 通过界面的速度逐渐增大。最后达到一个稳定状态，Ag^+ 和 NO_3^- 以相同的速度通过界面，在界面上存在的与这一稳定状态相对应的稳定电位差，就是液体接界电位。

又如，浓度相同的硝酸和硝酸银溶液相接触时，由于在界面的双方都有硝酸根离子而且浓度相同，所以可认为 NO_3^- 不发生扩散。从图 2-7 中可看出，这时氢离子会向硝酸银溶液中扩散，而 Ag^+ 会向硝酸溶液中扩散。因为氢离子的扩散速度大于银离子，故在一定的时间间隔内，会在界面上形成一个左正右负的双电层。离子的扩散达到稳定状态时，界面上就建立起一个稳定的液界电位。

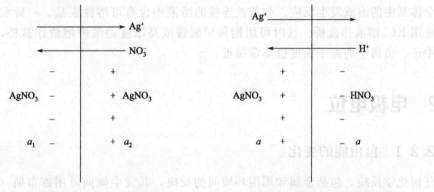

图 2-6　不同浓度 $AgNO_3$ 溶液接触处　　图 2-7　$AgNO_3$ 与 HNO_3 溶液接触
　　　　液体接界电位的形成　　　　　　　　　处液体接界电位的形成

如果两个溶液中所含电解质不同、浓度不同，那么它们相接触时形成液界电位仍和上面两个例子相同，不过问题变得更复杂了。

定量度量液体接界电位的数值是相当困难的。因为液界电位值的理论计算中将包括各种离子的迁移数，而离子迁移数又与溶液的浓度有关，即迁移数是浓度的函数，而这种函数关系无法准确得知。其次，在液相界面上，每种离子都是由一种浓度过渡到另一种浓度。而这种过渡形式（即界面层中的浓度梯度）如何，与两个液相的接界方式有很大关系。例如，两种溶液是直接接触还是用隔膜隔开，是静止的还是流动的，等等。这些对液界电位的影响很大，同时也影响离子迁移数和离子活度。所以，在理论上推导液界电位公式时需要规定若干条件，做出某些假设。推导出的公式也仅仅是适用于一定条件下的近似公式。

液界电位的相对电位值可以测量，但必须设法使液体接界界面稳定和易于重现，否则不易得到重现性好的数据。所得数据仍要进行近似计算处理，所以测量值仍是近似值。

由于液界电位是一个不稳定的、难以计算和测量的数值，所以在电化学体系中包含它时，往往使该体系的电化学参数（如电动势和平衡电位等）的测量值失去热力学意义。因此大多数情况下是在测量过程中把液界电位消除，或使之减小到可以忽略的程度。

为了减小液界电位，通常在两种溶液之间连接一个高浓度的电解质溶液作为"盐桥"。盐桥的溶液既需高浓度，还需要其正、负离子的迁移速度尽量接近。因为正、负离子的迁移速度越接近，其迁移数也越接近，液体接界电位越小。此外，用高浓度的溶液作盐桥，主要扩散作用出自盐桥，因而全部电流几乎全由盐桥中的离子带过液体界面，在正、负离子迁移速度近于相等的条件下，液界电位就可以降低到忽略不计的程度。如果在 0.1mol/L HCl 和 0.1mol/L KCl 溶液之间用 3.5mol/L KCl 溶液作为盐桥，可大大降低液界电位。表 2-2 给出了盐桥中氯化钾浓度对液界电位的影响。

表 2-2　盐桥中氯化钾浓度对液界电位的影响

浓度/(mol/L)	φ_j/mV	浓度/(mol/L)	φ_j/mV
0.2	19.95	1.75	5.15
0.5	12.55	2.50	3.14
1.0	8.4	3.5	1.1

通常都用饱和氯化钾溶液加入少量琼脂配成胶体作盐桥。但必须注意，盐桥溶液不能与电化学体系中的溶液发生反应。如若被连接的溶液中含有可溶性银盐、一价汞盐或铊盐时，就不能用 KCl 溶液作盐桥。这时可用饱和硝酸铵或高浓度硝酸钾溶液作盐桥，这些电解质溶液中正、负离子的离子淌度也非常接近。

2.2　电极电位

2.2.1　自由能的变化

任何化学反应，包括金属和周围环境间的反应，其发生倾向可用吉布斯（Gibbs）自由能变化 ΔG 来衡量。ΔG 值越负，反应发生倾向越大。比如，25℃时下列反应的 $\Delta G^{\ominus}$（反应物和产物都处在标准状态时的 ΔG 值）很负：

$$Mg + H_2O(液) + \frac{1}{2}O_2(气) = Mg(OH)_2(固) \tag{2-20}$$

$$\Delta G^{\ominus} = -597066J$$

这表明镁和水及氧之间的反应倾向很大。另一方面，下述反应的发生倾向要小得多。

$$Cu + H_2O(液) + \frac{1}{2}O_2(气) = Cu(OH)_2(固) \tag{2-21}$$

$$\Delta G^{\ominus} = -119748J$$

或者我们也可以说，铜在含空气的水中腐蚀倾向不如镁那么大。
对于以下反应：

$$Au + \frac{3}{2}H_2O(液) + \frac{3}{4}O_2(气) = Au(OH)_3(固) \tag{2-22}$$

$$\Delta G^{\ominus} = 65736J$$

其自由能变化为正，表明此反应完全不可能发生。即，金在水溶液中不会被腐蚀而生成 $Au(OH)_3$。

需要注意，腐蚀倾向并不代表实际反应速度，负值大的 ΔG，不一定表示腐蚀速率很大，但是，当 ΔG 为正值时，这个条件下的反应绝对不会发生。

从腐蚀的电化学机理角度出发，金属腐蚀倾向也可以用腐蚀过程主要部分的腐蚀电池电动势表示。ΔG 和电动势 E 之间关系按定义可写成：

$$\Delta G = -nEF \tag{2-23}$$

式中　n——参加反应的电子数或化学价；

　　　　F——法拉第常数（96500C/mol）。

因此，电池的 E 值越大，整个电池反应发生倾向也越大。

2.2.2　能斯特方程和半电池电位的计算

根据热力学理论，可以推导出一个公式，用反应物和反应产物的浓度值来表示电池的电动势。在原电池中，假设一般反应形式为：

$$1L + mM + \cdots \rightarrow qQ + rR + \cdots$$

此式表示，$1mol$ 的物质 L 和 $m\,mol$ 的物质 M 等发生反应生成 $q\,mol$ 物质 Q 和 $r\,mol$ 物质 R 等。这个反应相应的吉布斯自由能变化 ΔG 等于所有产物和反应物总的吉布斯自由能之间的差值，如果用 G_Q 表示物质 Q 的摩尔分子自由能，以此类推，那么：

$$\Delta G = (qG_Q + rG_R + \cdots) - (1G_L + mG_M + \cdots) \tag{2-24}$$

假如每种物质都处于标准状态或随意一个参照状态，用 $G^\ominus$ 表示标准摩尔自由能，那么，可得到类似的表达式：

$$\Delta G^\ominus = (qG_Q^\ominus + rG_R^\ominus + \cdots) - (1G_L^\ominus + mG_M^\ominus + \cdots) \tag{2-25}$$

假如物质 L 校正后的浓度或压力值为 α_L，称之为活度，那么，任一给定状态与标准状态时 L 的自由能差值和 α_L 有关，其关系式如下：

$$1(G_L - G_L^\ominus) = 1RT\ln\alpha_L = RT\ln\alpha_L \tag{2-26}$$

式中　R——气体常数 [8.314J/(mol·K)]；

　　　　T——绝对温度，K。

式(2-24)-式(2-25)，并代入相应的活度值，可得下述表达式

$$\Delta G - \Delta G^\ominus = RT\ln\frac{\alpha_Q^q\alpha_R^r\cdots}{\alpha_L^1\alpha_M^m\cdots} \tag{2-27}$$

反应达到平衡时，不存在进一步反应的倾向，所以 $\Delta G = 0$，再令

$$\frac{\alpha_Q^q\alpha_R^r\cdots}{\alpha_L^1\alpha_M^m\cdots} = K$$

式中　K——反应的平衡常数。

那么：

$$\Delta G^\ominus = -RT\ln K \tag{2-28}$$

另一方面，如果所有反应物和反应产物的活度都等于 1，那么对数项变成 0（$\ln 1 = 0$），并且，$\Delta G = \Delta G^\ominus$。

因为 $\Delta G = -nEF$，所以 $\Delta G^\ominus = -nE^\ominus F$，这里，$E^\ominus$ 是所有反应物和反应产物都处在标

准状态（即活度等于1）时的电动势。代入式(2-27)，得：

$$E = E^{\ominus} - \frac{RT}{nF} \ln \frac{\alpha_Q^q \alpha_R^r \cdots}{\alpha_L^1 \alpha_M^m \cdots} \qquad (2-29)$$

这就是能斯特（Nernst）方程，它表达了电池的电动势和电池中反应物及产物活度之间的关系。溶质 L 的活度 α_L 等于它的浓度（以每 1000 克水中的摩尔数表示的质量摩尔浓度）乘以一个称为活度系数的校正因子 r。除了在极稀的溶液中之外，活度系数都是温度和浓度的函数，必须由实验确定。假如 L 是气体，它的活度等于它的逸度，常压时近似地等于以大气压为单位的气体压力，纯固体的活度被人为地规定为 1。同样，对于像水这样在反应中浓度始终保持恒定的物质，其活度也假设为 1。

一个电池的电动势总是等于两个电极电位或两个半电池电位的代数和，所以分别计算每个电极电位较为方便。例如，对电极反应：

$$Zn^{2+} + 2e^- \longrightarrow Zn \qquad (2-30)$$

$$\varphi_{Zn} = \varphi_{Zn}^{\ominus} - \frac{RT}{2F} \ln \frac{(Zn)}{(Zn^{2+})} \qquad (2-31)$$

式中　(Zn^{2+})——锌离子活度（质量摩尔浓度×活度系数）；

　　　(Zn)——金属锌活度，锌是纯固体，活度为 1；

　　　$\varphi_{Zn}^{\ominus}$——锌的标准电极电位（锌和活度为 1 的 Zn^{2+} 接触时的平衡电位）。

因为使用常用对数比自然对数更方便，所以将系数 RT/F 乘以一个变换因子 2.303。然后，根据 $R = 8.314 J/(mol \cdot K)$，$T = 298.2 K$，$F = 96500 C/mol$，可计算出 25℃时这个系数 $2.303RT/F$ 的值为 0.0592V。这个系数在电动势的电位表达式中出现十分频繁。

25℃时各种标准电位 $\varphi^{\ominus}$ 的测量值或计算值可在不少参考书或者手册中查到（如 H. H. Uhlig，腐蚀手册. New York：Wiley，1948；1134；或其他化学手册）。

2.2.3　平衡电极电位

2.2.3.1　电极的可逆性

按照电池的结构，每个电池都可以分为两半，即由两个半电池组成。每个半电池实际就是一个电极体系。电池总反应也是由两个电极的电极反应所组成的。因此，要使整个电池成为可逆电池，两个电极或半电池必须是可逆的。

可逆电极必须具备两个条件：

① 电极反应是可逆的，如 $Zn \mid ZnCl_2$ 电极，其电极反应为

$$Zn^{2+} + 2e^- \rightleftharpoons Zn$$

只有正向反应和逆向反应的反应速度相等时，电极反应中物质的交换和电荷的交换才是平衡的。即在任一瞬间，氧化溶解的锌原子数等于还原的锌离子数；正向反应得电子数等于逆向反应失电子数。这样的电极反应称为可逆的电极反应，可用图 2-8 表示可逆电极反应的特征。

② 电极在平衡条件下工作。所谓平衡条件

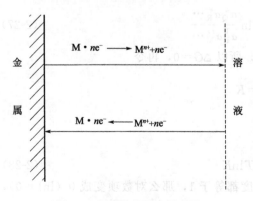

图 2-8　可逆电极反应示意图
（图中箭头为代表反应速度的矢量）

就是通过电极的电流等于零或无限小。只有在这种条件下，电极上进行的氧化反应和还原反应的速度才能被认为是相等的。

所以，可逆电极就是在平衡条件下工作的、电荷交换和物质交换都处于平衡的电极。可逆电极就是平衡电极。

2.2.3.2 可逆电极的电位

可逆电极的电位，也称作平衡电位或平衡电极电位。任何一个平衡电位都是相对于一定的电极反应而言的。例如，金属锌与含锌离子的溶液所组成的电极 $Zn \mid Zn^{2+}(\alpha)$ 是一个可逆电极。它的平衡电位是与下列确定的电极反应相联系的。也可以说该平衡电位就是下列反应的平衡电位，即

$$Zn^{2+} + 2e^- \rightleftharpoons Zn$$

通常以符号 $\varphi_{\mathrm{平}}$ 表示某一电极的平衡电位。可逆电极的氢标电位可以用热力学方法计算。

现仍以上述锌电极为例，推导平衡电位的热力学计算公式。设被测电极与标准氢电极组成原电池：

$$Zn \mid Zn^{2+}(\alpha_{Zn^{2+}}) \mid\mid H^+(\alpha_{H^+}=1) \mid H_2(p_{H_2}=101325Pa), Pt$$

阳极反应　　$Zn \rightleftharpoons Zn^{2+} + 2e^-$

阴极反应　　$2H^+ + 2e^- \rightleftharpoons H_2$

电池反应　　$Zn + 2H^+ \rightleftharpoons Zn^{2+} + H_2$

若电池是可逆的（电池在平衡条件下工作），则根据原电池电动势的能斯特方程可知，该电池的电动势为：

$$E = E^\ominus - \frac{RT}{2F} \ln \frac{\alpha_{Zn^{2+}} p_{H_2}}{\alpha_{Zn} \alpha_{H^+}^2} \tag{2-32}$$

按照原电池的书写规定，左边电极为负极，右边电极为正极。在实际测量中金属接触电位已包括在两个电极的相对电极电位中。因此，在消除液界电位后，应有：

$$E = \varphi_+ - \varphi_-$$
$$E^\ominus = \varphi_+^\ominus - \varphi_-^\ominus$$

所以

$$E = (\varphi_{H_2/H^+}^\ominus - \varphi_{Zn/Zn^{2+}}^\ominus) - \left(\frac{RT}{2F} \ln \frac{p_{H_2}}{\alpha_{H^+}^2} + \frac{RT}{2F} \ln \frac{\alpha_{Zn^{2+}}}{\alpha_{Zn}}\right)$$

$$= \left(\varphi_{H_2/H^+}^\ominus + \frac{RT}{2F} \ln \frac{\alpha_{H^+}^2}{p_{H_2}}\right) - \left(\varphi_{Zn/Zn^{2+}}^\ominus + \frac{RT}{2F} \ln \frac{\alpha_{Zn^{2+}}}{\alpha_{Zn}}\right) \tag{2-33}$$

对于标准氢电极，已规定 $\varphi_{H_2/H^+}^\ominus = 0$，所以上式第一项为 0。根据相对电位的定义和符号的规定，锌电极的氢标电位 $\varphi_{Zn/Zn^{2+}}$ 等于所测得的电动势 E 的负值。即

$$\varphi_{Zn/Zn^{2+}} = -E = \varphi_{Zn/Zn^{2+}}^\ominus + \frac{RT}{2F} \ln \frac{\alpha_{Zn^{2+}}}{\alpha_{Zn}} \tag{2-34}$$

同理，氢电极电位为：

$$\varphi_{H^+/H_2} = \varphi_{H_2/H^+}^\ominus + \frac{RT}{2F} \ln \frac{\alpha_{H^+}^2}{p_{H_2}} \tag{2-35}$$

由此可见，知道了标准状态下的锌电极电位 $\varphi_{Zn/Zn^{2+}}^\ominus$，就可以根据参加电极反应的各物

质的活度，计算锌电极的平衡电位。

一般情况下，可用下式表示一个电极反应

$$O + ne^- \Longleftrightarrow R$$

故可写成通式，即

$$\varphi_\text{平} = \varphi^\ominus + \frac{RT}{nF} \ln \frac{\alpha_\text{氧化态}}{\alpha_\text{还原态}} \tag{2-36}$$

式中　$\varphi^\ominus$——标准状态下的平衡电位，叫作该电极的标准电极电位，对于一定的体系，该值是一个常数，可以查表得到；

　　　n——参加电极反应的电子数。

在实际应用中，为了方便，常将公式中的自然对数换成常用对数，并带入有关常量的数值，如 $R = 8.314\text{J/(mol·K)}$，$F = 96500\text{ C/mol}$，则上式可写成

$$\varphi_\text{平} = \varphi^\ominus + \frac{2.3RT}{nF} \lg \frac{\alpha_\text{氧化态}}{\alpha_\text{还原态}} \tag{2-37}$$

2.2.3.3　可逆电极类型

可逆电极按其电极反应特点可分为不同类型。常见可逆电极有以下几种。

(1) 第一类可逆电极

第一类可逆电极又称阳离子可逆电极。这类电极是金属浸在含有该金属离子的可溶性盐溶液中所组成的电极。例如，$Zn \mid ZnSO_4$，$Cu \mid CuSO_4$，$Ag \mid AgNO_3$ 等电极都属于第一类可逆电极。它们的主要特点是：进行电极反应时，靠金属阳离子从极板上溶解到溶液中或从溶液中沉积到极板上。例如 $Ag \mid AgNO_3$（α_{Ag^+}）电极的电极反应为

$$Ag^+ + e^- \Longleftrightarrow Ag$$

电极电位方程式为

$$\varphi_\text{平} = \varphi^0 + \frac{RT}{F} \ln \alpha_{Ag^+} \tag{2-38}$$

显然，第一类可逆电极的平衡电位和金属离子的种类、活度和介质的温度有关。

(2) 第二类可逆电极

第二类可逆电极又称为阴离子可逆电极。这类电极是由金属插入其难溶盐和与该难溶盐具有相同阴离子的可溶性盐溶液中所组成的电极。例如：$Hg \mid Hg_2Cl_2$（固），$KCl(\alpha_{Cl^-})$；$Ag \mid AgCl$（固），$KCl(\alpha_{Cl^-})$；$Pb \mid PbSO_4$（固），SO_4^{2-}（$\alpha_{SO_4^{2-}}$），等等。

这类电极的特点是：如果难溶盐是氯化物，则溶液中就应含有可溶性氯化物；难溶盐是硫酸盐，就应有一种可溶性硫酸盐。在进行电极反应时，阴离子在界面间进行溶解和沉积（生成难溶盐）的反应。

例如，氯化银电极 $Ag \mid AgCl$（固），$KCl(\alpha_{Cl^-})$ 的电极反应为

$$AgCl + e^- \Longleftrightarrow Ag + Cl^-$$

电极电位方程式为

$$\varphi_\text{平} = \varphi^\ominus - \frac{RT}{F} \ln \alpha_{Cl^-} \tag{2-39}$$

这类电极的平衡电位是由阴离子种类、活度和反应温度来决定的。但是应该指出，在这类电极的电极反应中，进行可逆的氧化还原反应的仍是金属离子（如 Ag^+）而不是阴离子

（如 Cl^-）。仅仅因为表观上，在固/液界面上进行溶解和沉积的是阴离子，因而习惯地称这类电极为阴离子可逆电极。现在，已有较多的人直接称第二类可逆电极为金属-难溶盐（难溶性氧化物）电极。

既然电极反应中实质上是阳离子可逆，那么平衡电位的大小应与阳离子活度（如 α_{Ag^+}）有关，而不是与阴离子活度（如 α_{Cl^-}）有关。为什么还会出现式(2-39)呢？这是因为 AgCl 是固态的难溶盐，无法直接测得 α_{Ag^+} 的数值，只能通过 α_{Cl^-} 来计算求得。因此，为了计算方便，往往从已知的 α_{Cl^-} 值求电极电位值。

第二类可逆电极由于可逆性好、平衡电位稳定、电极制备比较简单，因而常备当作参比电极使用。

（3）第三类可逆电极

第三类可逆电极是由铂或其他惰性金属插入同一元素的两种不同价态离子的溶液中所组成的电极。例如 $Pt \mid Fe^{2+}(\alpha_{Fe^{2+}})$，$Fe^{3+}(\alpha_{Fe^{3+}})$；$Pt \mid Sn^{2+}(\alpha_{Sn^{2+}})$，$Sn^{4+}(\alpha_{Sn^{4+}})$；$Pt \mid Fe(CN)_6^{4-}(\alpha_1)$，$Fe(CN)_6^{3-}(\alpha_2)$ 等电极。

在这类电极的组成中，惰性金属本身不参加电极反应，只起导电作用。电极反应由溶液中同一元素的两种价态的离子之间进行氧化还原反应来完成。所以，这类可逆电极又称为氧化还原电极。

例如，$Pt \mid Fe^{2+}(\alpha_{Fe^{2+}})$，$Fe^{3+}(\alpha_{Fe^{3+}})$ 电极反应为

$$Fe^{3+} + e^- \Longrightarrow Fe^{2+}$$

电极电位方程式为

$$\varphi_{\text{平}} = \varphi^{\ominus} + \frac{RT}{F} \ln \frac{\alpha_{Fe^{3+}}}{\alpha_{Fe^{2+}}} \tag{2-40}$$

第三类可逆电极电位的大小主要取决于溶液中两种价态离子的活度之比。

（4）气体电极

因为气体在常温常压下不导电，故须借助于铂或其他惰性金属起导电作用，使气体吸附在惰性金属表面，与溶液中相应的离子进行氧化还原反应并达到平衡状态。所以气体可逆电极就是在固相和液相界面上，气态物质发生氧化还原反应的电极。例如氢电极，Pt，$H_2(p_{H_2}) \mid H^+(\alpha_{H^+})$

电极反应为

$$2H^+ + 2e^- \Longrightarrow H_2(\text{气})$$

电极电位方程式为

$$\varphi_{\text{平}} = \varphi^{\ominus} + \frac{RT}{2F} \ln \frac{\alpha_{H^+}^2}{p_{H_2}} \tag{2-41}$$

又如氧电极，Pt，$O_2(p_{O_2}) \mid OH^-(\alpha_{OH^-})$，它是由铂浸在被氧气饱和的、含有氢氧根离子的溶液中组成的。电极反应为

$$O_2 + 2H_2O + 4e^- \Longrightarrow 4OH^-$$

电极电位方程式为

$$\varphi_{\text{平}} = \varphi^{\ominus} + \frac{RT}{4F} \ln \frac{p_{O_2}}{\alpha_{OH^-}^4} \tag{2-42}$$

2.2.4　不可逆电极

2.2.4.1　不可逆电极及其电位

在实际的电化学体系中，有许多电极并不能满足可逆电极条件，这类电极叫作不可逆电极。如铝在海水中形成的电极，相当于 Al | NaCl；零件在电镀液中形成的电极，如 Fe | Zn^{2+}。

不可逆电极的电位是怎样形成的呢？它又有哪些特点呢？我们以纯锌放入稀盐酸的情形为例来说明。开始时，溶液中没有锌离子，但有氢离子，所以正反应为锌的氧化溶解，即

$$Zn \longrightarrow Zn^{2+} + 2e^-$$

逆反应为氢离子的还原，即

$$H^+ + e^- \longrightarrow H$$

随着锌的溶解，也开始发生锌离子的还原反应，即

$$Zn^{2+} + 2e^- \longrightarrow Zn$$

同时还会存在氢原子重新氧化为氢离子的反应，即

$$H \longrightarrow H^+ + e^-$$

这样，电极上同时存在四个反应，如图 2-9 所示。在总的电极反应过程中，锌的溶解速度和沉积速度不相等，氢的氧化和还原也如此。因此物质的交换是不平衡的，即有净反应发生（锌溶解和氢气析出）。这个电极显然是一种不可逆电极。所建立起来的电极电位称为不可逆电位或不平衡电位。它的数值不能按能斯特方程计算，只能由实验测定。

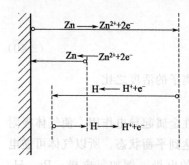

图 2-9　建立稳定电位的示意图
（图中箭头长度表示反应速度大小）

不可逆电位可以是稳定的，也可以是不稳定的。当电荷在界面上交换的速度相等时，尽管物质交换不平衡，也能建立起稳定的双电层，使电极电位达到稳定状态。稳定的不可逆电位叫稳定电位。对同一种金属，由于电极反应类型和速度不同，在不同条件下形成的电极电位往往差别很大。

不可逆电位的数值很有实用价值，比如判断不同金属接触时的腐蚀倾向，用稳定电位比用平衡电位更接近实际情况。如铝和锌接触时，就平衡电位来看，铝比锌负（$\varphi_{Al/Al^{3+}}^{\ominus} = -1.66V$，$\varphi_{Zn/Zn^{2+}}^{\ominus} = -0.76V$），似乎铝易于腐蚀。而在 3％NaCl 溶液中测出的稳定电位表明，锌将腐蚀（$\varphi_{Al/Al^{3+}} = -0.63V$，$\varphi_{Zn/Zn^{2+}} = -0.83V$），这与实际的腐蚀接触规律是一致的。

2.2.4.2　不可逆电极类型

和可逆电极相对应，不可逆电极也分为四类。

(1) 第一类不可逆电极

当金属浸入不含有该金属离子的溶液时所形成的电极电位，如 Zn | HCl，Zn | NaCl。这类电极与第一类可逆电极有相似之处。如锌放在稀盐酸溶液中，本来溶液中是没有锌离子的，但锌一旦浸入溶液就很快发生溶解，在电极附近产生了一定浓度的锌离子。这样，锌离子将参与电极过程，使最终建立起来的稳定电位与锌离子浓度有关。锌的标准电位是 −0.76V，锌在 1mol/L 的 HCl 溶液中的稳定电位是 −0.85V，两个电极电位值是比较接近的。如果按能斯特方程计算一下，当锌的平衡电位为 −0.85V 时，其锌离子浓度为 0.001～

0.1mol/L。显然，锌浸入稀盐酸溶液后，在电极附近很快达到这一锌离子浓度是可能的。所以第一类不可逆电极电位往往与第一类可逆电极电位类似，电位的大小与金属离子浓度有关。

(2) 第二类不可逆电极

一些标准电位较正的金属（Cu、Ag 等）浸在能生成该金属的难溶盐或氧化物的溶液中所组成的电极叫第二类不可逆电极，例如，Cu｜NaOH，Ag｜NaCl 等。由于生成的难溶盐、氧化物或氢氧化物的溶度积很小，它们在溶液中很快达到饱和并在金属表面析出。这样就有了类似于第二类可逆电极的特征，即阴离子在金属/溶液界面溶解或沉积。例如，铜浸在氢氧化钠溶液中，由于铜与溶液反应生成一层氢氧化亚铜附着在金属表面，而氢氧化亚铜的溶度积很小（$K_s = 1 \times 10^{-14}$），故铜在氢氧化钠溶液中建立的稳定电位就与阴离子活度（α_{OH^-}）有关，即与溶液 pH 值有关。当 pH 值增加时，该电极电位向负移，类似于 Cu｜CuOH（固），OH^- 电极的特征。

(3) 第三类不可逆电极

第三类不可逆电极是由金属浸入含有某种氧化剂的溶液所形成的电极，如 Fe｜HNO_3，Fe｜$K_2Cr_2O_7$ 以及不锈钢浸在含有氧化剂的溶液中等。这类电极所建立起来的电极电位主要依赖于溶液中氧化态物质和还原态物质之间的氧化还原反应。因此，它类似于第三类可逆电极，称为不可逆的氧化还原电极。

(4) 不可逆气体电极

一些具有较低的氢过电位的金属在水溶液中，尤其是酸中，会建立起不可逆的氢电极电位。这时，电极反应主要是 $H \rightleftharpoons H^+ + e^-$，但仍有反应 $M \rightleftharpoons M^{n+} + ne^-$ 发生，后者的速度远小于前者。因此，电极电位值主要取决于氢的氧化还原过程，表现出气体电极的特征。故称为不可逆气体电极。如 Fe｜HCl，Ni｜HCl 等电极就属于这一类。

2.2.5 可逆电极电位与不可逆电极电位的判别

如何判断给定电极是可逆的还是不可逆的呢？首先可根据电极的组成给出初步判断，符合可逆电极反应特点的就是可逆电极，如铜在硫酸铜溶液中形成的电极电位，从电极组成看为 Cu｜$CuSO_4$，分析其电极反应

$$Cu \rightleftharpoons Cu^{2+} + 2e^-$$

符合第一类可逆电极的特点，可初步判断为第一类可逆电极。而铜浸在氯化钠溶液中，其电极组成为 Cu｜NaCl，不符合四种可逆电极的组成，其主要电极反应为

氧化反应：
$$Cu \longrightarrow Cu^+ + e^-$$
$$Cu^+ + Cl^- \longrightarrow CuCl$$
$$Cu + Cl^- \longrightarrow CuCl + e^-$$

反应产生的 CuCl 的溶度积很小。

还原反应：$O_2 + 2H_2O + 4e^- \longrightarrow 4OH^-$

式中　O_2——溶解在溶液中的氧气，并吸附在金属/溶液界面。

因此，由上述电极反应可以初步判断为第二类不可逆电极。

为了进行准确的判断，则应进一步分析。我们已经知道，可逆电位可以用能斯特方程计算；而不可逆电位不符合能斯特方程的规律，不能用该方程计算。所以可以用实验结果和理论计算结果进行比较的方法来判断。如果实验测量得到的电极电位与活度的关系曲线符合能

斯特方程计算出的理论曲线，就说明该电极是可逆电极。若测量值与理论计算值偏差很大，超出实验误差范围，那就是不可逆电极。

2.2.6 氧电极和充气差异电池

一个镀铂黑的铂片浸在被 O_2 饱和的电解质中构成氧电极。这种电极在腐蚀研究中特别重要，因为它是充气差异电池的一个组成部分，这种电池是产生缝隙腐蚀和点蚀的原因。

理想情况下，氧电极上的平衡可写成：

$$\frac{1}{2}H_2O + \frac{1}{4}O_2 + e^- \longrightarrow OH^- \qquad \varphi^\ominus = 0.401V \tag{2-43}$$

$$\varphi_{O_2} = 0.401 - 0.0592 \lg \frac{\alpha_{OH^-}}{p_{O_2}^{\frac{1}{4}}} \tag{2-44}$$

和氢电极不同，这个反应在实际测量条件下并不严格可逆，因此，测得的电位可能随时间而变化，而且缺乏再现性。实测电位往往没有按可逆过程的计算值那么正。尽管如此，这种计算对于了解和预测电位变化方向，如当氧压力变化时，还是有用的。例如，考察浸在水溶液中的两个氧电极，一个和 1atm（1atm=1.01325×10^5Pa）O_2 接触（左边），另一个和 0.2atmO_2 接触（右边）。左边和右边电极的电位分别为：

$$\frac{1}{2}H_2O + \frac{1}{4}O_2(1atm) + e^- \longrightarrow OH^- \tag{2-45}$$

$$\varphi_1 = 0.401 - 0.0592 \lg \frac{\alpha_{OH^-}}{1^{\frac{1}{4}}} \tag{2-46}$$

$$\frac{1}{2}H_2O + \frac{1}{4}O_2(0.2atm) + e^- \longrightarrow OH^- \tag{2-47}$$

$$\varphi_2 = 0.401 - 0.0592 \lg \frac{\alpha_{OH^-}}{0.2^{\frac{1}{4}}} \tag{2-48}$$

式(2-47)－式(2-45)：

$$\frac{1}{4}O_2(0.2atm) \longrightarrow \frac{1}{4}O_2(1atm) \tag{2-49}$$

式(2-48)－式(2-46)：

$$\varphi_2 - \varphi_1 = 0.0592 \lg \frac{(1^{\frac{1}{4}})}{0.2^{\frac{1}{4}}} \lg 0.2 = -0.00723(V) \tag{2-50}$$

电动势为负，表示式(2-49)的 ΔG 为正，所以，所写的这个反应不会自发进行。相反，在电池内正电流自发地从右到左流动，左边电极是阴极（正极），右边电极是阳极（负极）。这解释了一个事实，即：在任何充气差异电池中，和低的氧分压接触的电极容易变成阳极，而和较高氧分压接触的电极倾向变成阴极。

用铁电极代替铂组成这种电池时，铁上阴极区生成了具有黏附性的导电氧化物。当和含空气的溶液接触时，这层氧化物的作用如同氧电极，但在阳极区生成了 Fe^{2+}，电极如同是铁电极（$\varphi^\ominus = -0.440V$）。这样组成的电池，其工作电动势大大超过铂电极组成的电池，其值由下式给出：

$$E = -0.404 - \frac{0.0592}{2} \lg \frac{p_{O_2}^{\frac{1}{2}}}{\alpha_{Fe^{2+}} \alpha_{OH^-}} \qquad (2\text{-}51)$$

假如，阳极区亚铁离子活度为 0.1，阴极区水的 pH 为 7.0。阴极上氧分压和空气中相同，等于 0.2 大气压，那么，相应电池的工作电动势为 1.27V，这对于导致电流流动和伴随发生阳极腐蚀来说是个相当大的值。实际电动势要比这个计算值小，尤其是将铁表面的铁氧化物膜近似看作氧电极时，这种氧电极更是不可逆的。但是一般说，这个电动势比起依据两个铂电极计算的数值要大得多。

2.2.7 影响电极电位的因素

从电极电位产生的机理可知，电极电位的大小取决于金属/溶液界面的双电层，因而影响电极电位的因素包含了金属的性质和外围介质的性质两大方面。前者包括金属的种类、物理化学状态和结构、表面状态；金属表面成相膜或吸附物的存在与否；机械变形与内应力；等。后者包括溶液中各种离子的性质和浓度；溶剂的性质；溶解在溶液中的气体、分子和聚合物等的性质与浓度；温度、压力、光照和高能辐射等。总之，影响电极电位的因素是很复杂的，对任何一个电极体系，必须具体分析，才能确定影响其电位变化的因素是什么。下面讨论几个主要的因素。

2.2.7.1 电极的本性

电极的本性在这里指的是电极的组成。由于组成电极的氧化态物质和还原态物质不同，得失电子的能力也不同，因而形成的电极电位不同。

2.2.7.2 金属的表面状态

金属表面加工的精度，表面层纯度，氧化膜或其他成相膜的存在，原子、分子在表面的吸附等对金属的电极电位有很大影响，可使电极电位变化的范围达 1V 左右。其中金属表面自然生成的保护性膜层的影响特别大。保护膜的形成多半使金属电极电位向正移，而保护膜破坏（如破裂、膜的孔隙增多增大等）或溶液中的离子对膜的穿透率增强时，往往使电极电位变负。电位的变化可达数百毫伏。吸附在金属表面的气体原子，常常对金属的电极电位发生强烈影响。这些被吸附的气体可能本来是溶解在溶液中的，也可能是金属放入电解液以前就吸附在金属表面的。例如，铁在 1mol/LKOH 溶液中，有大量氧吸附时的电极电位为 $-0.27V$，有大量氢吸附时的电极电位为 $-0.67V$，这一差别来源于不同气体的吸附。通常，有氧吸附时金属电极电位变正，有氢吸附时电极电位变负。吸附气体对电极电位的影响一般在数十毫伏到数百毫伏。

2.2.7.3 金属的机械变形和内应力

变形和内应力的存在通常使电极电位变负，但一般影响不大，在数毫伏到数十毫伏。其原因是：在变形的金属上，金属离子的能量增高，活性增大，当它浸入溶液时就容易溶解而变成离子。因此，界面反应达到平衡时，所形成的双电层电位差就相对较负。如果由于变形或应力作用破坏了金属表面的保护膜，则电位也将变负。

2.2.7.4 溶液的 pH 值

pH 值对电极电位有明显影响，表 2-3 中列出了同一金属在浓度为 1mol/L 的 HCl、KOH、KCl 等典型酸、碱、盐溶液中的电极电位。从表中可看出，pH 值的影响可使电极电位变化达数百毫伏。

表 2-3　金属在被氧气饱和的 1mol/L 的 HCl、KOH 和 KCl 溶液中的电极电位　单位：V

溶液	金属					
	Ag	Ni	Zn	Cr	Fe	Cu
HCl	0.202	−0.07	−1.225	—	−0.29	0.24
KOH	0.10	0.05	−1.23	−0.31	−0.27	−0.03
KCl	0.18	−0.02	−0.83	0.38	−0.49	0.03

2.2.7.5　溶液中氧化剂的存在

在通常的金属腐蚀过程中常遇到的氧化剂是溶解在电解液中的氧。氧化剂多半使电极电位变正，除了吸附氧的作用外，还可能因生成氧化膜使原来的保护膜更加致密而使电位变正。

2.2.7.6　溶液中络合剂的存在

当溶液中有络合剂时，金属离子就可能不再以水化离子形式存在，而是以某种络离子的形式存在，从而影响到电极反应的性质和电极电位的大小。例如，锌在含 Zn^{2+} 离子的溶液中的标准电位 $\varphi^{\ominus}=-0.763V$，电极反应是：

$$Zn \Longleftrightarrow Zn^{2+}+2e^-$$

或

$$Zn+xH_2O \Longleftrightarrow Zn(H_2O)_x^{2+}+2e^-$$

当溶液中加入 NaCN 后，发生络合反应：

$$Zn(H_2O)_x^{2+}+4CN^- \Longleftrightarrow Zn(CN)_4^{2-}+xH_2O$$

锌离子将以 $Zn(CN)_4^{2-}$ 络离子形式存在，电极反应变为：

$$Zn+4CN^- \Longleftrightarrow Zn(CN)_4^{2-}+2e^-$$

该反应对应的标准电位 $\varphi_{络}^{\ominus}=-1.260V$。可见，加入络合剂 NaCN 之后，锌的电极电位变负。

有络合剂存在时的标准电极电位 $\varphi_{络}^{\ominus}$ 也可以用下式进行计算：

$$\varphi_{络}^{\ominus}=\varphi^{\ominus}+\frac{RT}{nF}\ln K_{不} \tag{2-52}$$

式中　$K_{不}$——络离子的不稳定常数；

　　　$\varphi^{\ominus}$——没有络合剂时的标准电位。

查表知：

$$Zn \Longleftrightarrow Zn^{2+}+2e^- \qquad \varphi^{\ominus}=-0.763V$$

$$Zn(CN)_4^{2-} \Longleftrightarrow Zn^{2+}+4CN^- \qquad K_{不}=1.3\times10^{-17}$$

所以，25℃时，有

$$\varphi_{络}^{\ominus}=-0.763+\frac{0.059}{2}\lg(1.3\times10^{-17})=-1.26(V) \tag{2-53}$$

不同的络合剂对同种金属的电极电位的影响不同，但总是使电极电位向更负的方向变化。如果溶液有多种络合剂存在，则对电极电位的影响更复杂，需要通过实验测定。

2.2.7.7　溶剂的影响

电极在不同溶剂中的电极电位是不同的。在讨论电极电位的形成时，已经知道电极电位既与物质得失电子有关，又与离子的溶剂化有关。因而，不同溶剂中，离子溶剂化不同，形成的电极电位亦不同。

2.3 双电层形成及结构

2.3.1 研究电极/溶液界面性质的意义

各类电极反应都发生在电极/溶液的界面上，因而界面的结构和性质对电极反应有很大影响。这一影响主要表现在以下两方面。

(1) 界面电场对电极反应速度的影响

界面电场是由电极/溶液相间存在的双电层所引起的。而双电层中符号相反的两个电荷层之间的距离非常小，因而能产生巨大的场强。例如，双电层电位差（即电极电位）为1V，而界面两个电荷层的间距为 10^{-8} cm 时，其场强可达 10^8 V/cm。已知电极反应是得失电子的反应，也就是有电荷在相间转移的反应。因此，在如此巨大的界面电场下，电极反应速度必将发生极大的变化，甚至某些在其他场合难以发生的化学反应也得以进行。特别是，电极电位可以被人为地、连续地加以改变，因而可以通过控制电极电位来有效地、连续地改变电极反应速度。这正是电极反应区别于其他化学反应的一大优点。

(2) 电解液性质和电极材料及其表面状态的影响

电解质溶液的组成和浓度，电极材料的物理、化学性质及其表面状态均能影响电极/溶液界面的结构和性质，从而对电极反应性质和速度有明显的作用。例如，在同一电极电位下，同一种溶液中，析氢反应 $2H^+ + 2e^- \Longrightarrow H_2$ 在铂电极上进行的速度比在汞电极上进行的速度大 10^7 倍以上。溶液中表面活性物质或络合物的存在也能改变电极反应速度，如水溶液中苯并三氮唑的少量添加，就可以抑制铜的腐蚀溶解。

所以，要深入了解电极过程的动力学规律，就必须了解电极/溶液界面的结构和性质。对界面有了深入的研究，才能达到有效地控制电极反应性质和反应速度的目的。

2.3.2 理想极化电极

在电化学中，所谓"电极/溶液界面"实际上是指两相之间的一个界面层，即与任何一相基本性质不同的相间过渡区域。因而电化学研究的界面结构主要是指在这一过渡区域中剩余电荷和电位的分布以及它们与电极电位的关系。界面性质则主要指界面层的物理化学特性，尤其是电性质。

由于界面结构和界面性质间有密切的内在联系，因而研究界面结构的基本方法是测定某些重要的、反映界面性质的参数（如界面张力、微分电容、电极表面剩余电荷密度等）及其与电极电位的函数关系。把这些实验测定结果与根据理论模型推算出来的数值相比较，如果理论值与实验结果比较一致，那么该结构模型就有一定的正确性。但是，不论测定哪种界面参数，都必须选择一个适合于进行界面研究的电极体系。那么，满足什么条件才是适合的电极体系呢？为了回答这个问题，先来看一下电极体系的等效电路。

通常情况下，直流电通过一个电极时，可能起到以下两种作用。

① 参与电极反应而被消耗掉。由于要维持一定的反应速度，就需要电路中有电流源源不断地通过电极，以补充电极反应所消耗的电量。所以，这部分电流相当于通过一个负载电阻而被消耗。

② 参与建立或改变双电层。由于形成有一定电极电位的双电层结构，只需要一定数量

的电量，故这部分电流的作用类似于给电容器充电，只在电路中引起短暂的充电电流。因此，一个电极体系可以等效为图 2-10（a）所示的电路。

显然，为了研究界面的结构和性质，就希望界面上不发生电极反应，使外电源输入的全部电流都用于建立或改变界面结构和电极电位，即可等效为图 2-10（b）中的电路。这样就可以方便地把电极电位改变到所需要的数值，并可定量地分析建立这种双电层结构所需要的电量。这种不发生任何电极反应的电极体系称为理想极化电极。

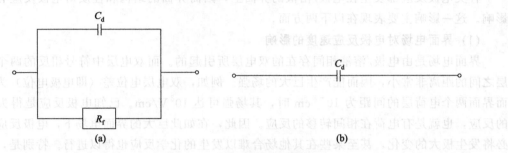

图 2-10　电极体系的等效电路

绝对的理想极化电极是不存在的。只有在一定的电极电位范围内，某些真实的电极体系可以满足理想极化电极的条件。例如，由纯净的汞和去除了氧和其他氧化性或还原性杂质的高纯度氯化钾溶液所组成的电极体系中，只有在电极电位比 0.1V 更正时才能发生汞的氧化溶解反应：

$$2Hg \rightleftharpoons Hg^{2+} + 2e^-$$

在电极电位比 $-1.6V$ 更负时能发生钾的还原反应：

$$K^+ + e^- \rightleftharpoons K(汞齐)$$

因此，该电极在 $0.1 \sim -1.6V$ 的电位范围内，没有任何电极反应发生，可作理想极化电极使用。

2.3.3　电极/溶液界面的基本结构

在电极/溶液界面存在着两种相间相互作用：一种是电极与溶液两相中的剩余电荷所引起的静电作用；另一种是电极和溶液中各种粒子（离子、溶质分子、溶剂分子等）之间的短程作用，如特性吸附、偶极子定向排列等，它只在零点几个纳米的距离内发生。这些相互作用决定着界面的结构和性质。

静电作用是一种长程性质的相互作用，它使符号相反的剩余电荷力图相互靠近，趋向于紧贴着电极表面排列，形成图 2-11 所示的紧密双电层结构，简称紧密层。可是，电极和溶液两相中的荷电粒子都不是静止不动的，而是处于不停的热运动之中。热运动促使荷电粒子倾向于均匀分布，从而使剩余电荷不可能完全紧贴着电极表面分布，而具有一定的分散性，形成所谓分散层。这样，在静电作用和粒子热运动的矛盾作用下，电极/溶液界面的双电层将由紧密层和分散层两部分组成，如图 2-12 所示。

由于双电层结构的分散性，也就是剩余电荷分布的分散性取决于静电作用和热运动的对立统一结果，因而在不同条件的电极体系中，双电层的分散性不同。当金属与电解质溶液组成电极体系时，在金属相中，由于自由电子的浓度很大（可达 $10^{25}\,mol/L$），少量剩余电荷（自由电子）在界面的集中并不会明显破坏自由电子的均匀分布。因此，可以认为金属中全部剩余电荷都是紧密分布的，金属内部各点的电位均相等。在溶液相中，当溶液总浓度较

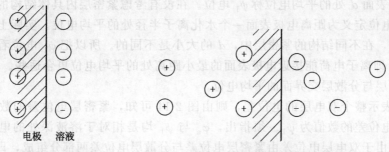

图 2-11　电极/溶液界面的
紧密双电层结构

图 2-12　考虑了热运动干扰时的
电极/溶液界面的双电层结构

高、电极表面电荷密度较大时，由于离子热运动比较困难，对剩余电荷分布的影响较小，而电极与溶液相间的静电作用较强，对剩余电荷的分布起了主导作用。因此，溶液中的剩余电荷（水化离子）也倾向于紧密分布，从而形成图 2-11 所示的紧密双电层。如果溶液总浓度较低或电极表面电荷密度较小，那么，离子热运动的作用增强，而静电作用减弱，因而形成如图 2-13 所示的紧密层与分散层共存的结构。

　　同样道理，如果由半导体材料和电解质溶液组成电极体系，那么，在固相（半导体相）中，由于载流子浓度较小（约 $10^{17}\,mol/L$），则剩余电荷的分布也将具有一定的分散性，可形成图 2-12 所示的双电层结构。为此，需要约定，本书中讨论界面结构与性质时，如不特殊说明，则"电极"均指金属电极。

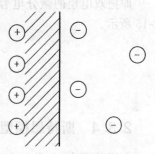

图 2-13　金属/溶液界面的
双电层共存结构

　　在紧密层中，还应该考虑到电极与溶液两相间短程相互作用对剩余电荷分布的影响，这一点，将在后面叙述。如果只考虑静电作用，那么可以得出，一般情况下，电极/溶液界面剩余电荷分布和电位分布如图 2-14 所示。由图 2-14 可知，双电层的金属一侧，剩余电荷集中在电极表面。在双电层的溶液一侧，剩余电荷的分布有一定的分散性。因此双电层是由紧密层和分散层两部分组成的。图中 d 为紧贴电极表面排列的水化离子的电荷中心与电极表面的距离，也就是离子电荷能接近电极表面的最小距离。所以，从 $x=0$ 到 $x=d$ 的范围内不存在剩余电荷，这一范围即为紧密层。显然，紧密层的厚度为 d。若假定紧密层内的介电常数为恒定值，则该层内的电位分布是线性变化的〔见图 2-14（b）〕。从 $x=d$ 到剩余电荷为零（溶液中）的双电层部分即为分散层。其电位分布是非线性变化的。图 2-14（b）中给出了最简单的情况。

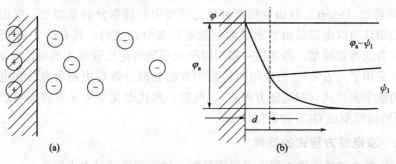

图 2-14　电极/溶液界面剩余电荷与电位的分布

距离电极表面 d 处的平均电位称 ψ_1 电位。在没有考虑紧密层内具体结构的情况下，常习惯地把 ψ_1 电位定义为距离电极表面一个水化离子半径处的平均电位。实际上，从后面的讨论中将看到，在不同结构的紧密层中，d 的大小是不同的。所以把 ψ_1 电位看作是距离电极表面 d 处，即离子电荷能接近电极表面的最小距离处的平均电位更合适些。也可以把 ψ_1 电位看作紧密层与分散层交界面的平均电位。

若以 φ_a 表示整个双电层的电位差，则由图 2-14 可知，紧密层电位差的数值为 $(\varphi_a - \psi_1)$；分散层电位差的数值为 ψ_1。须指出，φ_a 与 ψ_1 均是相对于溶液深处的电位（规定为零）而言的。由于双电层电位差由紧密层电位差与分散层电位差两部分组成，即 $\varphi_a = (\varphi_a - \psi_1) + \psi_1$，所以，可以利用下式计算双电层电容：

$$
\begin{aligned}
\frac{1}{C_d} &= \frac{\mathrm{d}\varphi_a}{\mathrm{d}q} \\
&= \frac{\mathrm{d}(\varphi_a - \psi_1)}{\mathrm{d}q} + \frac{\mathrm{d}\psi_1}{\mathrm{d}q} \\
&= \frac{1}{C_{\text{紧}}} + \frac{1}{C_{\text{分}}}
\end{aligned}
\tag{2-54}
$$

即把双电层的微分电容看成是由紧密层电容 $C_{\text{紧}}$ 和分散层电容 $C_{\text{分}}$ 串联组成的，如图 2-15 所示。

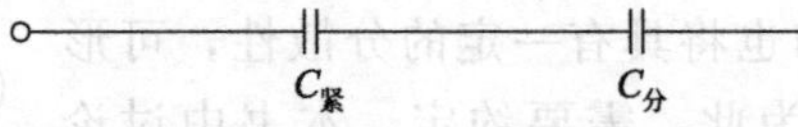

图 2-15 双电层微分电容的组成

2.3.4 斯特恩模型

亥姆荷茨在 19 世纪末曾根据电极与溶液间的静电作用，提出紧密双电层模型，即把双电层比拟为平行板电容器，描述为图 2-11 所示的结构。该模型基本上可以解释界面张力随电极电位变化的规律和微分电容曲线上所出现的平台区。但是，它解释不了界面电容随电极电位和溶液总浓度变化而变化，以及在稀溶液中零电荷电位下微分电容最小等基本实验事实。因而亥姆荷茨的模型还很不完善。

20 世纪初，古依（Gouy）和恰帕曼（Chapman）则根据粒子热运动的影响，提出了分散层模型。该模型认为，溶液中的离子在静电作用和热运动作用下按位能场中粒子的玻尔兹曼分配律分布，完全忽略了紧密层的存在。因而尽管它能较好地解释微分电容最小值的出现和电容随电极电位的变化，但理论计算的微分电容值却比实验测定值大得多，而且解释不了微分电容曲线上平台区的出现。

1924 年斯特恩（Stern）在汲取前两种理论模型中合理部分的基础上，提出了双电层静电模型。该模型认为双电层是由紧密层和分散层两部分组成的，具有图 2-14 所示的物理图像，被后人称为斯特恩模型。由于这一模型对分散层的讨论比较深入细致，对紧密层的描述很简单，并且采用了与古依-恰帕曼相同的数学方法处理分散层中剩余电荷和电位的分布及推导出相应的数学表达式（双电层方程式），所以，现代电化学中又常将斯特恩模型称为古依-恰帕曼-斯特恩模型或 GCS 分散层模型。

2.3.4.1 双电层方程式的推导

现以 1-1 价型电解质溶液为例，说明推导双电层方程式的基本思路。

① 从粒子在界面电场中服从玻尔兹曼分布出发，假设离子与电极之间除了静电作用外没有其他相互作用；双电层的厚度比电极曲率半径小得多，因而可将电极视为平面电极处理，即认为双电层中电位只是 x 方向的一维函数。这样，按照玻尔兹曼分布律，在距电极表面 x 处的液层中，离子的浓度分布为

$$c_+ = c\exp\left(-\frac{\psi F}{RT}\right) \tag{2-55}$$

$$c_- = c\exp\left(\frac{\psi F}{RT}\right) \tag{2-56}$$

式中　c_+，c_-——正、负离子在电位为 ψ 的液层中的浓度；

　　　　ψ——距离电极表面 x 处的电位；

　　　　c——远离电极表面（$\psi=0$）处的正、负离子浓度，也即电解质溶液的体浓度。

因此，在距电极表 x 处的液层中，剩余电荷的体电荷密度为

$$\rho = Fc_+ - Fc_-$$
$$= cF\left[\exp\left(-\frac{\psi F}{RT}\right) - \exp\left(\frac{\psi F}{RT}\right)\right] \tag{2-57}$$

式中　ρ——体电荷密度。

② 忽略离子的体积，假定溶液中离子电荷是连续分布的（实际上离子具有粒子性，故离子电荷是不连续分布的）。因此，可应用静电学中的泊松（Poisson）方程，把剩余电荷的分布与双电层溶液一侧的电位分布联系起来。

当电位为 x 的一维函数时，泊松方程具有如下形式：

$$\frac{\partial^2 \psi}{\partial x^2} = -\frac{\partial E}{\partial x} = -\frac{\rho}{\varepsilon_0 \varepsilon_r} \tag{2-58}$$

式中　E——电场强度。

将式（2-57）代入式（2-58），得

$$\frac{\partial^2 \psi}{\partial x^2} = -\frac{cF}{\varepsilon_0 \varepsilon_r}\left[\exp\left(-\frac{\psi F}{RT}\right) - \exp\left(\frac{\psi F}{RT}\right)\right] \tag{2-59}$$

利用数学关系式 $\frac{\partial^2 \psi}{\partial x^2} = \frac{1}{2}\frac{\partial}{\partial \psi}\left(\frac{\partial \psi}{\partial x}\right)^2$，可将式（2-59）写成

$$\partial\left(\frac{\partial \psi}{\partial x}\right)^2 = -\frac{2cF}{\varepsilon_0 \varepsilon_r}\left[\exp\left(-\frac{\psi F}{RT}\right) - \exp\left(\frac{\psi F}{RT}\right)\right]\partial \psi$$

将上式从 $x=d$ 到 $x=\infty$ 积分，并根据 GCS 模型的物理图像可知：

$x=d$ 时，$\psi=\psi_1$；$x=\infty$ 时，$\psi=0$，$\frac{\partial \psi}{\partial x}=0$。故积分结果为

$$\left(\frac{\partial \psi}{\partial x}\right)^2_{x=d} = \frac{2cRT}{\varepsilon_0 \varepsilon_r}\left[\exp\left(-\frac{\psi_1 F}{RT}\right) + \exp\left(\frac{\psi_1 F}{RT}\right) - 2\right]$$

$$= \frac{2cRT}{\varepsilon_0 \varepsilon_r}\left[\exp\left(\frac{\psi_1 F}{2RT}\right) - \exp\left(-\frac{\psi_1 F}{2RT}\right)\right]^2$$

$$= \frac{8cRT}{\varepsilon_0 \varepsilon_r}\sinh^2\left(\frac{\psi_1 F}{2RT}\right) \tag{2-60}$$

由于按照绝对电位符号的规定，当电极表面剩余电荷密度 q 为正值时，$\psi>0$。而随距离 x 的增加，ψ 值将逐渐减小，即 $\frac{\partial \psi}{\partial x}<0$。所以 $\left(\frac{\partial \psi}{\partial x}\right)^2$ 开方后应取负值。

这样，由式(2-60) 可得

$$\left(\frac{\partial \psi}{\partial x}\right)_{r=d} = -\sqrt{\frac{2cRT}{\varepsilon_0 \varepsilon_r}}\left[\exp\left(\frac{\psi_1 F}{2RT}\right) - \exp\left(-\frac{\psi_1 F}{2RT}\right)\right]$$

$$= -\sqrt{\frac{8cRT}{\varepsilon_0 \varepsilon_r}}\sinh\left(\frac{\psi_1 F}{2RT}\right) \tag{2-61}$$

③ 将双电层溶液一侧的电位分布与电极表面剩余电荷密度联系起来，以便更明确地描述分散层结构的特点。

应用静电学的高斯（Gauss）定律，电极表面电荷密度 q 与电极表面（$x=0$）电位梯度的关系为

$$q = -\varepsilon_0 \varepsilon_r \left(\frac{\partial \psi}{\partial x}\right)_{x=0} \tag{2-62}$$

由图 2-12 知，由于荷电离子具有一定体积，溶液中剩余电荷靠近电极表面的最小距离为 d。在 $x=d$ 处，$\psi=\psi_1$。由于从 $x=0$ 到 $x=d$ 的区域内不存在剩余电荷，ψ 与 x 的关系是线性的。因此

$$\left(\frac{\partial \psi}{\partial x}\right)_{x=0} = \left(\frac{\partial \psi}{\partial x}\right)_{x=d}$$

所以

$$q = -\varepsilon_0 \varepsilon_r \left(\frac{\partial \psi}{\partial x}\right)_{x=d} \tag{2-63}$$

把式(2-61) 代入式(2-62)，可得

$$q = \sqrt{2cRT\varepsilon_0 \varepsilon_r}\left[\exp\left(\frac{\psi_1 F}{2RT}\right) - \exp\left(-\frac{\psi_1 F}{2RT}\right)\right]$$

$$= \sqrt{8cRT\varepsilon_0 \varepsilon_r}\sinh\left(\frac{\psi_1 F}{2RT}\right) \tag{2-64a}$$

对于 $z-z$ 价型电解质，上式可写成：

$$q = \sqrt{8cRT\varepsilon_0 \varepsilon_r}\sinh\left(\frac{|z|\psi_1 F}{2RT}\right) \tag{2-64b}$$

式(2-64) 就是 GCS 模型的双电层方程式。它表明了分散层电位差的数值（ψ_1）和电极表面电荷密度（q）、溶液浓度（c）之间的关系。通过式(2-64) 可以讨论分散层的结构特征和影响双电层结构分散性的主要因素。

根据图 2-14，作为最简单的情况，可假设 d 是不随电极电位变化的常数。因而，可将紧密层作为平行板电容器处理，其电容值 $C_紧$ 为一恒定值，即

$$C_紧 = \frac{q}{\varphi_a - \psi_1} = 常数$$

所以

$$q = C_紧(\varphi_a - \psi_1) \tag{2-65}$$

将上式代入式(2-64a) 中，得到

$$q = C_紧(\varphi_a - \psi_1) = \sqrt{8cRT\varepsilon_0 \varepsilon_r}\sinh\left(\frac{\psi_1 F}{2RT}\right)$$

则

$$\varphi_a = \psi_1 + \frac{1}{C_紧}\sqrt{8cRT\varepsilon_0 \varepsilon_r}\sinh\left(\frac{\psi_1 F}{2RT}\right)$$

或

$$\varphi_a = \psi_1 + \frac{1}{C_紧}\sqrt{2cRT\varepsilon_0 \varepsilon_r}\left[\exp\left(\frac{\psi_1 F}{2RT}\right) - \exp\left(-\frac{\psi_1 F}{2RT}\right)\right] \tag{2-66}$$

由于式(2-66)把电极/溶液界面双电层的总电位差φ_a与ψ_1联系在一起，因而该式比式(2-64)在讨论界面结构时更为实用。因为从式(2-66)中可以分析由剩余电荷所形成的相间电位φ_a是如何分配在紧密层和分散层中的，以及溶液浓度和电极电位的变化对电位分布会有什么影响。

2.3.4.2 对双电层方程式的讨论

① 当电极表面电荷密度q和溶液浓度c都很小时，双电层中的静电作用能远小于离子热运动能，即$|\psi_1|F \ll RT$。所以，式(2-64)和式(2-66)可按级数展开，略去高次项，得到

$$q = \sqrt{\frac{2c\varepsilon_0\varepsilon_r}{RT}}F\psi_1 \tag{2-67}$$

$$\varphi_a = \Psi_1 + \frac{1}{C_\text{紧}}\sqrt{\frac{2c\varepsilon_0\varepsilon_r}{RT}}F\Psi_1 \tag{2-68}$$

在很稀的溶液中，c小到足以使式(2-68)右方第二项可以忽略不计时，可得出$\varphi_a \approx \psi_1$。这表明，此时剩余电荷和相间电位分布的分散性很大，双电层几乎全部是分散层结构。并可认为分散层电容近似等于整个双电层的电容。若将分散层等效为平行板电容器，则由式(2-67)得到

$$C_\text{分} = \frac{q}{\psi_1} = \sqrt{\frac{2c\varepsilon_0\varepsilon_r}{RT}}F \tag{2-69}$$

与平行板电容器公式$C = \dfrac{\varepsilon_0\varepsilon_r}{l}$比较可知

$$l = \frac{1}{F}\sqrt{\frac{RT\varepsilon_0\varepsilon_r}{2c}} \tag{2-70}$$

式中，l为平行板电容器的极间距离，因而在这里可以代表分散层的有效厚度，也称为德拜长度。它表示分散层中剩余电荷分布的有效范围。由式(2-70)可看出，分散层有效厚度与$\sqrt{c}$成反比、与$\sqrt{T}$成正比。所以，溶液浓度增加或温度降低，将使分散层有效厚度l减小，从而分散层电容$C_\text{分}$增大。这就解释了为什么微分电容值随溶液浓度的增加而增大。

② 当电极表面电荷密度q和溶液浓度c都比较大时，双电层中静电作用能远大于离子热运动能，即$|\psi_1|F \gg RT$。这时，式(2-66)中右方第二项远大于第一项。可以认为$|\varphi_a| \gg |\psi_1|$，即双电层中分散层所占比例很小，主要是紧密层结构，故$\varphi_a \approx (\varphi_a - \psi_1)$。因此，可略去式(2-66)中右方第一项和第二项中较小的指数项，得到

$$\varphi_a \approx \pm\frac{1}{C_\text{紧}}\sqrt{2cRT\varepsilon_0\varepsilon_r}\exp\left(\pm\frac{\psi_1 F}{2RT}\right) \tag{2-71}$$

式中对正的φ_a值取正号，对负的φ_a值取负号。将式(2-71)改写成对数形式，则为

$$\psi_1 > 0\text{ 时},\psi_1 \approx -\text{常数} + \frac{2RT}{F}\ln\varphi_a - \frac{RT}{F}\ln c \tag{2-72}$$

$$\psi_1 < 0\text{ 时},\psi_1 \approx \text{常数} - \frac{2RT}{F}\ln(-\varphi_a) + \frac{RT}{F}\ln c \tag{2-73}$$

由式(2-72)和式(2-73)可知，当相间电位φ_a的绝对值增大时，$|\psi_1|$也会增大，但两者是对数关系，因而$|\psi_1|$的增加比$|\varphi_a|$的变化要缓慢得多。随着$|\varphi_a|$的增大，分散层电位差在整个双电层电位差中所占的比例越来越小。当φ_a的绝对值增大到一定程度时，

ψ_1 即可忽略不计。溶液浓度的增加，也会使 $|\psi_1|$ 减小。25℃时，溶液浓度增大 10 倍，$|\psi_1|$ 约减小 59mV。这表明双电层结构的分散性随溶液浓度的增加而减小。

双电层结构分散性的减小意味着它的有效厚度减小，因而界面电容值增大，这就较好地说明了微分电容随电极电位绝对值和溶液总浓度增大而增加的原因。

③ 根据斯特恩模型，还可以从理论上估算表征分散层特征的某些重要参数（ψ_1、$C_分$ 和有效厚度 l 等），有利于进一步深入分析双电层的结构，也可以与实验结果进行比较以验证该理论模型的正确性。

斯特恩模型能较好地反映界面结构的真实情况。但是，该模型在推导双电层方程式时做了一些假设，例如假设介质的介电常数不随电场强度变化，把离子电荷看成点电荷并假定电荷是连续分布的，等等。这就使得斯特恩双电层方程式对界面结构的描述只能是一种近似的、统计平均的结果，而不能用作准确的计算。

斯特恩模型的另一个重要缺点是对紧密层的描述过于粗糙。它只简单地把紧密层描述成厚度 d 不变的离子电荷层，而没有考虑到紧密层组成的细节及由此引起的紧密层结构与性质上的特点。

2.3.5 紧密层的结构

20 世纪 60 年代以来，在承认斯特恩模型的基础上，许多学者，如弗鲁姆金、鲍克利斯、格来亨等，对紧密层结构模型做了补充和修正，从理论上更为详细地描绘了紧密层的结构。本节以 BDM（Bockris-Davanathan-Muller）模型为主，综合介绍现代电化学理论关于紧密层结构的基本观点。

2.3.5.1 电极表面的"水化"和水的介电常数的变化

水分子是强极性分子，能在带电的电极表面定向吸附，形成一层定向排列的水分子偶极层。即使电极表面剩余电荷密度为零时，由于水偶极子与电极表面的镜像力作用和色散力作用，也仍然会有一定数量的水分子定向吸附在电极表面，如图 2-16 所示。

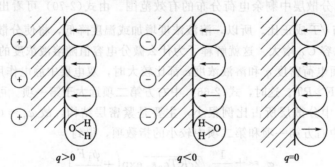

图 2-16　电极/溶液界面上的水分子偶极层

水分子的吸附覆盖度可达 70% 以上，好像电极表面水化了一样。因而在通常情况下，紧贴电极表面的第一层是定向排列的水分子偶极层，第二层才是由水化离子组成的剩余电荷层（见图 2-17）。

同时，第一层水分子可由于在强界面电场中定向排列而导致介电饱和，其相对介电常数降低到 5～6，比通常水的相对介电常数（25℃时约为 78）小得多。从第二层水分子开始，相对介电常数随距离的增加而增大，直至恢复到水的正常相对介电常数值。在紧密层内，即离子周围的水化膜中，相对介电常数可达 40 以上。

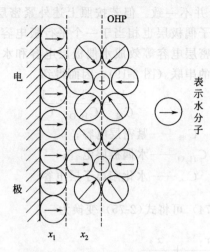

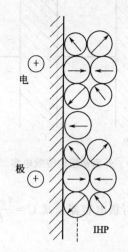

图 2-17　外紧密层结构示意图　　　图 2-18　内紧密层结构示意图

2.3.5.2　没有离子特性吸附时的紧密层结构

溶液中的离子除了因静电作用而富集在电极/溶液界面外，还可能由于与电极表面的短程相互作用而发生物理吸附或化学吸附。这种吸附与电极材料、离子本性及其水化程度有关，被称为特性吸附。大多数无机阳离子不发生特性吸附，只有极少数水化能较小的阳离子，如 Cs^+ 等离子能发生特性吸附。反之，除了 F^- 外，几乎所有的无机阴离子都或多或少地发生特性吸附。有无特性吸附，紧密层的结构是有差别的。

当电极表面荷负电时，双电层溶液一侧的剩余电荷由阳离子组成。由于大多数阳离子与电极表面只有静电作用而无特性吸附作用，而且阳离子的水化程度较高，所以，阳离子不容易逸出水化膜而进入水偶极层。这种情况下的紧密层将由水偶极层与水化阳离子层串联组成，如图 2-17 所示，称为外紧密层。外紧密层的有效厚度 d 为从电极表面（$x=0$ 处）到水化阳离子电荷中心的距离。若设 x_1 为第一层水分子层的厚度，x_2 为一个水化阳离子的半径，则

$$d = x_1 + x_2 \tag{2-74}$$

距离电极表面为 d 的液层，即最接近电极表面的水化阳离子电荷中心所在的液层称为外紧密层平面或外亥姆荷茨平面（OHP）。

2.3.5.3　有离子特性吸附时的紧密层结构

例如，电极表面荷正电时，构成双电层溶液一侧剩余电荷的阴离子水化程度较低，又能进行特性吸附，因而阴离子的水化膜遭到破坏，即阴离子能够逸出水化膜，取代水偶极层中的水分子而直接吸附在电极表面，组成图 2-18 所示的紧密层。这种紧密层称为内紧密层。阴离子电荷中心所在的液层称为内紧密层平面或内亥姆荷茨平面（IHP）。由于阴离子直接与金属表面接触，故内紧密层的厚度仅为一个离子半径，比外紧密层厚度小很多。

对上述紧密层结构理论的另一个有力的实验验证是：在荷负电的电极上，实验测得的紧密层电容值与组成双电层的水化阳离子的种类基本无关。若按照斯特恩模型，紧密层由水化阳离子紧贴电极表面排列而组成，不同水化阴离子的半径不同，紧密层厚度也不同，故紧密

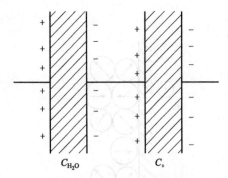

图 2-19 外紧密层的等效电容

层电容应有差别。显然，这一结论与实验结果（表 2-4）并不一致。但若按照上述外紧密层结构模型，水分子偶极层也相当于一个平行板电容器，所以可把紧密层电容等效成水偶极层电容和水化阳离子层电容的串联（图 2-19）。因而得到

$$\frac{1}{C_{紧}} = \frac{1}{C_{H_2O}} + \frac{1}{C_+} \qquad (2-75)$$

式中　$C_{紧}$——紧密层电容；

C_{H_2O}——水偶极层电容；

C_+——水化阳离子层电容。

根据平行板电容器公式 $C = \dfrac{\varepsilon_0 \varepsilon_r}{l}$ 和式（2-74）可将式（2-75）变换为

$$\frac{1}{C_{紧}} = \frac{x_1}{\varepsilon_0 \varepsilon_{H_2O}} + \frac{x_2}{\varepsilon_0 \varepsilon_+} \qquad (2-76)$$

式中　ε_{H_2O}——水偶极层的相对介电常数，设 $\varepsilon_{H_2O} \approx 5$；

ε_+——水偶极层与 OHP 之间的介质的相对介电常数，设 $\varepsilon_+ \approx 40$。

由于 x_1 和 x_2 差别不大，而 $\varepsilon_{H_2O} \ll \varepsilon_+$，所以在式（2-76）中右边第二项比第一项小得多，可以忽略不计。因此

$$\frac{1}{C_{紧}} \approx \frac{x_1}{\varepsilon_0 \varepsilon_{H_2O}} \qquad (2-77)$$

表 2-4　在 0.1mol/L 氯化钠溶液中双电层的微分电容[①]

离子	未水化离子的半径/10^{-1}nm	估计的水化离子半径/10^{-1}nm	微分电容/(μF/cm^2)
HsO$^+$	—	—	16.6
Li$^+$	0.60	3.4	16.2
K$^+$	1.33	4.1	17.0
Rb$^+$	1.48	4.3	17.5
Mg^{2+}	0.65	6.3	16.5
Sr^{2+}	1.13	6.7	17.0
Al^{3+}	0.50	6.1	16.5
La^{3+}	1.15	6.8	17.1

注：由于在较浓溶液和远离 φ_0 处双电层的分散性很小，基本上为紧密层结构，故实验测得的微分电容值可代表紧密层电容。

① $q = -12\ \mu$C/cm^2 下的微分电容。

式（2-77）表明，紧密层电容只取决于水偶极层的性质，与阳离子种类无关，因而接近于常数。

若取 $\varepsilon_{H_2O} = 5$，$x_1 = 0.28$nm，$\varepsilon_0 = 8.85 \times 10^{-10}\ \mu$F/cm 代入式（2-77）中，则可计算出 $C_{紧} \approx 16\mu$F/cm^2。这个结果与表 2-4 所列出的实验值十分接近，因而证明了上述紧密层结构模型的正确性。

1. 相间电位的产生原因是什么？

2. 说明氢标电位的定义。

3. 可逆电极必须具备的条件是什么？

4. 可逆电极、不可逆电极的类型有哪些？

5. 影响电极电位的因素有哪些？

6. 将甘汞电极和氯电极（氯气分压 101325Pa）浸入氯化钾溶液中构成原电池，分别写出电池和电极反应式。若氯化钾溶液浓度分别为 1.0mol/kg 和 0.1mol/kg，它们的电池电动势各是多少？

第3章
电极过程动力学基础

导言 ▶▶▶

本章主要讲述了电极过程与其速度控制步骤，并介绍了极化及其产生原因和分类，给出了浓差极化和电化学极化的动力学方程。本章重点掌握极化的产生原因和分类，了解两种极化的动力学方程。

电化学反应大多是在各种化学电池和电解池中实现的。无论是在电解池中还是在化学电池中进行的电化学反应，都至少包括两种电极过程（阳极过程、阴极过程）和液相传质过程（包括电迁移、扩散等）。电极过程涉及电极与溶液间的电量传送，而溶液中又不存在自由电子，因而电极过程必然会发生某一组分或某些组分的氧化或还原的电极反应。液相中的传质过程一般只引起电解质溶液中各组分的局部浓度变化，不会引起化学变化。

3.1 电极过程与速度控制步骤

对于稳定进行的电化学反应而言，阳极过程、液相传质过程和阴极过程是串联进行的，每一种过程涉及的净电量转移是完全相同的。然而，这三种过程又往往是彼此独立的，可以分解出来分别加以研究，以便弄清楚每一种过程在整个电化学反应中的地位和作用。不过，由于溶液的黏滞性，无论搅拌强度有多大，附着在电极表面上的溶液薄层总是或多或少地处于静止状态。这一溶液薄层中的电迁移和扩散等液相传质过程对电极过程的进行速度有很大的影响。有时在这一溶液薄层中还进行着与电极反应直接有关的化学变化等。因此，习惯上将电极表面附近的溶液薄层中进行的过程与电极表面上发生的过程合并起来处理，统称为"电极过程"。换言之，电极过程动力学的研究范围不但包括在电极表面上直接进行的电极反应过程，还包括电极表面附近溶液薄层中的传质过程及化学过程等。

一般来说，电极过程可看作是由下列单元步骤串联组成的：

① 反应粒子向电极表面传递，即液相传质步骤；

② 反应粒子在电极表面上或表面附近溶液薄层中进行的"反应前的转化过程"，如水化离子的脱水、表面吸附、络合离子的离解或其他化学变化等，即前置表面转化步骤；

③ 反应粒子在电极/溶液界面上得到或失去电子转变成反应产物，即电极反应步骤（或

称为电化学反应步骤）；

④ 反应产物在电极表面上或表面附近溶液薄层中进行"反应后的转化过程"，如表面脱附，反应产物的复合、水解、歧化或其他化学变化等，即后置表面转化步骤；

⑤ 反应产物生成新相，如生成气泡或固相沉积层，即生成新相步骤；或反应产物自电极表面向溶液中或液态电极内部传递，即反应后的液相传质步骤。

任何一个电极过程至少应包括步骤①、③、⑤，有些可能包括步骤②、④。当然，许多实际电极过程还可能更复杂一些。例如，有些电极过程除了串联进行的单元步骤外还可能包括平行反应，有时还可能出现某些反应产物参与诱发电极反应的"自催化"反应。

对于由几个串联步骤组成的电极过程来说，当电极反应的进行速度达到稳态值时，串联组成的各单元步骤均以相同的速度进行。因此，在串联的所有单元步骤中往往有一个速度最慢步骤，达到稳态时整个电极反应的进行速度主要由这个速度最慢步骤所决定，而其他单元步骤的速度均与这一最慢步骤的速度相同。也可以说，整个电极反应所表现的动力学特征与这个最慢步骤的动力学特征相同。串联步骤中这一速度最慢步骤在电化学中称为"控制步骤"。电极过程动力学的主要任务就是研究电极过程由哪些单元步骤组成，找出决定整个电极反应速度的控制步骤和测定控制步骤的动力学参数。

电极反应是在电极/溶液界面上发生的多相反应，其反应速度与其得失电子数目有关。在电化学中，电极反应速度常用单位时间、单位电极面积上电子通过的数量，即电流密度表示，其单位为 $C/(m^2 \cdot s)$ 或 A/cm^2。电流密度的大小直接代表电极反应速度的快慢。如果电流密度用 i 表示，电流强度用 I 表示，电极面积用 S 表示，一般化学反应速度 $\dfrac{dm}{dt}$ 与电流密度 i 的关系为：

$$i = \frac{I}{S} = -nF\frac{dm}{dt}$$

3.2 极化及其产生原因

3.2.1 极化

只要有电流流过，化学电池或电解池中的电化学反应就是不可逆的，而组成电化学反应的两个电极反应也是不可逆的，其电极电位就会偏离平衡电极电位。电流通过电极时电极电位偏离平衡电极电位的现象在电化学中称为极化现象。对于单个电极过程而言，极化现象又分为阳极极化和阴极极化。发生阳极极化时电极电位偏离平衡电极电位正移，发生阴极极化时电极电位偏离平衡电极电位负移。对于同一电极体系，通过的电流密度越大，电极电位偏离平衡电极电位的程度就越大，即极化程度也越大。为了表示极化程度的大小，将某一电流密度下的电极电位 φ 与其平衡电极电位 $\varphi_平$ 的差值的绝对值称为该电流密度下的过电位，用符号 η 表示，即过电位为正值。如果阳极极化过电位为 η_a，阴极极化过电位为 η_c，其数学表达式为：

$$\eta_a = \varphi_a - \varphi_平 \tag{3-1}$$
$$\eta_c = \varphi_平 - \varphi_c \tag{3-2}$$

过电位 η 也可以看作是电极反应的推动力。过电位 $\eta = 0$ 时，电极上没有净电流通过，电极处于平衡状态；过电位 $\eta \neq 0$ 时，电极上有净电流通过，发生净的氧化反应或还原反应，电极偏离平衡状态。对于同一电极体系，过电位 η 越大，通过的电流密度也越大，电极偏离平衡状态的程度也越大。

当电流通过电极时，电极上不仅发生极化作用使电极电位偏离平衡电极电位，与此同时也存在与极化相对立的过程，即力图恢复平衡的过程。以阴极过程为例，氢离子或金属离子从阴极上夺取电子的阴极还原就是力图恢复平衡使电极电位不负移。这种与电极极化相对立的作用，称为去极化作用。电极过程实际上就是极化与去极化对立统一的过程。如果没有去极化过程，那么从外电源流入阴极的电子就只能单纯地在阴极积累，电极电位不断急剧变负，这样的电极就是前面所说的"理想极化电极"。如果电流通过电极时，电极电位不发生任何变化，即极化作用等于去极化作用，这种电极就是前面所说的参比电极。一般情况下，由于电子运动速度大于电极反应速度，其极化作用往往大于去极化作用，因而电极的性质偏离平衡状态出现极化现象。

对于化学电池和电解池中的单个电极而言，电流通过时的极化现象都是相同的，发生阴极极化电极电位变负，发生阳极极化电极电位变正，过电位都随电流密度增大而增大。然而，如果两个电极组成化学电池或组成电解池时，则极化作用对其端电压的影响就完全不同。当两个电极组成电解池时，其阳极为正极，阴极为负极，电流密度增大时极化作用使电解池的端电压变大。当两个电极组成化学电池时，其阳极为负极，阴极为正极，电流密度增大时极化作用使化学电池的端电压变小。

3.2.2 极化产生的原因

根据产生的原因可把极化归纳为三种类型：浓差极化、活化极化和电阻极化。

3.2.2.1 浓差极化（又称扩散过电位）

假如让铜在稀 $CuSO_4$ 溶液中成为阴极，溶液中铜离子活度用 $a_{Cu^{2+}}$ 表示，那么在没有外电流存在时，按能斯特（Nernst）方程，其电位中 φ_1 由下式确定

$$\varphi_1 = 0.337 + \frac{0.0592}{2} \lg a_{Cu^{2+}} \tag{3-3}$$

当电流流过时，铜沉积在电极上，所以铜离子在电极表面的活度下降到 $a_{Cu_s^{2+}}$，此时电极的电位 φ_2 变为

$$\varphi_2 = 0.337 + \frac{0.0592}{2} \lg a_{Cu_s^{2+}} \tag{3-4}$$

因为 $a_{Cu_s^{2+}}$ 小于 $a_{Cu^{2+}}$，所以极化后的阴极电位将比没有外电流时减小，或者说更负。电位差值 $\varphi_2 - \varphi_1$，称为浓差极化，由下式确定

$$\varphi_2 - \varphi_1 = -\frac{0.0592}{2} \lg a_{\frac{Cu^{2+}}{Cu_s^{2+}}} \tag{3-5}$$

电流越大，铜离子在电极表面的浓度越小；或者说 $a_{Cu_s^{2+}}$ 越小，相应的极化也就越大。当电极表面的 $a_{Cu_s^{2+}}$ 接近 0 时，浓差极化会趋向无穷大。这个最低的 $a_{Cu^{2+}}$ 值所对应的电流密度称为极限电流密度。显然，实际上极化不可能达到无穷大，在比原反应电位更负的电位条件下，其他的电极反应会自动发生。

例如铜的沉积情况，当电位降到与析氢反应：$2H^+ \longrightarrow H_2 - 2e^-$ 相应的值时，氢气的析出与铜的沉积会同时发生。

假如 i_L 是阴极过程的极限电流密度，i 是外加电流密度，可以得到：

$$\varphi_2 - \varphi_1 = -\frac{RT}{nF}\ln\frac{i_L}{(i_L - i)} \tag{3-6}$$

当 i 接近 i_L 时，$\varphi_2 - \varphi_1$ 接近负的无穷大，$\varphi_2 - \varphi_1$ 对 i 的曲线如图 3-1 所示。

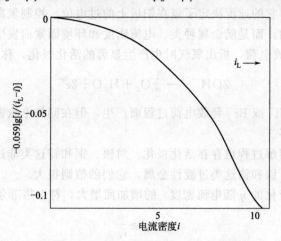

图 3-1　阴极浓差极化与外加电流的关系

极限电流密度（A/cm^2）可按下式估算

$$i_L = \frac{DnF}{\delta t}c \times 10^{-3} \tag{3-7}$$

式中　D——被还原离子的扩散系数；

n，F——同通常含义，F 为法拉第常数，96500C/mol；

δ——紧靠电极表面电解质静滞层的厚度（对不搅拌的溶液，约为 0.05cm）；

t——溶液中除还原离子外的所有其他离子的迁移数（假如有许多其他离子存在，则 $t=1$）；

c——扩散离子的浓度，mol/L。

因为在 25℃ 的稀溶液中，除 H^+ 和 OH^- 之外，所有其他离子的 D 值平均为 $1\times 10^{-5}cm^2/s$，所以极限电流密度近似由下式给出

$$i_L = 0.02nc \tag{3-8}$$

H^+ 和 OH^- 的 D 值分别等于 $9.3\times 10^{-5}cm^2/s$ 和 $5.2\times 10^{-5}cm^2/s$（无限稀释时），所以相应的 i_L 值要高一些。

假如铜电极被阳极极化，电极表面的铜离子浓度将比溶液中的大，$a_{Cu^{2+}}/a_{Cu_s^{2+}}$ 的比值小于 1，式(3-5) 中的 $\varphi_2 - \varphi_1$ 将改变符号，换言之，阳极的浓差极化是使得电极向阴极方向或电位较正的方向极化，该方向和电极作为阴极极化时电位的变化方向相反。对铜阳极，其浓差极化的上限值代表在电极表面形成了饱和铜盐层。这个极限值不像在阴极极化时 Cu^{2+} 活度趋于 0 时出现的值那么大。

3.2.2.2　活化极化

这是由于两个电极中较慢的电极反应所引起的极化，或换种说法，电极上的反应需要一个活化能才能得以进行。最重要的例子是氢离子在阴极上的还原：$H^+ \longrightarrow 1/2H_2 - e^-$，相应的极化称为氢过电位。例如，在一个铂阴极上，认为相继发生了以下一系列反应

$$H^+ \longrightarrow H_{ads} - e^-$$

式中　H_{ads}——金属表面吸附的氢原子。

这个相对较快的反应完成后，接着是吸附氢原子彼此结合生成氢分子，以气泡形式释放

$$2H_{ads} \longrightarrow H_2$$

这步反应比较慢，它的速度决定了氢在铂极上的过电位。控制氢离子放电过程的最慢反应步骤并不总是相同的，而是随金属种类、电流密度和环境因素而发生变化。

OH⁻在阳极上释放电荷，析出氧气时也产生显著的活化极化，称为氧过电位。

$$2OH^- \longrightarrow \frac{1}{2}O_2 + H_2O + 2e^-$$

过电位还可能由 Cl⁻ 或 Br⁻ 释放电荷过程而产生，但在同样电流密度下，它们的数值比析氢和析氧时要小得多。

金属离子沉积或溶解过程也存在活化极化。对银、铜和锌这类非过渡性金属，这个值可能很小；但对铁、钴、镍和铬这类过渡性金属，它们的值则很大。

任何类型的活化极化的 η 随电流密度 i 的增加而增大，符合塔菲尔方程

$$\eta = \beta \lg \frac{i}{i_0}$$

式中　β, i_0——对于给定的金属和环境来说均是常数，两者都依赖于温度。

电极处于平衡时，正向反应和逆向反应的反应速度相等，相当于这时反应速度的电流密度称为交换电流密度 i_0，i_0 值越大，β 值越小，相应的过电位也越小。

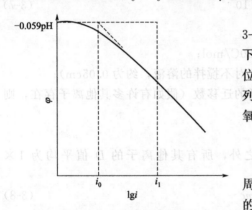

图 3-2　氢过电位和电流密度的关系

析氢时活化极化（或过电位）的典型曲线见图3-2。例如，在氢电极的平衡电位（-0.059pH）下，过电位为零。当外加电流密度为 i_1 时，过电位由测量电位和平衡电位的差值 η 给出。尽管通常列表中都使用正值，但实际上氢过电位是负值，而氧过电位按 φ 标准为正值。

3.2.2.3　电阻极化

极化测量中包括了欧姆电压降，它们或是电极周围电解质的压降，或是电极表面金属反应产物膜的压降，或是两者同时存在。工作电极和参比电极毛细管尖端之间总存在一个欧姆电压降，它对极化的贡献等于 iR，i 为电流密度，R 等于 $1/K$，代表长 1cm、电导率为 K 的一段电解质电阻。当电流切断时，iR 值立刻衰减，而浓差极化和活化极化则以可测量到的速度衰减。如前所述，间接法测得的极化值并不包括 iR 降的贡献。

注意：搅拌时浓差极化将减小，但活化极化和电阻极化所受影响并不明显。

3.3　浓差极化动力学方程

当电极过程由液相传质的扩散步骤控制时，电极所产生的极化就是浓差极化。因此，通过研究浓差极化的规律，即通过浓差极化方程式及其极化曲线等特征，就可以正确地判断电极过程是否是由扩散步骤控制的，进而可以研究如何有效地利用这类电极过程来为科研和生产服务。

3.3.1　浓差极化的规律

以下列简单的阴极反应为例，并在电解液中加入大量局外电解质. 从而可以忽略反应离子电迁移作用的影响：

$$O + ne^- \Longrightarrow R$$

式中　O——氧化态物质，即反应粒子；

　　　R——还原态物质，即反应产物；

　　　n——参加反应的电子数。

由于扩散步骤是电极过程的控制步骤. 因此可以认为电子转移步骤进行得足够快，其平衡状态基本上未遭到破坏，故当电极上有电流通过时，其电极电位可借用能斯特方程式来表示，即

$$\varphi = \varphi^\ominus + \frac{RT}{nF} \ln \frac{\gamma_O c_O^S}{\gamma_R c_R^S} \tag{3-9}$$

式中　γ_O——反应粒子 O 在 c_O^S 浓度下的活度系数。

　　　γ_R——反应产物 R 在 c_R^S 浓度下的活度系数。

如果假定活度系数 γ_O 和 γ_R 不随浓度而变化，则在通电以前的平衡电位可表示为

$$\varphi_\Psi = \varphi^\ominus + \frac{RT}{nF} \ln \frac{\gamma_O c_O^\ominus}{\gamma_R c_R^\ominus} \tag{3-10}$$

有了上述这些条件之后，我们就可以分两种情况来讨论浓差极化的规律。

(1) 当反应产物生成独立相时

有时，阴极反应的产物为气泡或固体沉积层等独立相，这些产物不溶于电解液。在这种情况下，可以认为

$$\gamma_R c_R^\ominus = 1$$
$$\gamma_R c_R^S = 1 \tag{3-11}$$

也就是说，当产物不溶时，可以认为通电前后反应产物活度为 1，于是式(3-9) 和式(3-10)变为

$$\varphi = \varphi^\ominus + \frac{RT}{nF} \ln \gamma_O c_O^S \tag{3-12}$$

$$\varphi_\Psi = \varphi^\ominus + \frac{RT}{nF} \ln \gamma_O c_O^\ominus \tag{3-13}$$

因为

$$c_O^S = c_O^\ominus \left(1 - \frac{i}{i_L}\right) \tag{3-14}$$

将式(3-14) 代入式(3-12) 中，可以得到

$$\begin{aligned}
\varphi &= \varphi^\ominus + \frac{RT}{nF} \ln \gamma_O c_O^\ominus + \frac{RT}{nF} \ln \left(1 - \frac{i}{i_L}\right) \\
&= \varphi_\Psi + \frac{RT}{nF} \ln \left(1 - \frac{i}{i_L}\right)
\end{aligned} \tag{3-15}$$

出此可以得到浓差极化的极化值 $\Delta\varphi$，即

$$\Delta\varphi = \varphi - \varphi_\Psi = \frac{RT}{nF} \ln \left(1 - \frac{i}{i_L}\right) \tag{3-16}$$

当 i 很小时．由于 $i \ll i_L$，将式(3-16)按级数展开并略去高次项，可以得到

$$\Delta \varphi = -\frac{RT}{nF} \frac{i}{i_L} \tag{3-17}$$

式(3-15)、式(3-16)和式(3-17)就是当产物不溶时浓差极化的动力学方程式，即表示浓差极化的极化值与电流密度之间关系的方程式。也就是说，当 i 较大时，i 与 $\Delta \varphi$ 之间含有对数关系，而当 i 很小时，i 与 $\Delta \varphi$ 之间是直线关系。

如果将式(3-15)画成极化曲线，则可得到如图3-3所示的图形。如将 φ 与 $\lg \left(1-\frac{i}{i_L}\right)$ 作图，则可得到如图3-4所示的直线关系。

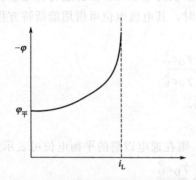

图 3-3 产物不溶时的浓差极化曲线

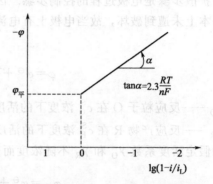

图 3-4 $\varphi \sim \lg(1-i/i_L)$ 之间的直线关系

在图3-4中，直线的斜率 $\tan \alpha = \frac{2.3RT}{nF}$。若由作图得出了直线的斜率值，则可由其求得参加反应的电子数 n。

(2) 当反应产物可溶时

有时，阴极电极反应的产物可溶于电解液，或者生成汞齐，即反应产物是可溶的。这时，式(3-11)不再成立，即 $\gamma_R c_R^S \neq 1$，因此，要想求得浓差极化方程式，应首先知道反应产物在电极表面附近的浓度 c_R^S 是多少。c_R^S 可用下述方法求得：

反应产物生成的速度与反应物消耗的速度，用摩尔质量表示时是相等的，均为 $\frac{i}{nF}$。而产物的扩散流失速度为 $\pm D_R \left(\frac{\partial c_R}{\partial x}\right)_{x=0}$，其中产物向电极内部扩散（生成汞齐）时用正号，产物向溶液中扩散时用负号。显然，在稳态扩散下，产物在电极表面的生成速度应等于其扩散流失速度，假设产物向溶液中扩散，于是有

$$\frac{i}{nF} = D_R \left(\frac{c_R^S - c_R^\ominus}{\delta_R}\right)$$

或

$$c_R^S = c_R^\ominus + \frac{i \delta_R}{nF D_R} \tag{3-18}$$

由于反应前的产物浓度 $c_R^\ominus = 0$，所以可将式(3-18)写成

$$c_R^S = \frac{i \delta_R}{nF D_R} \tag{3-19}$$

又已知，$i_L = nF D_i \frac{c_i^\ominus}{l}$，若用 δ 表示扩散层厚度，则有

$$c^\ominus_O = \frac{i_L \delta_O}{nFD_O} \tag{3-20}$$

同时，由式

$$c^S_O = c^\ominus_O \left(1 - \frac{i}{i_L}\right) \tag{3-21}$$

将式(3-19)、式(3-20) 和式(3-21) 代入式(3-9) 中，可以得到

$$\varphi = \varphi^\ominus + \frac{RT}{nF} \ln \frac{\gamma_O c^S_O}{\gamma_R c^S_R}$$

$$= \varphi^\ominus + \frac{RT}{nF} \ln \frac{\gamma_O \dfrac{i_L \delta_O}{nFD_O}\left(1 - \dfrac{i}{i_L}\right)}{\gamma_R \dfrac{i \delta_R}{nFD_R}}$$

$$\varphi = \varphi^\ominus + \frac{RT}{nF} \ln \frac{\gamma_O \delta_O D_R}{\gamma_R \delta_R D_O} + \frac{RT}{nF} \ln\left(\frac{i_L - i}{i}\right) \tag{3-22}$$

当 $i = 1/2 i_L$ 时，式(3-22) 右方最后一项为零，这种条件下的电极电位，就叫作半波电位，通常以 $\varphi_{\frac{1}{2}}$ 表示，即

$$\varphi_{\frac{1}{2}} = \varphi^\ominus + \frac{RT}{nF} \ln \frac{\gamma_O \delta_O D_R}{\gamma_R \delta_R D_O} \tag{3-23}$$

由于在一定对流条件下的稳态扩散中，δ_O 与 δ_R 均为常数；又由于在含有大量局外电解质的电解液和稀汞齐中，γ_O、γ_R、D_O、D_R 均随浓度 c_O 和 c_R 变化很小，也可以将它们看作常数，因此，可以将 $\varphi_{\frac{1}{2}}$ 看作是只与电极反应性质（反应物与反应产物的特性）有关、而与浓度无关的常数。于是，式(3-22) 就可写成

$$\varphi = \varphi_{\frac{1}{2}} + \frac{RT}{nF} \ln\left(\frac{i_L - i}{i}\right) \tag{3-24}$$

式(3-24) 就是当反应产物可溶时的浓差极化方程式。其相应的极化曲线如图 3-5 和图 3-6 所示。

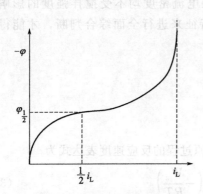

图 3-5　产物可溶时的浓差极化曲线

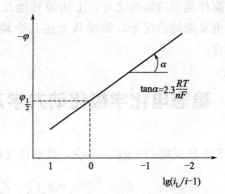

图 3-6　$\varphi \sim \lg(i_L/i - 1)$ 的直线关系

3.3.2　浓差极化的判别方法

可以根据是否出现浓差极化的动力学特征，来判别电极过程是否由扩散步骤控制。

现将浓差极化的动力学特征总结如下：

① 当电极过程受扩散步骤控制时，在一定的电极电位范围内，出现一个不受电极电位变化影响的极限扩散电流密度 i_L，而且 i_L 受温度变化的影响较小，即 i_L 的温度系数较小。

② 浓差极化的动力学公式为

$$\varphi = \varphi_{平} + \frac{RT}{nF}\ln\left(1 - \frac{i}{i_L}\right) \qquad （产物不溶） \tag{3-25}$$

或

$$\varphi = \varphi_{\frac{1}{2}} + \frac{RT}{nF}\ln\left(\frac{i_L - i}{i}\right) \qquad （产物可溶） \tag{3-26}$$

因此，当用 φ 对 $\lg(1-i/i_L)$ 或 $\lg(i_L/i-1)$ 作图时，可以得到直线关系，直线的斜率为 $2.3RT/nF$。

③ 电流密度 i 和极限扩散电流密度 i_L 随着溶液搅拌强度的增大而增大。这是因为当搅拌强度增大时，溶液的流动速度增大，根据对流扩散理论，此时的扩散层厚度变薄，由此而导致 i 和 i_L 的增大。

④ 扩散电流密度与电极表面的真实表面积无关，而与电极表面的表观面积有关。这是由于 i 取决于扩散流量的大小，而扩散流量的大小与扩散流量所通过的截面积（即电极表观面积）有关，而与电极表面的真实面积无关。

我们可以根据上述动力学特征，来判别电极过程是否由扩散步骤所控制。

值得注意的是，如果仅用其中一个特征来判别，条件是不充分的，也可能会判断错误。例如，可以根据是否出现 i_L 来判断电极过程是否受扩散步骤所控制。但是，如果仅根据出现了极限电流密度就判断该过程受扩散步骤控制，那么这个结论就不够充分。因为当在电子转移步骤之前的某些步骤，例如前置转化步骤或催化步骤等成为电极过程的控制步骤时，也都可能出现极限电流密度（如动力极限电流密度、吸附极限电流密度、反应粒子穿透有机吸附层的极限电流密度等）。而如果用几个特征互相配合来进行判断，则可以得到正确的结论。例如，当电极过程中出现了极限电流密度以后，再改变对溶液的搅拌强度，如果极限电流密度随搅拌强度而改变，则可以判断该电极过程受扩散步骤所控制。因为除了极限扩散电流密度受搅拌强度的影响之外，上述的其他几个极限电流密度均不受搅拌强度的影响。有时，在更复杂的情况下，需要从上述几个动力学特征来进行全面综合判断，才能得出可靠的结论。

3.4 稳态电化学极化动力学方程

对于电极反应 $O + ne^- \rightleftharpoons R$，其氧化过程和还原过程的反应速度表达式为

$$v_a = k_a c_R = Z_a c_R \exp\left(-\frac{W_a}{RT}\right) \tag{3-27a}$$

$$v_c = k_c c_O = Z_c c_O \exp\left(-\frac{W_c}{RT}\right) \tag{3-27b}$$

式中 Z_a，Z_c——指前因子。

如果用电流密度 i 表示其电极反应速度，则有

$$i_a = nFv_a = nFk_a c_R = nFZ_a c_R \exp\left(-\frac{W_a}{RT}\right) \tag{3-28a}$$

$$i_c = nFv_c = nFk_c c_O = nFZ_c c_O \exp\left(-\frac{W_c}{RT}\right) \tag{3-28b}$$

i_a，i_c 是用电流密度表示同一电极反应中氧化过程和还原过程的反应速度。平衡状态下，同一电极反应中氧化过程和还原过程的活化能分别为 W_1 和 W_2，如果用 $i_a^\ominus$，$i_c^\ominus$ 表示平衡状态下同一电极反应中氧化过程和还原过程的反应速度，则有

$$i_a^\ominus = nFv_a = nFZ_a c_R \exp\left(-\frac{W_1}{RT}\right) \tag{3-29a}$$

$$i_c^\ominus = nFv_c = nFZ_c c_O \exp\left(-\frac{W_2}{RT}\right) \tag{3-29b}$$

$i_a^\ominus$ 和 $i_c^\ominus$ 大小相等，方向相反，即平衡时同一电极反应中氧化反应和还原反应的电流密度相等，如用同一符号表示则有

$$i^\ominus = i_a^\ominus = i_c^\ominus \tag{3-30}$$

$i^\ominus$ 就是用电流密度表示在平衡电极电位下（即平衡状态下）同一电极反应中正向或反向的单向反应速度，称为"交换电流密度"，简称"交换电流"。在电极材料、表面状态、溶液浓度和温度不变的条件下，$i^\ominus$ 是一个常数，其大小反映了在平衡电极电位下该电极反应的能力大小。即 $i^\ominus$ 大的电极反应在平衡电极电位时正向和反向速度都大，电极反应容易进行；反之亦然。

如果电极电位偏离平衡电极电位而改变 $\Delta\varphi$，活化能受电极电位的影响由 W_1 和 W_2 变为 W_1' 和 W_2'，则电极反应的速度也发生相应的改变。其中

$$W_1' = W_1 - \beta nF \Delta\varphi \tag{3-31a}$$

$$W_2' = W_2 + \alpha nF \Delta\varphi \tag{3-31b}$$

式中 α，β——电极电位对还原反应和氧化反应活化能的影响程度，称为传递系数，$\alpha + \beta = 1$。

因此，根据式（3-28）和式（3-31），电极反应的氧化电流密度和还原电流密度应为：

$$i_a = nFZ_a c_R \exp\left(-\frac{W_1'}{RT}\right) = nFZ_a c_R \exp\left(-\frac{W_1 - \beta nF \Delta\varphi}{RT}\right) \tag{3-32a}$$

$$i_c = nFZ_c c_O \exp\left(-\frac{W_2'}{RT}\right) = nFZ_c c_O \exp\left(-\frac{W_2 + \alpha nF \Delta\varphi}{RT}\right) \tag{3-32b}$$

根据式（3-29）和式（3-30），上式整理后有

$$i_a = i^\ominus \exp\left(\frac{\beta nF \Delta\varphi}{RT}\right) \tag{3-33a}$$

$$i_c = i^\ominus \exp\left(-\frac{\alpha nF \Delta\varphi}{RT}\right) \tag{3-33b}$$

式（3-32）和式（3-33）都是电化学的动力学基本方程，也叫巴特勒-伏尔默（Butler-Volmer）方程。它们反映了电极电位的改变与电极反应中氧化或还原的单向电流密度之间的关系。

在式（3-32）和式（3-33）中，i_a 和 i_c 是同一电极反应中方向相反的氧化过程和还原过程的单向电流密度，这种电流密度值与外电路中可以用仪表测量的电流密度值绝对不能混为一谈。更不能误认为 i_a 和 i_c 就是电解池或化学电池中"阳极上"和"阴极上"的电流密度。i_a 和 i_c 总是在同一电极上的同一反应中同时出现，实际过程中的阳极上和阴极上都同

时存在 i_a 和 i_c。在平衡电极电位时，$i_a = i_c$，电极上没有外电流通过。当电极发生极化偏离平衡电极电位时，$i_a \neq i_c$，电极上有外电流通过，外电路通过的电流密度是 i_a 和 i_c 两者的差值。

当电极发生阳极极化时，$i_a > i_c$，其外电流密度为：

$$i_阳 = i_a - i_c = i^\ominus \left[\exp\left(\frac{\beta n F \Delta\varphi}{RT} \right) - \exp\left(-\frac{\alpha n F \Delta\varphi}{RT} \right) \right] \tag{3-34a}$$

当电极发生阴极极化时，$i_c > i_a$，其外电流密度为：

$$i_阴 = i_c - i_a = i^\ominus \left[\exp\left(-\frac{\alpha n F \Delta\varphi}{RT} \right) - \exp\left(\frac{\beta n F \Delta\varphi}{RT} \right) \right] \tag{3-34b}$$

式(3-34) 表示在一般条件下，发生极化时电极电位改变值 $\Delta\varphi$ 与外电流密度 $i_阳$ 和 $i_阴$ 的关系，也是电化学动力学的普遍方程式。

3.4.1　极化较大的电极过程

当电极过程发生阳极极化且阳极极化较大时，一般有 $i_a \gg i_c$，i_c 可以忽略不计，式(3-34a) 可写为：

$$i_阳 \approx i_a = i^\ominus \exp\left(\frac{\beta n F \Delta\varphi}{RT} \right) \tag{3-35a}$$

同理，电极发生阴极极化且阴极极化较大时，一般有 $i_c \gg i_a$，i_a 可以忽略不计，则：

$$i_阴 \approx i_c = i^\ominus \exp\left(-\frac{\alpha n F \Delta\varphi}{RT} \right) \tag{3-35b}$$

对式(3-35) 取对数并整理得：

$$\Delta\varphi = -\frac{2.303 RT}{\beta n F} \lg i^\ominus + \frac{2.303 RT}{\beta n F} \lg i_阳 \tag{3-36a}$$

$$-\Delta\varphi = -\frac{2.303 RT}{\alpha n F} \lg i^\ominus + \frac{2.303 RT}{\alpha n F} \lg i_阴 \tag{3-36b}$$

式(3-36) 表示电极电位的改变值与通过电极的电流密度呈半对数关系。根据过电位的定义，则上式可写为：

$$\eta_a = -\frac{2.303 RT}{\beta n F} \lg i^\ominus + \frac{2.303 RT}{\beta n F} \lg i_阳 \tag{3-37a}$$

$$\eta_c = -\frac{2.303 RT}{\alpha n F} \lg i^\ominus + \frac{2.303 RT}{\alpha n F} \lg i_阴 \tag{3-37b}$$

即过电位与外电路的电流密度的对数呈线性关系。这与电化学极化的经验公式——塔菲尔公式完全一致。

在一般情况下，$i_阳$（或 $i_阴$）$\gg i^\ominus$ 或 $\eta \geqslant \dfrac{120}{n}$ mV 就能满足上述条件。

3.4.2　极化很小的电极过程

当电极过程发生极化且极化很小时，i_a 与 i_c 相差不大且不能忽略其中的一项，如果 $\Delta\varphi \to 0$，将式(3-34) 指数项以级数形式展开只取前两项不会引起很大误差。则有：

$$i_阳 = i^\ominus \left(1 + \frac{\beta n F \Delta\varphi}{RT} - 1 + \frac{\alpha n F \Delta\varphi}{RT} \right) = i^\ominus (\alpha + \beta) \frac{n F}{RT} \Delta\varphi \tag{3-38a}$$

$$i_阴 = i^\ominus \left(1 - \frac{\alpha n F \Delta\varphi}{RT} - 1 - \frac{\beta n F \Delta\varphi}{RT} \right) = i^\ominus (\alpha + \beta) \frac{n F}{RT} (-\Delta\varphi) \tag{3-38b}$$

因为　　$\alpha+\beta=1$

则式（3-38）整理可得

$$\eta_a=\frac{RT}{nFi^\ominus}i_{阳}\qquad\qquad(3\text{-}39a)$$

$$\eta_c=\frac{RT}{nFi^\ominus}i_{阴}\qquad\qquad(3\text{-}39b)$$

式（3-39）表示在极化很小时，过电位与外电路的电流密度呈线性关系。满足上述条件必须是在电极极化的过电位 $\eta\leqslant\frac{10}{n}\mathrm{mV}$ 或 $i_{阳}$（或 $i_{阴}$）$\geqslant i^\ominus$。

习题

1. 简述速度控制步骤的定义。
2. 极化的概念及极化产生的原因是什么？
3. 简述过电位的概念。

第4章
化学电源

导言 ▶▶▶

　　本章介绍了电化学科学的重要应用领域之一：化学电源，需要重点掌握化学电源的基本性能参数，化学电源的基本分类以及工作原理，了解各类电池的基本组成、优势和存在的问题。

　　利用物质的化学变化或物理变化，并把这些变化所释放出来的能量直接转变成电能的装置，叫作电源或电池。把物理反应产生的能量转换成电能的装置叫作物理电源或物理电池，如太阳能电池、原子能电池等。在物理电池中，需从外部输入热、光、放射线等能量，使电池处于不稳定状态而向外部输出电流。把化学反应产生的化学能转换成电能的装置叫作化学电源或化学电池。在化学电池中必须有物质发生氧化还原反应，才能释放出能量，并把这些能量转变成电能而向外部输出电流。电池中发生氧化还原反应放出能量的物质，称为第二类导体、离子导体，也称为活性物质。在正极上使用的活性物质称为正极活性物质，在负极上使用的活性物质称为负极活性物质。

　　根据活性物质的不同，化学电源分三种主要类型：活性物质仅能使用一次的电池叫一次电池或原电池；放电后经充电可继续使用的电源叫二次电池或蓄电池；活性物质由外部连续不断地供给电极的电池叫燃料电池。燃料电池又可分为一次燃料电池和充电后可继续使用的再生燃料电池。电池的分类如表 4-1 所示。

表 4-1　电池的分类

化学电池				物理电池		
活性物质固定在电极上的电池		活性物质连续供给电极的电池		太阳能电池	原子能电池	热电发电器
一次电池（原电池）	二次电池（蓄电池）	一次燃料电池	再生燃料电池			

4.1　化学电池的基本性能参数

　　化学电池在放电时，正极活性物质 P_1，获得电子变成 P_2，负极活性物质 N_1 失去电子

后变成 N_2。电池反应的通式可表示为：

正极：$$P_1 + ne^- \longrightarrow P_2 \tag{4-1a}$$

负极：$$N_1 \longrightarrow N_2 + ne^- \tag{4-1b}$$

总反应：$$P_1 + N_1 \longrightarrow N_2 + P_2 \tag{4-1c}$$

总反应中自由能减少的部分（$-\Delta G$）转变为电能。反应如果能够自发进行，ΔG 一定是负值。只要满足这个条件，无论是固体、液体、气体，都可用作电池的活性物质。

在实际使用中，对电池的要求是：电动势高，放电时电动势的下降及随时间的变化小；质量比容量或体积比容量高，活性物质的利用率大；维护方便，储存性及耐久性优异；价格低廉。但实际上没有一种电池能同时满足上述的所有条件，一般都是根据电池的用途来选择，或者牺牲电池的性能降低价格，或者是保证性能提高费用。如果是生产再生型二次电池，还要求充放电的化学反应是可逆的，充放电的能量效率必须足够高，电流效率高，充电时的电压上升小。

根据电化学热力学可知，式(4-1a)、式(4-1b) 反应的正、负极电极电位分别为

$$\varphi_+ = \varphi_+^\ominus + \frac{RT}{nF}\ln\frac{a_{P_1}}{a_{P_2}} \tag{4-2a}$$

$$\varphi_- = \varphi_-^\ominus + \frac{RT}{nF}\ln\frac{a_{N_2}}{a_{N_1}} \tag{4-2b}$$

式中，$\varphi_+^\ominus$、$\varphi_-^\ominus$ 分别为正、负极的标准电极电位；a_{P_1}、a_{P_2}、a_{N_1} 和 a_{N_2} 分别为 P_1、P_2、N_1 和 N_2 物质的活度。

电池的电动势为

$$E = \varphi_+ - \varphi_- = \varphi_+^\ominus - \varphi_-^\ominus + \frac{RT}{nF}\ln\frac{a_{P_1}a_{N_1}}{a_{P_2}a_{N_2}} \tag{4-3}$$

根据电化学热力学可知：

$$E = -\frac{\Delta G}{nF} = E^\ominus + \frac{RT}{nF}\ln\frac{a_{P_1}a_{N_1}}{a_{P_2}a_{N_2}} \tag{4-4}$$

式中，ΔG 为总反应式(4-1c) 中自由能的变化；$E^\ominus$ 为标准电池电动势。

表 4-2 给出了常用的一些电极活性物质作电极时的电极电位。

表 4-2　正极与负极活性物质的电极电位（25℃）

正极活性物质的电极电位			负极活性物质的电极电位		
活性物质	溶液浓度/(mol/L)	φ_e/V	活性物质	电极反应	φ_e/V
PbO_2	H_2SO_4 0.5 $PbSO_4$ 饱和	1.595	Li	$Li \longrightarrow Li^+$	−3.03
MnO_2	H_2SO_4 0.025 $MnSO_4$ 0.25	1.46	Na	$Na \longrightarrow Na^+$	−2.71
AgO	NaOH 1.0	0.59	Mg	$Mg \longrightarrow Mg^{2+}$	−2.37
Ni_2O_3	KOH 2.8	0.48	Al	$Al \longrightarrow Al^{3+}$	−1.66
MnO_2	KOH 0.1	0.42	Zn	$Zn \longrightarrow Zn^{2+}$	−0.736
CuO	NaOH 1.0	0.33	Fe	$Fe \longrightarrow Fe^{2+}$	−0.440

正极活性物质的电极电位			负极活性物质的电极电位		
活性物质	溶液浓度/(mol/L)	φ_e/V	活性物质	电极反应	φ_e/V
HgO	NaOH 0.1	0.17	Cd	$Cd \longrightarrow Cd^{2+}$	−0.403
Cl_2	HCl 0.5 H₂SO₄ 0.5	1.59	Pb	$Pb \longrightarrow PbSO_4$	−0.356
CO_2	H₂SO₄ 0.5	1.23	Zn	$Zn \longrightarrow ZnO_2^{2-}$	−1.216
Cl_2	HCl 1.0	1.36	Fe	$Fe \longrightarrow Fe(OH)_2$	−0.887
纯 HNO₃	HNO₃ 95%	1.16	Cd	$Cd \longrightarrow Cd(OH)_2$	−0.809

每种电池都有电动势，同一种电池中每个电池的电动势往往不是固定不变的。因此，取其有代表性的数值规定为某种电池的电动势（开路电压），这个值就叫作额定电压。如锌锰电池的额定电压为 1.5V，实际上电池的电压在 1.5~1.6V 之间；铅酸蓄电池的额定电压为 2.0V，实际上电池的电压为 2.0~2.3V 等。

为了提高电池的电动势，要使用电子亲和力大、容易还原的物质（在高度被氧化状态下氧化力强的物质）为正极活性物质；而使用电子亲和力小、容易氧化的物质（在高度被还原状态下还原能力强的物质）为负极活性物质。从表 4-2 中可以看出，以 PbO_2 作正极活性物质时电极的电位最高，以 Li 作负极活性物质时电极的电位最低，若以这两种物质构成电池的正负极则可得到电动势最高的电池。

为了使电池便于维护，通常使用水溶液作为电池的电解液。强氧化剂 F 和强还原剂 Li、Na 等在水中能与水发生剧烈的氧化还原反应，因此在水溶液电解质的电池中，不能用来作为电极的活性物质。它们必须使用非水溶液、熔融盐或固体电解质作为电解质。

无论电池的电动势有多高，在放电时，电池的端电压总是要下降，而在充电时又总是要升高，这是电池反应的必然规律，也是影响电池性能的主要问题，这种电压降低或升高主要是由电池内的欧姆电阻及电极极化引起的。在电池的放电过程中，电池的端电压可由下式表示：

$$V = E - \eta_c - \eta_a - IR_I \tag{4-5a}$$

若正、负极上的极化由浓差极化和电化学极化混合控制，则：

$$V = E - \eta_{c,电} - \eta_{a,电} - \eta_{c,浓} - \eta_{a,浓} - IR_I \tag{4-5b}$$

式中，V 为电池端电压；E 为电池电动势；$\eta_{c,电}$ 和 $\eta_{a,电}$ 分别为阴极和阳极的电化学极化过电位；$\eta_{c,浓}$ 和 $\eta_{a,浓}$ 分别为阴极和阳极的浓差极化过电位；I 为电池中的电流；R_I 为电池的欧姆内阻。

已知电化学极化过电位和浓差极化过电位可分别表示为：

$$\eta_{电} = -\frac{RT}{\alpha F}\ln i^{\ominus} + \frac{RT}{\alpha F}\ln \frac{I}{A} \tag{4-6a}$$

$$\eta_{浓} = -\frac{RT}{nF}\ln\left(1 - \frac{I}{A \cdot i_d}\right) \tag{4-6b}$$

式中，α 为传递系数；$i^{\ominus}$ 为交换电流密度；A 为电极的面积；i_d 为极限扩散电流密度。

将式(4-6)代入式(4-5b)中并求导，可得出电池的极化电阻为

$$\frac{dV}{dI} = -\frac{RT}{\alpha_c FI} - \frac{RT}{\alpha_a FI} - \frac{RT}{nF(Aj_{d,c} - I)} - \frac{RT}{nF(Aj_{d,a} - I)} - R_I \tag{4-7}$$

由式（4-7）可知，在低电流密度区域内，电池的极化电阻主要由电化学反应电阻构成，随着电流的增加，电池端电压急剧下降，如图 4-1 所示。随着电流的进一步增加，式（4-7）右边的第一、二项减小，电池的极化电阻主要由欧姆电阻 R_I 构成，端电压随电流增加线性下降，如图 4-1 中的线性区，当电池的电流达到一个电极的极限电流时，电池的微分电阻由液相传质步骤控制，导致电池端电压迅速降至零。在理想的情况下，所有的极化都为零，电压与电流的关系将是一条平行于电流轴的水平线，如图 4-1 中的虚线所示。

电池欧姆内阻 R_I 由电极、活性物质和电解质溶液中的欧姆电阻组成，当活性物质为电子导体（金属、碳和半导体）时，其本身就可以作为电极使用。当气体、液体和导电性差的固体作为活性物质时，则需要使活性物质附着在导电性良好的惰性电极上才能使用。例如：把气体活性物质吸附在金属电极或碳电极上使用；把液体活性物质溶解在电解液中，使电流通过插在电解质中的金属电极输出；把固体活性物质填充在惰性金属基板上使用等，都是常用的方法。这些惰性电极材料必须是电子导电性良好的物质，同时在电解液中耐蚀性好，抗氧化性能高。惰性电极与活性物质接触形成接触欧姆电阻，如干电池中的碳棒与二氧化锰之间的电阻，二氧化铅与金属铅之间的电阻。为了减少接触电阻，必须尽可能增大活性物质与电极之间的接触面积。20 世纪 70 年代，对电池中的技术改进多数都是针对这个问题的，碱性蓄电池中的烧结式极板就是为了降低接触电阻而采用的。此外，也经常加入碳和镍箔等导电剂在活性物质中以减少电极与活性物质之间的接触电阻，固体活性物质一般都是金属、半导体（如 MnO_2、PbO_2、NiO_2）。

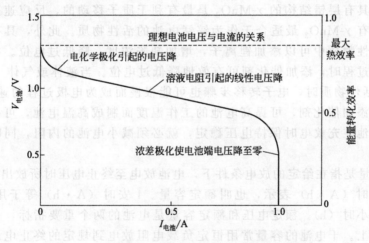

图 4-1　电池端电压与电流关系型极化类型的影响

随着充放电反应的进行，活性物质表面逐渐包上一层钝化薄膜，而这种薄膜往往会增大活性物质的欧姆电阻。因此充放电反应过程中反应物或产物也会产生电阻，且电阻的大小是不断变化的。为了使活性物质在充放电过程中总是呈导电性良好的金属或半导体而不钝化，通常根据半导体的种类添加有效的元素，或者在活性物质中添加其他种类的物质，使活性物质不结晶，如海绵铅电极中加入硫酸钡阻止铅结晶。电池中电解液的电阻取决于溶剂和电解质的性质。在水溶液中，H^+ 和 OH^- 的导电性最好，所以常用酸碱作为电池的电解质。图 4-2 所示是目前常使用的酸、碱、盐类电解质的溶液电导率与电解液浓度的关系。由图可以看出，硫酸电解液的浓度为 30％～35％时导电性最好；而苛性钾溶液的浓度约为 25％时导电性最好；改变水溶液中电解质的浓度可以提高其导电性，但是提高的程度有限，熔融盐电

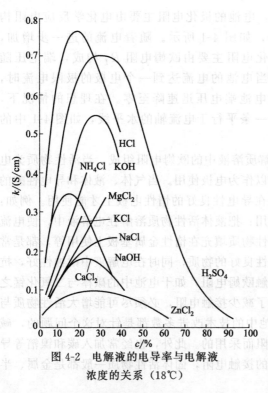

图 4-2　电解液的电导率与电解液
浓度的关系（18℃）

解质的导电能力远高于水溶液电解质。因此，通常把不能导电的多孔质固体用熔融盐浸渍；或者将 MgO 或 Al_2O_3 与熔融盐混合成膏状物作电解质使用。这时，电池必须在盐类熔融的高温条件下工作，但充放电过程中电池的极化显著降低。

电极反应过程中的极化，使阴极的电位变负，阳极的电位变正，造成电池的电压在放电时降低，充电时升高。一般来说，在固体电解质中，电子转移步骤的速度很快，很少出现电化学极化，而反应前后的传质过程或表面的化学反应过程往往成为电极过程的速度控制步骤。反应前后在电解质溶液和固体活性物质中都有物质的迁移。在活性物质中反应物粒子或产物粒子的迁移速度比在电解液中要慢得多，这往往是引起极化的主要原因。例如，二氧化锰活性物质在碱性水溶液中的充放电反应是由于质子在活性物质中的迁移，才使反应得以进行，具有层错结构的 γ-MnO_2 是最有利于质子移动的，反应速度最快，极化最小，所以只有 γ-MnO_2 最适合于作为锌锰电池的活性物质。此外，具有相同反应机理的氧化镍活性物质中可以添加锂离子，增加缺陷浓度，降低过电位。在电池反应中伴有化学反应过程时，添加催化剂可有效地降低过电位。当液体或气体（如 H_2、O_2、CO 等）作为活性物质时，电子转移步骤也可能很慢而成为电极过程的速度控制步骤。这时在电极上添加催化剂，可提高电池的工作温度而制成高温电池，可有效地降低极化。为了使电池在充放电时保持电压稳定，就必须减小电池的内阻，同时减小电极的极化。

电池的容量是指在给定的放电条件下，电池放电至终止电压时所放出的电量。容量的单位常用安时（A·h）表示，也叫额定容量。1 安时（A·h）等于用 1 安培（A）的电流放电 1 小时（h）。额定电压和额定容量是电池的两个重要指标，一般标在电池最醒目的位置上。干电池的容量常用恒定负载电阻放电到规定的终止电压时的放电时间表示；电池的容量性能则用单位体积的容量或单位质量的容量即比容量来表示。为了提高电池的比容量，活性物质的电化当量要小。电极活性物质在放电过程中，由于反应生成物对活性物质进一步放电的影响，往往只有部分活性物质能发生放电反应。为了获得 1A·h 的电量，实际所需要的活性物质是按法拉第定律计算出来的活性物质质量的 2～3 倍，即活性物质的利用率一般在 30%～50% 之间。因此，提高活性物质的利用率是增加电池比容量的重要途径。表 4-3 列出了按法拉第定律计算出来的结果。由表中可以看出，H_2、O_2、CH_4 和 AgO 等的电化当量小，是十分优良的活性物质。为了提高活性物质的利用率，必须增大活性物质的表面积，采取措施使活性物质在放电过程中不发生钝化。

表 4-3　获得 1A·h 电量所需的活性物质质量

正极活性物质	活性物质质量/g	负极活性物质	活性物质质量/g
PbO	4.45	Pb	3.87
HgO	4.03	Cd	2.10
MnO_2	3.24	Zn	1.22
Ni_2O_3	3.08	Al	0.33
AgO	2.33	CH_4	0.03
O_2	0.30	H_2	0.04

化学电源在不向外输出电流时消耗活性物质的现象称为自放电，电池在储存过程中或放电时都可能发生自放电。产生自放电的原因主要是活性物质内与电解质中的杂质使电池内形成局部电池。这种局部电池造成了电池内部短路，促进腐蚀，引起自放电。例如，锌锰干电池负极的活性物质锌发生自放电时，锌溶解在电解液中被消耗掉，反应为：

$$Zn \longrightarrow Zn^{2+} + 2e^- \tag{4-8}$$

同时锌电极表面上将发生如下反应：

$$2H^+ + 2e^- \longrightarrow H_2 \tag{4-9}$$

总反应为：

$$Zn + 2H^+ \longrightarrow Zn^{2+} + H_2 \tag{4-10}$$

可见，在没有向外输出电流的情况下，负极活性物质锌被消耗了，若使用高纯度的锌作为活性物质，锌表面的析氢过电位很高，式(4-9) 的反应不能进行，也就不会发生自放电。这也说明，一个电极反应是否能够发生，不仅取决于热力学的可能性，还与动力学的因素有关。由热力学判断能够自发进行的电极反应，可能由于动力学上的原因而不能进行，但是，如果在锌电极表面上有铜、铁之类的低析氢过电位杂质存在，式(4-9) 的反应就能很容易地进行。若电解液中溶解有氧，则发生如下反应：

$$4H^+ + O_2 + 4e^- \longrightarrow 2H_2O \tag{4-11}$$

该反应与式(4-8) 的反应形成局部电池也能引起自放电。此外，由于正、负极活性物质相互向对方扩散，也能形成局部电池，引起自放电。为了避免自放电，活性物质在电解液中的溶解度应该尽可能小；在电池体系内应尽可能避免存在容易形成局部电池的杂质。对于自放电剧烈的电池，往往制成注液型电池，只在使用前才注入电解液。

二次电池在充放电时，电池反应是可逆的，没有副反应发生，充电时的欧姆电阻和极化小。在水溶液电解质的电池中，正极和负极上的氧过电位和氢过电位高，充电时水的电解反应难于进行。如密封铅酸蓄电池的出现就得益于具有高析氢过电位的铅钙合金的发现且同时解决了铅钙合金钝化的问题。此外，二次电池充放电的能量转换也是近似可逆的，可以多次反复进行。电池充放电时，活性物质的状态能够很好地再生，若为溶解度小的固体活性物质，则不会脱落也不会发生纯化。

(1) 电池效率表示方法

电池的总效率 ε_0 是指电池中化学反应放出的总能量与转变为电功的能量之比，可由下式给出：

$$\varepsilon_0 = \varepsilon_i \varepsilon_V \varepsilon_f \tag{4-12}$$

式中，ε_i 为最大热效率，根据热力学第二定律，电池的最大热效率不能大于用卡诺循环所表示的效率；ε_V 为电压效率；ε_f 为法拉第电流效率。

这些效率可分别表示为：

$$\varepsilon_i = \frac{\Delta G}{\Delta H} \times 100\% \tag{4-13}$$

$$\varepsilon_V = \frac{V}{E} \times 100\% \tag{4-14}$$

$$\varepsilon_f = \frac{I}{I_m} \times 100\% \tag{4-15}$$

式中，ΔH 为电池反应的焓变；V 是电流为 I 时的电池电压；I_m 是电池反应完全转化为产物的电流值；E 为电池的电动势。

法拉第电流效率与电压效率一般为 1。但是当存在平行的电化学副反应、电极催化发生的化学反应以及两个电极进行直接的化学反应时，法拉第电流效率小于 1。在充电时由于水分解的副反应作用，法拉第电流效率往往小于 1。如电池放出的电流为 0.5A，但是由于电池中出现有副反应，消耗了部分电流，而使输出电流要小于 0.5A，这时电流效率小于 1。如果 $\varepsilon_f = 1$ 并且 $V = E$（例如可逆条件下），电池的总效率即为最大的热效率 ε_i，它等于输出的最大有用功与反应焓变的比。对于燃料电池，ε_i 的值小于 1。电池设计的目标是使 ε_V 和 ε_f 值接近 1。

(2) 功率与电流密度的关系

电池的输出功率（P）为：

$$P = VI \tag{4-16}$$

$$I = Si \tag{4-17}$$

式中，S 为电极的面积。

根据不同电流密度下的特点可预知 P-I 曲线的性质。在低电流密度下，$i \to 0$；在高的极限电流密度下，$E \to 0$。在两个极端情况下，P 都为零。对于 E-I 关系满足图 4-1 所示的电池，P-I 曲线如图 4-3 所示，在电流接近极大值时，P 具有极大值。对于大多数燃料电池，具有极复杂的多孔气体扩散电极结构，当电流密度高达 500mA/cm 时，也达不到极限电流密度，电池电压与电流密度关系是线性的。在这种情况下，P-I 的关系趋近于抛物线。

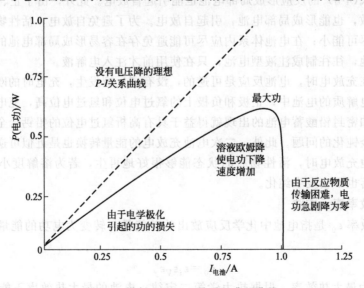

图 4-3　燃料电池 P-I 关系的典型曲线

（3）极限情况下的最大电功

当电化学极化、浓差极化及欧姆极化都存在时，我们无法得到最大的电功的表达式。只有在以下两种极限情况下可以得到极限电功。

① 电池电压与电流成线性关系。这时，电池电压与电流的函数关系可由下式给出：

$$V = E - mI \tag{4-18}$$

式中，m 是常数，基本上代表了电池的欧姆电阻。

因此：

$$P = I(E - mI) \tag{4-19}$$

式（4-19）表明，P-I 为抛物线关系，P 的最大值为：

$$P_{max} = \frac{E^2}{4m} \tag{4-20}$$

当 P 最大时，E 和 I 分别为：

$$E_{max} = \frac{E}{2} \tag{4-21}$$

$$I_{max} = \frac{E}{2m} \tag{4-22}$$

由式（4-22）可见，当电池的电压等于其电动势的一半时，电池输出功率达到最大值。通常，由于副反应的存在会使电池的开路电压比电池的可逆电动势要小。因此，只有在电池电压等于开路电压的一半时才能得到最大的电功。

② 电池电压与电流密度成半对数关系。当浓差极化和欧姆极化可以忽略时，在整个电流密度范围内，电化学极化的过电位起主要作用，电池电压与电流的关系可表示为：

$$V = E + a - b \ln i \tag{4-23}$$

式中，b 是电池阴极和阳极反应的塔菲尔斜率的总和。

因此有：

$$P = i(E + a - b \ln i) \tag{4-24}$$

根据式（4-24）可知，电功率的最大值为：

$$P_{max} = b \exp\left(\frac{E + a - b}{b}\right) \tag{4-25}$$

当电功率 P 取最大值时，电池的电流和电压分别为：

$$\ln j_{max} = \frac{E + a - b}{b} \tag{4-26}$$

$$E_{max} = b \tag{4-27}$$

因此，当电池的电功率最大时，电池的电压等于阴极和阳极反应的塔菲尔斜率的总和。

（4）活性物质利用率

当电池的活性物质质量一定时，电池放电时能够得到的最大容量取决于表 4-3 中所列物质的种类，电化当量越小的物质，其容量越大。但实际上，电池中的活性物质由于自放电或者放电时极化增加，并不能全部发生电化学反应放出电能。活性物质实际上能放出的电量与按理论计算可放出的电量之比叫作活性物质的利用率或电量效率，可用下式表示：

$$\varepsilon_Q = \frac{\int_0^t I \, dt}{Q} \times 100\% \tag{4-28}$$

式中，Q 为电池的理论放电量；I 为电池放电电流。

前面已经讲过自放电是由于电池内的杂质引起的，受电池工作温度以及电池使用时间的影响，并与电池的储存性有关系。放电时由于电池内阻及电极极化的作用，电池电压降低。自放电消耗活性物质，使可放出电能的活性物质质量减少；而极化使电池的电动势降低，最后降为零，剩下的活性物质因没有反应动力而不能进行氧化还原反应。放电电流越大，极化就越大，不能放电的活性物质就越多，活性物质利用率就越小。如果放电时生成电子导电性好的金属，如 AgO 及 $PbSO_4$ 等活性物质，则可提高活性物质的利用率。

(5) 电池的能量效率

电池输出的功率等于电压与电流的乘积。电池的效率用电池输出功率表示更为合理，因为不管输出的电流有多大，如果电池电压很低，仍然没有什么作用。电池实际能放出的电能与按理论计算可放出的电能之比称为能量效率，可用下式表示：

$$\varepsilon_P = \frac{\int_0^t VI \, dt}{E_t Q} \times 100\% \tag{4-29}$$

能量效率 ε_P 相当于式(4-12) 中的 $\varepsilon_V \varepsilon_i$。

在二次电池中，要进行充放电，所以还必须考虑充放电的能量损失，产生能量损失的原因主要有：充电时活性物质再生的同时发生了副反应（如水溶液中的水分解）；电池内阻引起的欧姆降；电极极化引起的电压升高等。二次电池的电量效率和能量效率可分别用下面两式表示：

$$\varepsilon_Q = \frac{\int_0^{t_1} I_1 \, dt}{\int_0^{t_2} I_2 \, dt} \times 100\% \tag{4-30}$$

$$\varepsilon_P = \frac{\int_0^{t_1} V_1 I_1 \, dt}{\int_0^{t_2} V_2 I_2 \, dt} \times 100\% \tag{4-31}$$

式中，V_1、V_2 分别为电池放电和充电时的电压；I_1、I_2 分别为电池放电和充电时的电流。

铅酸蓄电池的能量效率一般为 $70\% \sim 85\%$。

4.2 一次电池

一次电池是将化学能转化为电能并输出的电化学装置。一旦化学能转变为电能，就不能再将电能转变为化学能，即化学反应是不可逆的。按电解液的保持及供给方法，一次电池可分为干电池、湿电池和注液电池三种。

根据电解液种类及保存状态的不同，干电池可分为糊状干电池、纸板干电池和碱性干电池三种。糊状干电池用淀粉或甲基纤维素把 NH_4Cl 与 $ZnCl_2$ 混合电解液变成凝胶状；纸板干电池把电解液吸附在纸板中，电池的性能比糊状干电池好；碱性干电池使用吸液性隔膜吸 KOH 电解液，也叫碱锰电池。其中碱锰电池的性能最好，而且一定条件下可以充电。锌锰电池的优点是价格低廉，可靠性高；缺点是电池性能较差，放电的电压稳定性也差，在零度以下的低温性能显著恶化。采用氯化钙或氯化锂等氯化物代替氯化铵可提高其耐寒性能。各种干电池的性能如表 4-4 所列。

表 4-4　各种干电池的性能

类型	电池名称	电池结构			额定电压/V
		正极活性物质	电解质	负极活性物质	
一次电池	锌锰干电池	MnO_2	$NH_4Cl, ZnCl_2$	Zn	1.5
	汞电池	HgO	KOH(ZnO)	Zn	1.2
	碱锰干电池	MnO_2	KOH(ZnO)	Zn	1.2
	氧化银电池	AgO	KOH 或 NaOH(ZnO)	Zn	1.5
	氯化银电池	AgCl	海水	Mg	1.4
	空气电池	空气(活性炭)	KOH(ZnO)或 NH_4Cl	Zn	1.3

4.2.1　锰干电池

锰干电池以二氧化锰为正极，锌为负极，并以氯化铵水溶液为主电解液，用纸、棉或淀粉等使电解质凝胶化。主要用于照明、携带式收音机、火箭点火等。为适应不同的用途，电池可按有关标准制成圆筒形、方形、扁平形、纽扣形等单体及多个电池串联或并联的组合体。

锰干电池的结构大体上分为圆形和方形两种，圆筒形电池的产量占绝对多数，其内部结构如图 4-4 所示。在电池的中央是多孔性的碳棒作正极，它对电池放电中所产生的气体兼有排气作用。在碳棒的周围紧密贴着的是正极活性物质，也叫作电芯或正极减极剂。正极活性物质是用电解液混合二氧化锰、导电剂碳粉和氯化铵粉末并经固化成型的。电池外壳锌筒为负极，在正极与负极之间装有用玉米及小麦粉糊化了的胶体状电解液，电解液以氯化铵和氯化锌为主要成分。在电芯的上部留有空气室，作为排出气体和电芯膨胀的空间。为了防止水分的蒸发，在空气室的上部用封口纸进行封口。碳棒顶部有金属制的金属帽作为正极端，锌筒底部的锌极作为负极端。锌筒由于过度放电消耗会出现腐蚀穿孔，造成漏液。为了防止漏液，在锌筒外面包裹纸或塑料筒，还有的使用金属筒进行外包装。正负极处于绝缘状态，金属筒两端向内弯曲收口形成包装结构。

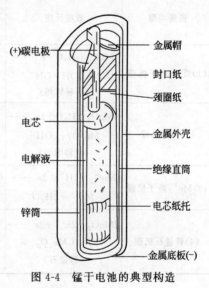

图 4-4　锰干电池的典型构造

锰干电池可表示为：

$$(-)Zn|NH_4Cl+ZnCl_2 混合溶液(淀粉糊化)|MnO_2+C(+)$$

该电池的电动势按热力学计算有多种结果。其数值随使用的 MnO_2 的种类（天然二氧化锰、电解二氧化锰、合成二氧化锰）、电解液组成、pH 值等不同而异。实际使用电池的电动势在 1.55~1.75V。该电池的反应机理十分复杂，目前已提出了许多有关的机理。但是一般都认为，首先在负极 Zn 上发生如下反应：

$$Zn+2Cl^- \longrightarrow ZnCl_{2含水}+2e^- \tag{4-32}$$

该反应的电位随电解液 pH 值变化。根据卡洪（Cahoon）的计算，可得到如下关系式：

在 pH 值为 1.3~3.85 的范围内：

$$E=-0.465-0.073\text{pH}(E=-0.56\sim-0.75\text{V}) \tag{4-33a}$$

在 pH 值为 3.9~5.0 的范围内：

$$E=-0.392-0.091\text{pH}(E=-0.75\sim-0.85\text{V}) \tag{4-33b}$$

一般电解液在放电前的 pH 值约为 4.6，所以锌负极的电位约为-0.76V。

正极的反应更加复杂，电位不仅随 MnO_2 的种类、电解液 pH 值等变化，而且还随放电情况而变化。电池放电过程中，在靠近正极面，电芯内的电解液 pH 值增加，在靠近负极面 pH 值降低。另外，不同来源的二氧化锰晶体结构差别较大，导致电化学活性不同，其中主要差别是二氧化锰晶型和含氧量不同。例如，电解二氧化锰（MnO_2）大体上可用 $MnO_{1.97}$ 来表示。在放电过程中 $MnO_{1.97}$ 晶格内侵入了质子（H^+）和电子，从而使 x 值逐渐减小。放电初期，即 x 值从 1.92 下降至 1.75（pH=5~9）的过程中，一般认为放电反应按表 4-5 所列的（1）和（2）机理进行。这时，在二氧化锰固相内，电子由正极进入晶格中发生 $Mn^{4+}\longrightarrow Mn^{3+}$ 的还原反应。另外从电解液中来的 H^+ 和水分解生成的 O^{2-} 反应生成 OH^-，如图 4-5 所示。或者说 H^+ 和电子都在均一的 MnO_2 固相内参与还原反应，即：

$$MnO_2+H^++e^-\longrightarrow MnOOH \tag{4-34}$$

表 4-5 锰干电池 MnO_2 电极放电过程中的电化学反应机理

机理类型	放电反应	能斯特方程(25℃)	电位随 MnO_2 中 x 减少的变化	pH-φ 曲线的斜率 /(mV/pH)
(1)质子-电子机理	$MnO_2+H_2O+e^-\longrightarrow$ $MnOOH+OH^-$ （一种固相）	$E=E'-0.059\lg\dfrac{[Mn^{3+}]_{固}}{[Mn^{4+}]_{固}}-0.059\text{pH}$	减少 （一种固相）	59
(2)两相机理	$2MnO_2+H_2O+2e^-\longrightarrow$ $Mn_2O_3+2OH^-$ （两种固相）	$E=E'-0.0295\lg\dfrac{a_{Mn_2O_3}}{a^2_{MnO_2}}$ -0.059pH	不变 （两种固相）	59
(3)Mn^{2+}离子机理	$MnO_2+4H^++2e^-\longrightarrow$ $Mn^{2+}+2H_2O$	$E=E'-0.0295\lg[Mn^{2+}]+0.0295\lg a_{MnO_2}$ -0.118pH	减少 （Mn^{2+}改变）	118
(4)锌锰石机理	$2MnO_2+Zn^{2+}+2e^-\longrightarrow$ ZnO,Mn_2O_3 （锌锰石）	$E=E'-0.0295\lg\dfrac{a_{ZnO,Mn_2O_3}}{a^2_{MnO_2}}$ $+0.0295\lg[Zn^{2+}]$	不变 （Zn^{2+}不变）	0

上述反应在均相内进行，同时放电电压逐渐下降。在反应的后期按表 4-5 中（3）和（4）机理生成 Mn^{2+} 以及锌锰石。

4.2.2 碱锰电池

碱锰电池的内阻比锰干电池小得多，在放电时内阻的变化值也很小。所以碱锰电池具有放电电压高且比较平坦的放电特性曲线，特别适合高负荷放电。碱锰电池的组成如下：

（一）Zn(汞齐化)｜NaOH 或 KOH(30%~40%)水溶液+ZnO｜MnO_2｜石墨（+）

碱锰单体电池有圆筒形和扁平形两种。圆筒形电池的外壳为正极，中央部位是锌负极，组成所谓的反极结构。锌负极是把锌熔融后喷雾成 20~150 目的粒状，进行汞齐化处理，使其具有良好的耐腐蚀性。然后将锌粉成型为圆筒状，置于电池的中央部位，或者用羧甲基纤维素（简称 CMC）等使锌粉末呈胶状分散在电解液中构成的。将含有苛性钾的圆筒状纤维

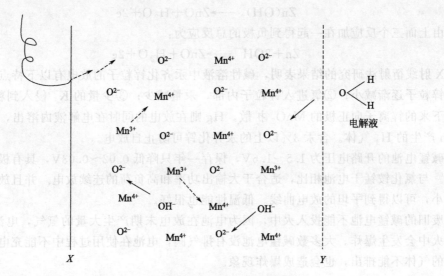

图 4-5 二氧化锰放电时固相的图式表示

(实线箭头为质子的移动,虚线箭头为电子的移动;X 为 MnO_2 与正极的界面;Y 为 MnO_2 与电解液的界面)

质隔膜,装在与钢壳里面紧密接触的环状电芯内。

正极活性物质使用高纯度电解二氧化锰,并加入鳞片状石墨作为导电剂。二者混合比例为 $MnO_2 : C = 5 : 1 \sim 4 : 1$,再加入少量的黏合剂加压成型。放电时电芯膨胀会造成活性物质粒子间松弛,引起内阻增加。出现这一问题的主要原因是 Mn^{4+} 被还原为 Mn^{3+} 时,Mn^{3+} 体积远大于 Mn^{4+},晶格膨胀。这是制造技术上正在设法解决的问题之一。

碱性电池中的电解液使用 30% 的 KOH 水溶液,其中添加 10%～20% ZnO 或 Zn(OH)$_2$,可防止锌极的腐蚀,提高电池的储存性能。通常用 CMC-Na 使电解液胶体化。正负极隔膜通常使用耐碱性的纤维素、聚氯乙烯醋酸合成纤维、尼龙、迪尼尔合成纤维的无纺布等。这些隔膜对电解液具有极强的吸收能力。

碱性电池的外壳使用钢制的容器。为了防止放电中气体的排出以及漏液爬碱,需要采用二层筒、塑料包装、安装排气阀等措施。

正极放电反应的机理非常复杂,许多研究者得到了各种不同的结果。总体来说,在使用 γ-MnO_2 的情况下,以 $0.5mA/g$ 的电流及稍大些的电流放电时,生成物为 MnO_2 或 γ-Mn_2O_3,两者结构很相似,用 X 射线衍射法不能识别。在放电初期,这些物质是以 α-MnOOH 的形式存在的。在放电的最终阶段,生成物是 Mn(OH)$_2$。在很宽的电流范围内放电时,一般认为发生以下几个阶段的反应:

① $MnO_{1.92} \longrightarrow MnO_{1.7}$ 从晶格膨胀到非晶态生成物;

② $MnO_{1.7} \longrightarrow MnO_{1.5} \longrightarrow \alpha$-MnOOH;

③ $MnO_{1.5} \longrightarrow MnO_{1.33} \longrightarrow Mn_3O_4$;

④ 最终产物 $MnO_{1.0} \longrightarrow$ Mn(OH)$_2$。

在碱性溶液中的负极反应为:

$$Zn + 4OH^- \longrightarrow Zn(OH)_4^{2-} + 2e^- \tag{4-35}$$

锌以四羧基锌络离子的形式溶解,当四羧基锌络离子在溶液中达到饱和时,即变成氢氧化锌乃至氧化锌:

$$Zn(OH)_4^{2-} \longrightarrow Zn(OH)_2 + 2OH^- \tag{4-36}$$

$$Zn(OH)_2 \longrightarrow ZnO + H_2O + 2e^- \tag{4-37}$$

由上面三个反应加在一起得到负极的总反应为：

$$Zn + 2OH^- \longrightarrow ZnO + H_2O + 2e^- \tag{4-38}$$

X射线衍射法研究的结果表明，碱性溶液中汞齐化锌粒子的放电有以下特点：①放电过程中锌粒子逐渐减小；②氧进入锌粒子内部，汞量减少；③少量的K^+侵入到粒子的内部。溶解下来的锌离子向正极的MnO_2扩散，Hg则在放电的同时在电解液内溶出，从而抑制了由Zn产生的H_2气体。含汞3%以上的汞齐化锌可防止自放电。

碱锰电池的开路电压为1.5～1.6V，保存一年只降低0.02～0.03V，具有极优异的储存性能。与氯化铵锰干电池相比，适合于大输出功率和高负荷的连续放电。并且放电时内阻变化很小，可以得到平坦的放电曲线。低温性能也很好。

废旧的碱锰电池不能投入火中，因为电池在放电末期产生大量的氢气，电池内压很高，投入火中会发生爆炸。大多数碱锰电池没有排气阀，电池在使用过程中不能充电，否则内部产生的气体不能排出，也会造成爆炸现象。

4.3 二次电池

可反复进行充放电的电池叫作二次电池。二次电池一般在重负荷放电、可以进行充电及带动机器设备的情况下使用。二次电池的质量比能量和体积比能量一般都低于一次电池。常用的二次电池主要是铅酸蓄电池和碱性蓄电池，如表4-6所示。

表 4-6 主要二次电池的构成

类型	电池名称	电池结构			额定电压/V
		正极活性物质	电解质	负极活性物质	
二次电池	铅酸蓄电池	PbO_2	H_2SO_4	Pb	2.0
	镍镉蓄电池	Ni_2O_3	KOH	Cd	1.2
	镍铁电池	Ni_2O_3	KOH	Fe	1.2
	银锌电池	AgO	$KOH(ZnO)$	Zn	1.5
	银镉电池	AgO	KOH	Cd	1.1
	碱-锰电池	MnO_2	$KOH(ZnO)$	Zn	1.5
	镍氢电池	Ni_2O_3	KOH	H_2 或金属氢化物	1.2

4.3.1 铅酸蓄电池

铅酸蓄电池是一种最有代表性的二次电池，几乎每个城市都有几个铅酸蓄电池厂。其在各种电池中用途最广，用量最大，是广泛用于各种机动车辆、各种场合的备用电源、电站的负荷调整、各种电动工具的电源。目前使用的铅酸蓄电池可分为开放式、密封式和免维护式几种。

开放式电池是传统的老式电池，在外壳盖上有一个排气孔。这种电池由于水的电解及蒸发等原因，电解液会减少。因此必须经常进行检查，并加水、加酸维护。其使用寿命短，性能差，属于淘汰产品。免维护式及密封式电池采用具有高析氢过电位的铅合金作为板栅，使电池在充电过程中几乎没有水的电解。因此，在整个使用寿命期时，它不需要加水、加酸等维护，是传统电池的更新换代产品。目前，我国已经有许多厂家在生产这种新电池，但是，传统式的开放电池在我国还占有很大的市场。铅酸蓄电池的结构可用下式表示：

$$Pb \mid H_2SO_4 \mid PbO_2, Pb$$

其额定电压为 2.0V。铅酸蓄电池由 PbO_2 作为正极，海绵铅作为负极，硫酸溶液作为电解液，正、负极板间加有隔板以防短路。由多片正、负极板与隔板交叉叠放，将正极的极耳焊在一起、负极的极耳焊在一起构成极群。极群放入塑料制成的电池槽中，将相邻两单元格电池的正极与负极焊接在一起，再将电池外壳的盖子安装上，盖上均设有排气阀。

放电时电极反应及电池反应如下：

负极反应：$\qquad Pb + SO_4^{2-} \longrightarrow PbSO_4 + 2e^-$ \hfill (4-39a)

正极反应：$\qquad PbO_2 + SO_4^{2-} + 4H^+ + 2e^- \longrightarrow PbSO_4 + 2H_2O$ \hfill (4-39b)

电池反应：$\qquad Pb + 2H_2SO_4 + PbO_2 \longrightarrow 2PbSO_4 + 2H_2O$ \hfill (4-39c)

研究表明，电池充电时，负极反应机理按下列过程进行：

$$PbSO_4（固体）\longrightarrow PbSO_4（液体）\longrightarrow Pb^{2+} \longrightarrow Pb \tag{4-40}$$

正极反应很难弄清，只知道最终反应为：

$$PbSO_4 + 2H_2O \longrightarrow PbO_2 + SO_4^{2-} + 4H^+ + 2e^- \tag{4-41}$$

充电时电池总反应为：$2PbSO_4 + 2H_2O \longrightarrow Pb + 2H_2SO_4 + PbO_2$ \hfill (4-42)

这就是充放电过程中铅酸蓄电池的两极硫酸铅反应学说。从上述电极反应和电池反应式可以看出，硫酸参与反应，也是活性物质之一。因此，电池中硫酸的量必须满足反应的要求。铅酸蓄电池的电极电位及电动势可由能斯特公式计算，其电动势为：

$$E = E^\ominus + 0.0592\lg \frac{\alpha_{H_2SO_4}}{\alpha_{H_2O}} \tag{4-43}$$

实际测得的电动势为：

$$E_{25℃} = 2.0184 + 0.0592\lg \frac{\alpha_{H_2SO_4}}{\alpha_{H_2O}} \tag{4-44}$$

正极的电位为：

$$\varphi_+ = \varphi_+^\ominus + \frac{RT}{2F}\ln \frac{\alpha_{H^+}^4 \alpha_{SO_4^{2-}}}{\alpha_{H_2O}^2} \tag{4-45}$$

负极的电位为：

$$\varphi_- = \varphi_-^\ominus - \frac{RT}{2F}\ln\alpha_{SO_4^{2-}} \tag{4-46}$$

从式（4-43）和式（4-44）可以看出，负板的电位随硫酸浓度增加而减小；正极电位受氢离子的影响特别大，随硫酸浓度的增加而增大。从式（4-43）可知，电池的电动势随硫酸浓度增加而上升。当硫酸在常用的浓度范围内时，温度越高，开路电动势越大。

4.3.2　碱性蓄电池

使用苛性钾等碱性水溶液为电解液的二次电池总称为碱性蓄电池。目前使用的碱性电池按正负极活性物质的种类大致分为镍-镉蓄电池、镍-铁蓄电池、镍-锌蓄电池、氧化银-锌蓄电池、氧化银-镉蓄电池、空气-锌蓄电池及镍-氢蓄电池等。表 4-7 列出了这些活性物质在碱性电解液中的电极反应、标准电极电位以及理论放电容量。表 4-8 列出了部分碱性电池的电池反应。其中镍-铁蓄电池的性能较差，已经不再生产。

表 4-7　活性物质在碱性电解液中的电极反应、标准电极电位以及理论放电容量

电极	种类	电极反应	$\varphi^{\ominus}/V$	理论放电容量/[g/(Ah)]
正极	氢氧化镍	$NiOOH+H_2O+e^- \Longrightarrow Ni(OH)_2+OH^-$	0.52	2.46
	氧化银	$2AgO+H_2O+2e^- \Longrightarrow Ag_2O+2OH^-$	0.604	4.63
		$Ag_2O+H_2O+2e^- \Longrightarrow 2Ag+2OH^-$	0.342	4.34
	空气	$O_2+H_2O+2e^- \Longrightarrow HO_2^-+OH^-$	−0.76	—
		$O_2+2H_2O+4e^- \Longrightarrow 4OH^-$	0.401	
负极	铁	$Fe+2OH^- \Longrightarrow Fe(OH)_2+2e^-$	−0.86	1.04
	镉	$Cd+2OH^- \Longrightarrow Cd(OH)_2+2e^-$	−0.798	2.09
	锌	$Zn+2OH^- \Longrightarrow Zn(OH)_2+2e^-$	−1.245	1.22

表 4-8　部分碱性电池的电池反应

电池种类	电池反应	开路电位/V
镍-镉蓄电池	$2NiOOH+Cd+2H_2O \Longrightarrow 2Ni(OH)_2+Cd(OH)_2$	1.329
镍-铁蓄电池	$2NiOOH+Fe+2H_2O \Longrightarrow 2Ni(OH)_2+Fe(OH)_2$	1.397
镍-锌蓄电池	$2NiOOH+Zn+2H_2O \Longrightarrow 2Ni(OH)_2+Zn(OH)_2$	1.765
氧化银-锌蓄电池	$2AgO+Zn+2H_2O \Longrightarrow Ag_2O+Zn(OH)_2$	1.815
	$Ag_2O+Zn+2H_2O \Longrightarrow 2Ag+Zn(OH)_2$	1.589
氧化银-镉蓄电池	$2AgO+Cd+2H_2O \Longrightarrow Ag_2O+Cd(OH)_2$	1.379
	$Ag_2O+Cd+H_2O \Longrightarrow 2Ag+Cd(OH)_2$	1.153
空气-锌蓄电池	$O_2+2Zn \Longrightarrow 2ZnO$	1.646
镍-氢蓄电池	$2NiOOH+H_2 \Longrightarrow 2Ni(OH)_2$ $2NiOOH+2MH \Longrightarrow 2Ni(OH)_2+2M$	1.23

人们对上述各电极的反应机理进行了大量的研究，下面简要介绍一下各电极的反应机理。

(1) 镍电极

镍电极的活性物质——氢氧化镍具有六方晶系的层状结构，是一种 P 型半导体，其放电机理类似于二氧化锰电极，是通过晶格中电子缺陷和质子缺陷的迁移来实现氧化还原反应的。其反应生成物十分复杂。但是放电时的最终产物是 $Ni(OH)_2$，充电时的最终产物是 β-NiOOH，这已成为定论。

镍电极在苛性钾溶液中的平衡电位与活度之间的关系为：

$$E=0.52+0.0592\lg \frac{\alpha_{H_2O}}{\alpha_{OH^-}} \tag{4-47}$$

(2) 镉电极

镉电极在充电时的产物是 Cd，放电时的产物是 $Cd(OH)_2$，其结晶构造是六方晶系、C-6 型结晶。一种观点认为，镉电极在放电反应中的第一个阶段生成 CdO，CdO 溶解在溶液中形成中间产物，最后经化学反应变成结晶型氢氧化物析出。由 CdO 生成 $Cd(OH)_2$ 的速度取决于交换物质向 CdO 表面供给的速度。CdO 在苛性钾溶液中的溶解度随苛性钾浓度变化，CdO 的溶解度越大，镉电极上镉利用率也就越高。另一种观点认为，镉在放电时，

首先由电化学反应生成 Cd^{2+}，大部分 Cd^{2+} 和其附近大量的 OH^- 结合生成化学性质极为活泼的 $Cd(OH)_2$，剩余的 Cd^{2+} 穿过中间产物 $Cd(OH)_2$ 固相到达电极和电解液的界面与 OH^- 发生反应，使中间生成物 $Cd(OH)_2$ 成长。其电极电位为：

$$E = -0.798 - 0.0592\lg\alpha_{OH^-} \tag{4-48}$$

(3) 氧化银电极

银电极在碱性溶液中的充电反应，可分为三个阶段：第一阶段生成 Ag_2O；第二阶段由 Ag_2O 变成 AgO；第三阶段在 AgO 的表面生成氧。充电时 Ag 由电化学反应氧化生成的 Ag^+，与 O^{2-} 形成面心立方晶系的 Ag_2O，然后 O^{2-} 在 Ag_2O 固相内扩散，直径为 $1\mu m$ 的球状 Ag_2O 逐渐在电极面上析出。当 O^{2-} 扩散变得很困难时，电位开始升高，最后电位升至极大值，这时球状的 Ag_2O 粒子破坏，在电极表面上有一种新的板状 AgO 结晶生成。在这个过程中，O^{2-} 从 OH^- 中分离出来，由 Ag 表面向内部扩散生成 Ag_2O，在 Ag 的表面逐渐形成 Ag_2O 薄膜。Ag_2O 的电阻率很大，可达 $10^8\Omega\cdot cm$，氧离子在 Ag_2O 中扩散阻力也很大。这两种因素导致充电过程中电位急剧上升，直至电位出现极大值。当电位达到极大值时，Ag_2O 就不再生成。与此同时开始由 Ag_2O 生成 AgO 新相，O^{2-} 在 AgO 中易于扩散，可以进一步进行氧化，充电过程继续进行。这时，AgO 取代 Ag_2O 结晶，AgO 一旦生成就会和未氧化的 Ag 反应生成 Ag_2O，使残存在电极表面的微量的 Ag 几乎全部被氧化。AgO 与 Ag 的反应速度很慢，只有 Ag_2O 氧化成 AgO 后，电极深处的 Ag 才能氧化为 AgO。

银电极在碱性溶液中的放电反应可分为两个阶段，如下式所示：

$$AgO \longrightarrow Ag_2O \longrightarrow Ag \tag{4-49}$$

反应的第一阶段由 AgO 生成 Ag_2O，反应过电位主要由离子及电子在氧化物固相内移动的电阻决定。AgO 及 Ag_2O 都是 P 型半导体，所以在其中添加微量高价的 Pb^{4+}、Sn^{4+}，可以有效地增加充电时的容量并降低过电位。放电的第二个阶段是 Ag_2O 生成 Ag，同时，AgO 和 Ag 反应生成 Ag_2O，前者是反应的速度控制步骤。

(4) 锌电极

锌电极在碱性溶液中具有很负的电动势，阳极极化特性十分优异，缺点是充电时难以再生。锌电极在放电过程中，首先生成四羟基锌络合离子 $[Zn(OH)_4^{2-}]$ 而溶解，$Zn(OH)_4^{2-}$ 可看作是 ZnO 和 $Zn(OH)_2$ 的中间体，进一步缓慢分解变成 ZnO，并在电极表面析出，或者在电解液中沉淀出来，其反应过程为：

$$Zn + 2OH^- \longrightarrow Zn(OH)_2 + 2e^- \tag{4-50a}$$

$$Zn(OH)_2 + 2OH^- \longrightarrow Zn(OH)_4^{2-} \tag{4-50b}$$

$$Zn(OH)_4^{2-} \longrightarrow ZnO + H_2O + 2OH^- \tag{4-50c}$$

锌电极的充电过程与放电过程相反，充电时四羟基锌络合离子 $[Zn(OH)_4^{2-}]$ 在负极被还原而析出金属锌：

$$Zn(OH)_4^{2-} \longrightarrow Zn(OH)_2 + 2OH^- \tag{4-51a}$$

$$Zn(OH)_2 + 2e^- \longrightarrow Zn + 2OH^- \tag{4-51b}$$

充电过程中析出的锌往往呈树枝状，易使正负极短路。研究表明，在电解液中加入有机添加剂以及 Sn、Hg、Se、Pb、Mo、Sb 等的化合物可以有效地防止锌树枝状结晶形成。

(5) 空气电极

研究开发空气-锌电池主要用于作为电动汽车的高比能量、廉价动力源。其中的空气电极与燃料电池中的空气电极本质上完全相同。可以把燃料电池的空气电极反应机理看作是空气-锌电池中正极的反应机理。关于氧在碱性溶液中的反应一般认为由以下几个步骤组成：

$$(O_2)_{吸附} + e^- \longrightarrow (O_2^-)_{吸附}$$

$$(O_2^-)_{吸附} + H_2O \longrightarrow (HO_2)_{吸附} + OH^-$$

$$(HO_2)_{吸附} + e^- \longrightarrow (HO_2^-)_{吸附}$$

首先吸附在电极上的氧分子被还原变成吸附氧离子，吸附氧离子与水反应生成过氧化氢原子团和氢氧根离子，过氧化氢原子团进一步还原生成稳定的过氧化氢离子。上面三式的总反应为：

$$O_2 + H_2O + 2e^- \longrightarrow OH^- + HO_2^- \tag{4-52}$$

过氧化氢离子在催化剂的作用下将发生化学反应分解为氧气和氢氧根离子：

$$2HO_2^- \longrightarrow O_2 + 2OH^- \tag{4-53}$$

由上述反应总括起来，氧在碱性溶液中的电极总反应为：

$$O_2 + 2H_2O + 4e^- \longrightarrow 4OH^- \tag{4-54}$$

上述各种正极、负极组合在一起就构成各种不同的碱性蓄电池。如镍-镉蓄电池、镍-铁蓄电池、氧化银-锌蓄电池等。

4.3.3 镍-金属氢化物电池

镍-金属氢化物（Ni-MH）电池是 20 世纪 80 年代发展起来的新型碱性蓄电池。它与高电压镍-氢电池相似，但电池内压要低得多。镍-氢电池与镍-镉电池具有同样的工作电压，相同体积下，其容量大一倍以上，可与镍-镉电池互换。此外 Ni-MH 电池对环境没有污染，被称为绿色电池。

镍-金属氢化物电池的正极是镍电极，与镍-镉电池的正极完全相同；负极采用储氢合金；电解质是 KOH 水溶液。

镍-金属氢化物电池的反应如下：

负极上充电时，储氢合金吸收电解液中的水还原生成的氢，形成金属氢化物：

$$M + H_2O + e^- \Longrightarrow MH + OH^- \tag{4-55}$$

电化学反应生成的氢化物（MH）与氢气之间可建立以下平衡：

$$M + \frac{x}{2}H_2 \Longrightarrow MH_x \tag{4-56}$$

其电极电位用能斯特公式表示为：

$$\varphi_- = -\frac{RT}{2F}\ln p_{H_2} \tag{4-57}$$

镍正极的反应与镍-镉电池相同：

$$Ni(OH)_2 + OH^- \Longrightarrow NiOOH + H_2O + e^- \tag{4-58}$$

镍-金属氢化物电池的充放电反应为：

$$Ni(OH)_2 + M \overset{放电}{\underset{充电}{\Longrightarrow}} NiOOH + MH \tag{4-59}$$

其电动势 $E = 1.32V$，与镍-镉电池的电动势完全相同。

由于镍-金属氢化物电池与镍-镉电池具有相同的电动势（E）及相同的工作电压（约

1.2V），因此可以互换。

镍-镉电池在放电过程中，镉电极上沉积出 $Cd(OH)_2$，阻碍电子与离子的传导，使反应物质的利用率降低，容量下降。在镍-金属氢化物电池中，储氢合金的电导率很高，导电性很好，充放电过程中，储氢合金电极上只有氧渗透到金属中，电子传导不会受影响。此外，在储氢合金中没有离子的迁移，只有液相中存在离子传导，离子导电性也很好。因此储氢合金上的活性物质利用率极高，几乎达到100%，合金的容量很大。

20世纪60年代末期人们就发现某些合金具有储存氢气的能力。目前已经发现许多种类的储氢含金，有 AB_5 型（如 $LaNi_5$）、AB_2 型（如 $ZrMn_2$），AB 型（如 TiFe）和 A_2B 型（如 Mg_2Ni）。主要有 $MmNi_5$（Mm：混合稀土）、Mg_2Cu、TiCo、TiNi、$TiMn_{1.5}$、$TiCr_2$、$ZrMn_2$ 等。储氢合金的共同特点是在低温低压下能够可逆地吸收、释放氢。

储氢含金的应用非常广泛，目前已用于作燃氢汽车的储气箱、储存氢气、精制氢装置、热交换器、蓄热装置和储氢电池等。利用储氢合金所具有的储氢、热交换等性能的系统正在化学、电气、机械和金属等相关领域中积极推广应用。

作为镍-金属氢化物（Ni-MH）电池的负极材料，储氢合金还应能进行电化学反应，具有耐电解液腐蚀等特殊性能。它必须满足以下的条件：①储氢量高，平台压力低，对氢的电化学反应有良好的催化作用；②在氢进行电化学反应的过程中，合金具有较好的抗氧化能力；③在碱性电解液中合金的化学性质稳定；④反复充放电过程中，合金不易粉化；⑤合金的电化学容量在较宽的温度范围内不发生太大的变化；⑥具有良好的导电、传热性能；⑦原材料成本低廉。满足这些条件的合金主要有以下几个系列：

(1) 稀土镍系储氢合金

AB_5 型合金为 $CaCu_5$ 型六方晶结构。1970年 Philips 实验室首先发现 $LaNi_5$ 合金具有储氢性能。1973年 H. H. Ewe 等人将 $LaNi_5$ 合金用于储氢电极的研究。作为 MH-Ni 电池的负极，$LaNi_5$ 合金储氢容量大、吸放氢的速度快，但是合金吸氢后晶格体积膨胀大，反复吸放氢过程中，极易粉化，寿命极短，只有30～40个循环。后来的研究工作中，人们用 Mn、Al、Co 取代 $LaNi_5$ 合金中的部分 Ni，用廉价的混合稀土代替 La，使 AB_5 型合金达到了实用化的要求。采用混合稀土镍系储氢合金材料制造的镍-金属氢化物电池已经大量投放市场。

(2) Laves 相储氢合金（AB_2 型）

Laves 相储氢合金主要分为 C_{15} 型立方结构和 C_{14} 型六方结构。1967年 A. Pebler 首先将二元锆基 Laves 相合金用于储氢。Laves 相储氢量高达 1.8%～2.4%。与稀土系合金相比，Laves 相合金的储氢量高，可达 $360mA \cdot h/g$，寿命长。美国 Ovonic 公司开发了 Ti-Zr-V-Cr-Ni 多相合金用于制造各种型号的电池。但是这种合金电极的初期活化周期长，由于锆在合金表面形成致密的氧化物膜，使电极表面的催化性能较差。此外，这种合金价格较高。但由于它具有储氢量大、寿命长的特点，人们已经把它作为下一代高容量 MH-Ni 电池的主要材料。

(3) 镁基储氢合金

镁基合金储氢量可达 3%～3.6%，制成电极的容量达 $500mA \cdot h/g$，且资源丰富、价格低廉，多年来一直受到人们的重视。但镁基合金是中温型储氢合金，吸放氢的动力学性能较差，在碱性溶液中的耐蚀性也差，限制了它在 MH-Ni 电池中的作用。镁基合金用作 MH-Ni 电池的储氢电极有很大的困难，人们仍在进行积极的探索，是开发储氢合金电极的一个重要的研究方向。

4.4 超级电容器

随着全球气候变暖，资源匮乏，生态环境日益恶化，人类将更加关注太阳能、风能等清洁和可再生的新能源。但是，可再生能源（主要包括风能、太阳能）本身的特性决定了这些发电的方式和电能输出往往受到季节、气象和地域条件的影响，具有明显的不连续性和不稳定性，如太阳能可以在晴天发电，而在阴天和晚上就无法工作，风能发电也同样受到时间和气象的影响。也就是说，可再生能源发出的电能波动较大，可调节性差，从而为可再生能源的大规模利用带来了诸多问题，如果接入电网，电网的稳定性将受到影响。要解决这一问题，必须发展配套的高效储能装置，以解决发电与用电的时差矛盾以及间歇式可再生能源发电直接并网时对电网的冲击，同时，储能技术在离网的太阳能、风能等可再生能源发电应用中也具有至关重要的作用。目前，高效储能技术已被认为是支撑可再生能源普及的战略性技术，得到各国政府和企业界的高度关注。

电容器是一种能储蓄电能的设备与器件，它的使用能避免电子仪器与设备因电源瞬间切断或电压偶尔降低而产生的错误动作，所以它作为备用电源被广泛应用于声频-视频设备：调协器、电话机、传真机及计算机等通信设备和家用电器中，电容器的研究是从20世纪30年代开始的，随着电子工业的发展，先后经历了电解电容器、瓷介电容器、有机薄膜电容器、铝电解电容器、钽电解电容器和双电层电容器的发展，其中双电层电容器，又叫电化学电容器，是一种相对新型的电容器，它的出现使得电容器的上限容量骤然跃升了 $3\sim4$ 个数量级，达到了法拉第级（F）的大容量，正缘于此，它享有"超级电容器"之称。超级电容器（supercapacitors 或 ultracapacitors），又称电化学电容器（electrochemical capacitors），它是一种介于常规电容器与二次电池之间的新型储能器件，同时兼有常规电容器功率密度大和二次电池能量密度高的优点。此外，超级电容器还具有对环境无污染、效率高、循环寿命长、使用温度范围宽、安全性高等特点。

随着电化学超级电容器（electrochemical supercapacitors，ESC）在移动通信、信息技术、航空航天和国防科技等领域的不断应用，超级电容器越来越受到人们的关注，各国纷纷制订出 ESC 的发展计划，将其列为国家重点的战略研究对象，特别是环保汽车——电动汽车的出现，大功率的超级电容器更显示了其前所未有的应用前景。在汽车启动和爬坡时，快速提供大电流和大功率电流；在汽车正常行驶时，由蓄电池快速充电；在汽车刹车时快速储存汽车产生的大电流，这样可减少电动汽车对蓄电池大电流放电的限制，大大延长蓄电池的使用寿命，提高电动汽车的实用性，所以，近年来对 ESC 呈现出空前的研究热潮。超级电容器主要由集流体、电极、电解质和隔膜等 4 部分组成，其中电极材料是影响超级电容器性能和生产成本的最关键因素。研究和开发高性能、低成本的电极材料是超级电容器研发工作的重要内容。目前研究较多的超级电容器电极材料主要有碳材料、金属氧化物（或者氢氧化物）、导电聚合物等，而碳材料和金属氧化物电极材料的商品化相对较成熟，是当前研究的热点。要研究 ESC，就得先了解其储能和工作原理。

4.4.1 超级电容器的电荷储存原理

至目前为止，大家所公认的 ESC 的电荷储存原理主要是双电层电容储能原理和假电容储能原理。双电层电容原理是指由于正负离子在固体电极与电解液之间的表面上分别吸附，造成两个固体电极之间的电势差，从而实现能量的储存。这种储能原理，允许大电流快速的充放电，其容量的大小随所选电极材料的有效比表面积的增大而增大。而假电容原理则是利用在电极表面及其附近发生在一定范围内快速且可逆的法拉第反应来实现储能的。这种法拉第反应与二次电池发生的氧化还原反应是不一样的，因为这种反应的电压随充进电荷的增加而呈线形变化，但又与传统意义上的电容有一定的差异，所以被命名为假电容。假电容有一个最大的好处就是它能产生很大的容量，是双电层电容容量的10～100倍。ESC的大容量和高功率充放电就是主要由这两种原理所产生的：充电时，依靠这两种原理储存电荷，实现能量的储存；放电时，又依靠这两种原理，实现能量的释放，从其原理的分析，可知道要制备高性能的ESC，有两条途径：第一，可不断增大材料的比表面积，从而增大双电层电容容量；第二，可不断增大材料的可逆法拉第反应的机会和数量，从而提高假电容容量。但实际上，对一种电极材料而言，往往这两种储能原理都是同时存在的，只不过是谁主谁次而已。

4.4.2 超级电容器电极材料

按材料种类将近年来出现的ESC电极材料分为四大主要方向，分别做一阐述与讨论。

(1) 碳材料系列

在所有的电化学超级电容器电极材料中，研究最早和技术最成熟的是碳材料。碳材料具有比表面积大、电导率高、电解液浸润性好、电位窗口宽等优点，但是其比电容偏低。碳材料主要是利用电极/溶液界面形成的双电层储存能量，称双电层电容。增大电极活性物质的比表面积，可以增加界面双电层面积，从而提高双电层电容。从1957年Becker发表的相关专利开始，其发展先后主要出现了多孔碳材料、活性炭材料、活性炭纤维、碳气溶胶以及最近才开发的碳纳米管等。从材料的发展趋势来看，主要是基于双电层储能原理，向着提高有效比表面积和可控微孔孔径（>2nm）的方向发展。之所以提出可控微孔孔径的概念，是因为一般要2nm及以上的空间才能形成双电层，才能进行有效的能量储存，而制备的碳材料往往存在微孔<2nm的不足，致使比表面积的利用率不高。所以，这个系列的发展方向就主要是可控微孔孔径，提高有效比表面积。

活性炭材料由于具有稳定的使用寿命、低廉的价格及大规模的工业化生产基础，已在商品化超级电容器的生产中被广泛采用。1957年，Becker申请了第一个关于活性炭材料电化学电容器的专利。他将具有高比表面积的活性炭涂覆在金属基底上，然后浸渍在硫酸溶液中，借助在活性炭孔道界面形成的双电层结构来存储电荷。

制备活性炭的原料来源非常丰富，石油、煤、木材、坚果壳、树脂等都可用来制备活性炭粉。原料经调制后进行活化，活化方法分物理活化和化学活化两种。物理活化通常是指在水蒸气、二氧化碳和空气等氧化性气氛中，在700～1200℃的高温下，对碳材料前体（即原料）进行处理。化学活化是在400～700℃的温度下，采用磷酸、氢氧化钾、氢氧化钠和氯化锌等作为活化剂。采用活化工艺制备的活性炭孔结构通常具有一个孔径尺寸跨度较宽的孔分布，包括微孔（<2nm）、介孔（2～50nm）和大孔（>50nm）。值得注意的是，当比表面积高达3000m²/g时，也只能获得相对较小的比电容（<10μF/cm²），小于其理论双电层比电容的值（15～25μF/cm²），这表明并非所有的孔结构都具备有效的电荷积累。虽然比表面积是双电层电容器性能的一个重要参数，但孔分布、孔的形状和结构、电导率和表面官能化修饰等也会影响活性炭材料的电化学性能。过度活化会造成大的孔隙率，同时也会降低材料的堆积密度和导电性，从而减小活性炭材料的体积能量密度。另外，活性炭表面残存的一

些活性基团和悬挂键会使其与电解液之间的反应活性增加，也会造成电极材料性能的衰减。因此，设计具有窄的孔分布和相互交联的孔道结构、短的离子传输距离以及可控的表面化学性质的活性炭材料，将有助于提高超级电容器的能量密度，同时又不影响功率密度和循环寿命。目前商品化超级电容器电极材料的首选仍然是活性炭，不过随着其他新型碳材料如碳纳米管、石墨烯等的不断发展，将来有可能替代活性炭材料。

碳纳米管是 20 世纪 90 年代初发现的一种纳米尺寸管状结构的炭材料，是由单层或多层石墨烯片卷曲而成的无缝一维中空管，具有良好的导电性、大的比表面积、好的化学稳定性、适合电解质离子迁移的孔隙，以及交互缠绕可形成纳米尺度的网状结构，因而曾被认为是高功率超级电容器理想的电极材料。Niu 等人最早报道了将碳纳米管用作超级电容器电极材料的研究工作。他们将烃类催化热解法获得的多壁碳纳米管制成薄膜电极，在质量分数为 38% 的 H_2SO_4 电解液中以及在 $0.001 \sim 100Hz$ 的不同频率下，比电容达到 $49 \sim 113F/g$，其功率密度超过了 $8kW/kg$。但是，自由生长的碳纳米管取向杂乱，形态各异，甚至与非晶态碳夹杂伴生，难以纯化，这就极大地影响了其实际应用。近年来，高度有序碳纳米管阵列的研究再次引起人们的关注，这种在集流体上直接生长的碳纳米管阵列，不仅减小了活性物质与集流体间的接触电阻，而且还简化了电极的制备工序。

由于活性炭材料不能有效地控制微孔的孔径分布，造成比表面积的浪费，于是出现了碳气溶胶这种新材料。这种碳气溶胶是由 Lawrence Livermore National Laboratory 公司的 R. W. Pekala 研究小组开发的。将间苯二酚和甲醛按摩尔比 1:2 混合后，溶解在适量的去除离子且重蒸馏的水中，用碳酸钠作为碱性试剂，然后经一系列处理得到碳气溶胶，这种方法制得的碳气溶胶的比表面积为 $100 \sim 700m^2/g$，密度为 $0.3 \sim 1.0g/cm^3$，但微孔可控在一定的狭小范围，从而避免因微孔 $<2nm$ 而不能形成双电层的限制，这种形态使得该材料具有能将所储能量迅速放出的能力，从而从理论上讲具有高的功率密度。

将这种碳气溶胶作成 ESC 的电极，微孔玻璃纤维为隔膜，$4mol/L$ 的氢氧化钾为电解液，组装成超级电容器，所得的电容器的功率密度可达 $7.7kW/kg$，能量 E 可达 $27.38J/g$（充电电压 $1.2V$），比容量 $39F/g$（以碳和电解液的重量之和为准，水电解液）。

但由于此材料的制备烦琐费时，给其应用带来了一定的困难。

石墨烯（graphene）是由碳原子组成的单层石墨片，是英国科学家 Geim 等人于 2004 年发现的。石墨烯的问世激起了全世界的研究热潮，Geim 等人还因此而获得了 2010 年诺贝尔物理学奖。石墨烯不仅是已知材料中最薄的一种，而且还非常牢固坚硬；作为单质，它在室温下传输电子的速度比已知导体都快。

碳纳米管和石墨烯分别作为一维和二维纳米材料的代表，二者在结构和性能上具有互补性。从目前来看，石墨烯具有更加优异的特性，例如具有高电导率和热导率 $[5000W/(m \cdot K)]$、高载流子迁移率 $[200000cm^2/(V \cdot s)]$、自由的电子移动空间、高强度和刚度（杨氏模量约为 $1.0TPa$）、高理论比表面积（$2600m^2/g$）等。因此石墨烯在室温弹道场效应管、单电子器件、超灵敏传感器、电极材料（包括透明电极）、有机太阳能电池的受体材料和阳极材料、非线性光学材料、场发射材料、复合功能材料以及药物载体等领域具有广阔的应用前景，这也是 Geim 等人获得诺贝尔奖的主要原因。利用石墨烯材料的高比表面积和高电导率等独特优点，可望获得一种价格低廉和性能优越的下一代高性能超级电容器电极材料。

2008 年，Ruoff 研究组率先采用水合肼还原法制备出化学改性的石墨烯，其电导率达到 $2 \times 10^2 S/m$（与本体石墨相当），比表面积也达 $705m^2/g$。他们还研究了基于石墨烯超级电容器的电化学性能（电容器结构模型如图 4-6 所示），在水系电解液和有机电解液中的比电容分别为 135F/g 和 99F/g，同时具有较好的倍率特性。Rao 等人研究了采用 3 种不同方法制备石墨烯材料的电容特性，发现在 1mol/L 硫酸电解液中，采用氧化石墨热膨胀剥离和纳米金刚石转化法合成的石墨烯比电容较高，达 117F/g；而采用离子液体作为电解液时，虽然电压窗口可达 3.5V，但比电容仅为 75F/g。

有报道采用氧化石墨真空低温膨胀剥离法制备了石墨烯材料，其中单层石墨烯含量占 60%，比表面积为 $382m^2/g$。相应地，这种石墨烯的电容特性，在质量分数为 30% 的 KOH 电解液中，比电容可高达 279F/g；在三乙基甲基铵四氟硼酸盐（$MeEt_3NBF_4$）的乙腈电解液中，比电容仍可达 122F/g，这些结果表明，采用这种方法具有过程简单、能耗低、产量高且电化学性能优越等优点。

采用对苯二胺还原法，在有机溶剂中制备出高分散性和高稳定性的石墨烯材料，并通过电泳沉积法在导电玻璃和泡沫镍基底上制备出高导电性的石墨烯薄膜，其面电导率可达 150S/cm。值得一提的是，在泡沫镍基底上沉积得到的石墨烯薄膜，在 6mol/L KOH 电解液中，当扫描速度为 10mV/s 时，其比电容为 164F/g；当扫描速度增大到 100mV/s 时，其比电容仍可达 97F/g。

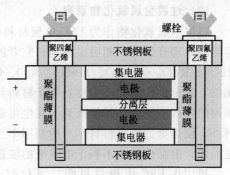

图 4-6　电容器结构模型

表 4-9 给出了国内外文献所报道的石墨烯性能的比较，可以看出，石墨烯的制备方法对其比电容的影响非常显著，这主要是石墨烯的表面官能基团、电导率和比表面积等与工艺环节紧密相关的原因所导致的。此外，目前石墨烯材料的比电容在 200F/g 左右，与一些金属氧化物和导电聚合物相比仍然偏低。这是由于石墨烯容易发生不可逆团聚，使可利用的活性表面大大减少。

表 4-9　各种方法制备的石墨烯及其比电容比较

制备方法	比电容/(F/g)	测试条件	电解液
水合肼还原氧化石墨烯	135	两电极体系 10mA/g 充放电测试	5.5mol/L KOH
氧化石墨热膨胀剥离	117	两电极体系 10mV/s 循环伏安测试	1mol/L H_2SO_4
氧化石墨真空低温膨胀剥离	279	两电极体系 10mV/s 循环伏安测试	5.5mol/L KOH
水合肼还原氧化石墨烯	205	两电极体系 0.1A/g 充放电测试	30% KOH
电泳沉积化学修饰石墨烯	164	三电极体系 10mV/s 循环伏安测试	6mol/L KOH
氧化石墨热膨胀剥离	233	三电极体系 5mV/s 循环伏安测试	2mol/L KOH
氧化石墨热膨胀剥离	150	三电极体系 0.1A/g 充放电测试	30% KOH
水合肼还原氧化石墨烯	157	三电极体系 50mV/s 循环伏安测试	0.1mol/L H_2SO_4
$NaBH_4$ 还原氧化石墨烯薄膜电极	135	三电极体系 0.75A/g 充放电测试	2mol/L KCl
氧化石墨烯电化学还原	164.8	三电极体系 20mV/s 循环伏安测试	0.1mol/L Na_2SO_4
微波辅助剥离氧化石墨	191	两电极体系 0.15A/g 充放电测试	5mol/L KOH
水合肼还原氧化石墨烯与乙炔黑复合	175	三电极体系 10mV/s 循环伏安测试	6mol/L KOH
液相剥离石墨	120	两电极体系 50mV/s 循环伏安测试	6mol/L KOH
溴化氢还原氧化石墨烯	348	三电极体系 0.2A/g 充放电测试	1mol/L H_2SO_4

提高石墨烯比电容的方法通常包括如下两种：一是对石墨烯表面化学官能基团修饰（包括含氧或者含氮等官能基团），增加法拉第准电容；二是将石墨烯与金属氧化物或导电聚合物复合，利用石墨烯高的比表面积和电导率，以及金属氧化物或导电聚合物具有大的法拉第准电容等优点，来提高复合材料的电化学性能，下面我们将详细介绍。

(2) 过渡金属氧化物系列

过渡金属氧化物作为 ESC 电极材料的研究是由 Conway 在 1975 年首次研究法拉第准电容储能原理开始的。随后经各国研究者的不断探索，先后出现了这样一些氧化物电极材料：RuO_2、$RuO_2 \cdot xH_2O$、MnO_2、NiO、CoO_2 等，但最具代表性的还是金属钌和金属锰的氧化物。这个系列的储能主要是基于材料与电解液之间发生了可逆的法拉第反应。为此，这个系列的发展方向是除尽量找到易发生可逆法拉第反应且反应吸收和放出的能量要高的电极材料外，便是努力提高材料本身的利用率。因为这个系列的材料都是金属氧化物，一般情况下是晶体，但晶体结构不利于电解液的渗透，致使材料的利用率不高。

被用作 ESC 电极材料的二氧化钌，通常是由溶胶-凝胶法制得前驱体，然后经高温（300～800℃）热处理而得到。实验发现 RuO_2 的假电容来自 RuO_2 的表面反应且随比表面积的增大而增大，这预示着增加容量的最直接的方式是增大比表面积，从而达到有足够的微孔来满足电解液的扩散，为了达到提高容量、增大比表面积的目的，采取的方法有：将 RuO_2 薄膜沉积在有粗糙表面的基底上；将 RuO_2 涂在有高比表面积的材料（如乙炔黑、碳纤维等）上；将几种金属氧化物混合做成电极（混合会增大金属氧化物的比表面积）和在室温下制备电极等。但所报道的 RuO_2 的最高比容量为 380F/g（水电解液）（此时的比表面积约为 120m^2/g）。

后来 T. R. Jow 等人的研究发现：制备二氧化钌的前驱体在 150℃ 热处理时，可以得到无定形态的水合二氧化钌 $RuO_2 \cdot xH_2O$，用它作超级电容器电极材料时具有比晶体结构的 RuO_2 更高的比容量，在 0.5mol/L 硫酸介质中，单位比容量可达到 768F/g（$RuO_2 \cdot xH_2O$ 法拉第理论容量，900F/g 的 85%），是至今为止发现的比容量最高的超级电容器电极材料，而其比表面积只有 25～95m^2/g。

Jow 等人给出的解释是 $RuO_2 \cdot xH_2O$ 由于是无定形态，电解液容易进入电极材料，由它作电极时，是材料整体参加反应，即材料的利用率可达到 100%；而 RuO_2 作电极材料时，由于是晶体结构，电解液不易进入电极材料内部，只在材料的表面发生反应，所以虽然 RuO_2 的比表面积大，但实际比容量却比 $RuO_2 \cdot xH_2O$ 小得多。由此可见，无定形态结构比晶体结构更适合作 ESC 电极材料。

但 $RuO_2 \cdot xH_2O$ 作 ESC 电极材料有一个致命的弱点，那就是材料的成本太高，达到了约 1 美元/g，而相应的碳材料只有约 0.02 美元/g；且金属钌对环境有污染。

二氧化锰作为 ESC 的电极材料，是由 Anderson 等人在研究了廉价的 NiO 作超级电容器电极材料之后所发现的一种价格低廉且效果良好的新型电容器电极材料。

Anderson 等人比较了分别用溶胶-凝胶法和电化学沉积法所制备的 MnO_2 的不同实验效果，发现：用溶胶-凝胶法制备的 MnO_2 的比容量比由电化学沉积法所制备 MnO_2 的比容量高出 1/3 之多，达到了 698F/g（在 0.1mol/L 的 Na_2SO_4 电解液中），且循环 1500 次后容量衰减不到 10%，比容量仅次于 $RuO_2 \cdot xH_2O$，但 MnO_2 价格便宜，污染小。

Anderson 等人认为达到 698F/g 的高比容量，是基于法拉第准电容储能原理，MnO_2 在充放电过程中发生了可逆的法拉第反应。提出其机理为：

$$MnOOH_n + \delta H^+ + \delta e^- \Longleftrightarrow MnOOH_{n+\delta} \tag{4-60}$$

当 $n=0$，$\delta=1$ 时有：

$$MnO_2 + H^+ + e^- \rightleftharpoons MnOOH \tag{4-61}$$

基于法拉第原理，从 MnO_2 到 $MnOOH$ 的理论容量为 $1100F/g$，而实际值只有其 60%。对溶胶-凝胶法制备的 MnO_2 的比容量高于电化学沉积法的解释为溶胶-凝胶法所得的 MnO_2 是纳米级的，而电化学沉积法所得的是微米级 MnO_2。为什么同样是 MnO_2，纳米级的就比微米级的有更好的容量呢？我们认为材料尺寸在纳米级比在微米级具有更高的比表面积，从而有利于增大材料与电解液的接触机会，提高材料本身的利用率。

从以上两种金属氧化物 RuO_2 和 MnO_2 的研究，我们可以看到过渡金属氧化物作 ESC 电极材料无论是纳米级或是无定形态，都有一个共同的目的，便是提高材料本身的利用率，增大电极材料与电解液的接触机会，这也是我们得出的这个系列的主要研究方向。

(3) 复合材料

将复合材料用于超级电容器是近年来人们研究的热点，通过利用各组分之间的协同效应来提高超级电容器的综合性能。复合材料主要有碳/金属氧化物复合材料，碳/导电聚合物复合材料以及金属氧化物/导电聚合物复合材料等。针对碳材料比电容低的缺点，对其表面用具有大的法拉第准电容的金属氧化物或者导电聚合物进行修饰，可使其比电容大幅度提高（如石墨烯材料）。而金属氧化物的导电性通过复合后，其性能同样得到明显提高（如二氧化锰材料），同时还相应改善了功率特性。

Wang 等人采用水热晶化法在石墨烯上制备出 $Ni(OH)_2$ 纳米片，如图 4-7 所示。在 $1mol/L$ 的 KOH 电解液中，当恒流充放电电流密度为 $2.8A/g$ 时，基于整个复合材料质量的比电容可达 $935F/g$，而基于 $Ni(OH)_2$ 质量的比电容则高达 $1335F/g$（电位窗口为 $-0.05\sim0.45V$，参比电极为 Ag/AgCl）。他们还研究了不同制备条件和石墨烯前体含氧量的差异对复合材料比电容的影响，当扫描速度为 $40mV/s$ 时，采用在石墨烯表面原位生长 $Ni(OH)_2$、石墨烯与 $Ni(OH)_2$ 机械混合以及在氧化石墨烯表面上生长 $Ni(OH)_2$ 等方法，制备出的复合材料的比电容分别为 $877F/g$、$339F/g$ 和 $297F/g$。上述结果表明，高导电性的石墨烯有助于宏观团聚状 $Ni(OH)_2$ 与集流体之间实现快速而有效的电荷输运，同时伴随着能量的快速存储和释放。

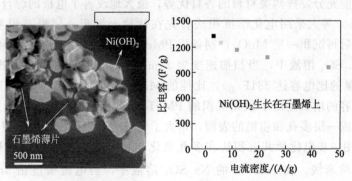

图 4-7 在石墨烯表面原位生长 $Ni(OH)_2$ 及比电容特性

2010 年，Yan 等人采用原位聚合法制备出石墨烯与聚苯胺（PANI）复合材料，在 $6mol/L$ 的 KOH 电解液中，当扫描速度为 $1mV/s$ 时，复合材料的比电容高达 $1046F/g$（电位区间为 $-0.7\sim0.3V$，参比电极为 Hg/HgO），而纯聚苯胺和石墨烯的相应值仅分别为 $115F/g$ 和 $183F/g$。复合材料体现出如此高的比电容特性是聚苯胺和石墨烯协同效应所致，石墨烯不仅可以充当导电通道的角色，同时还可利用其大的比表面积来负载纳米尺度的聚苯胺，从而提高了聚苯胺的利用率和稳定性。

目前石墨烯与金属氧化物（或氢氧化物）、导电聚合物复合材料在超级电容器中的研究进展如表 4-10 所示。随着研究的不断深入，新型石墨烯复合材料在高性能超级电容器电极材料中将会得到更加广泛的应用。

表 4-10 各种石墨烯复合材料的比电容性能比较

复合材料	比电容/(F/g)	测试条件	电解液
石墨烯-SnO_2	43.4	三电极体系,10mV/s 循环伏安测试	1mol/L H_2SO_4
石墨烯-ZnO	约 12	三电极体系,10mV/s 循环伏安测试	1mol/L KCl
石墨烯-ZnO	61.7	三电极体系,50mV/s 循环伏安测试	6mol/L KOH
石墨烯-SnO_2	42.7	三电极体系,50mV/s 循环伏安测试	1mol/L KCl
石墨烯-Mn_3O_4	256	三电极体系,5mV/s 循环伏安测试	6mol/L KOH
石墨烯-MnO_2	310	三电极体系,2mV/s 循环伏安测试	1mol/L Na_2SO_4
石墨烯-Co_3O_4	243.2	三电极体系,10mV/s 循环伏安测试	6mol/L KOH
石墨烯-$Co(OH)_2$	972.5	三电极体系,0.5A/g 充放电测试	6mol/L KOH
石墨烯-$Ni(OH)_2$	935	三电极体系,2.8A/g 充放电测试	1mol/L KOH
石墨烯-RuO_2	570	三电极体系,1mV/s 循环伏安测试	1mol/L H_2SO_4
石墨烯-PANI	480	三电极体系,0.1A/g 充放电测试	2mol/L H_2SO_4
石墨烯-PANI	1046	三电极体系,1mV/s 循环伏安测试	6mol/L KOH
石墨烯-PANI 薄膜	210	两电极体系,0.3A/g 充放电测试	1mol/L H_2SO_4
氧化石墨烯-PANI	746	三电极体系,0.2A/g 充放电测试	1mol/L H_2SO_4

由于二氧化锰属于半导体材料，与贵金属氧化物相比，导电性较差，严重影响了二氧化锰材料的电化学性能。因此，研究人员多采用掺杂或者复合的手段来提高二氧化锰材料的导电性。碳纳米管、介孔碳以及最近出现的石墨烯等碳材料与二氧化锰复合的研究工作已有相关的文献报道。此外，导电聚合物与二氧化锰的复合也引起了人们的极大关注。这种有机-无机复合材料，能充分发挥两类材料的各自优势，极大地改善了电极的综合性能。

2007 年，Rios 等人采用电化学沉积法首先在钛片上沉积一层聚-3-甲基噻吩（PMeT）导电聚合物，然后再沉积一层 MnO_2，制备成 PMeT/MnO_2 复合电极，循环伏安测试表明，在 1mol/L 的 Na_2SO_4 溶液中，当扫描速度为 20mV/s 时，其复合材料的比电容为 218F/g（基于 MnO_2 质量的比电容达 381F/g），比纯的 MnO_2 电极的比电容（122F/g）要高很多。研究发现，比电容的增加是由于预先沉积的 PMeT 物质改变了电极的表面形貌，当再沉积 MnO_2 后，会形成一层多孔和粗糙的表面，增大了电极的比表面积，从而使比电容提高。

Liu 等人采用一步电化学共沉积法在多孔氧化铝膜中制备了 MnO_2 与聚乙撑二氧噻吩（PEDOT）同轴纳米线。在 1mol/L 的 Na_2SO_4 溶液中，当电流密度由 5mA/cm^2 增大到 25mA/cm^2 时，MnO_2/PEDOT 同轴纳米线比电容由 210F/g 变为 185F/g，保持率高于 85%，说明这种复合材料具有非常好的倍率特性；而采用相同方法合成的 MnO_2 纳米线的比电容由 215F/g 迅速衰减至 80F/g。究其原因，这种特殊核壳结构的纳米线可以缩短离子的扩散距离，同时在 MnO_2 纳米线表面覆盖一层高电导率的 PEDOT，有利于电子的传输。

最近，采用剥离重组法制备出聚吡咯插层层状二氧化锰纳米复合材料。研究发现，该复合材料的室温电导率为 1.3×10^{-1}S/cm，比二氧化锰前体提高了 4~5 个数量级（6.1×

10^{-6} S/cm），在相同测试条件下，其比电容（241F/g）要明显高于层状二氧化锰前体的比电容（177F/g）和纯聚吡咯的比电容（146F/g），当充放电电流密度为 0.2A/g 时，复合材料的比电容为 290F/g；而在 2A/g 的充放电电流密度下，复合材料充放电循环 3000 次，比电容仅衰减了 3.5%，说明这种复合材料具有十分优越的循环稳定性。采用上述插层复合的方式（见图 4-8），可以实现导电聚合物（聚苯胺或聚吡咯）与二氧化锰分子级别的复合，同时提高了二氧化锰材料的导电性和导电聚合物的循环稳定性；此外，通过导电聚合物将二氧化锰层板撑开，还提高了复合材料的空隙率，这有利于离子在电极材料中的扩散。

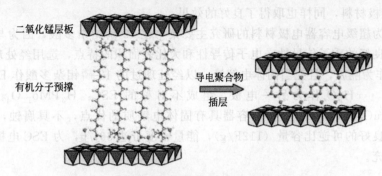

二氧化锰层板

有机分子预撑

导电聚合物
插层

图 4-8　导电聚合物插层复合二氧化锰结构示意图

(4) 导电有机聚合物系列

导电有机聚合物作 ESC 电极材料，可以用有机电解质和水电解质作电解液，其储能也主要是依靠法拉第准电容原理来实现。其最大的优点是可以在高电压下工作（3.0～3.2V），可弥补过渡金属氧化物系列工作电压不高的缺点，代表着 ESC 电极材料的一个发展方向。

导电有机聚合物作 ESC 电极材料时，发生的法拉第反应有 P 型和 N 型的"掺杂-未掺杂"之分。以聚噻吩为例，表示如下：

这种"掺杂-未掺杂"过程是一种充放电很快的电化学过程，而且充进的电荷是存放在这种材料的整个体积内，即能量是存放在整个材料内而不仅仅是局限在材料的表面上。从这点上看，它作为电极材料应用在超级电容器方面应该具有广阔的前景。

不同的导电有机聚合物有不同的 ESC 的设计模式，同时会带来不同的容量和工作电压范围。综合现有的有机聚合物的组装模式大致有以下几种：①基于两个"P-掺杂"的对称的超级电容器；②基于两个"P-掺杂"的不对称的超级电容器；③基于"P-掺杂"和"N-掺杂"的对称的超级电容器，据文献，最后一种组装模式在能量和功率密度方面的前景最可观。

在 ESC 方面运用最广的导电有机聚合物是聚噻吩及其各种衍生物，之所以选中噻吩，是因为它极易官能化（function），而且相关的聚合物在"未掺杂"的状态下具有良好的稳定性。现在关于聚噻吩及其衍生物在 ESC 研究方面的文献有十篇之多。以聚-3-甲基噻吩为例，聚-3-甲基噻吩通过电化学方法在碳纸电极上生成，进行"P-掺杂"后，以聚碳酸丙烯酯-4-乙基铵-4-氟硼酸盐〔PC-$(NH)_4BF_4$〕为电解液，其容量可达 200F/g，功率密度

$\geqslant 500W$，可以达到美国能源部的要求。

直接用导电有机聚合物作电化学电容器电极材料时，会出现诸如电阻过大等缺点，所以，现在这方面研究的任务包括两方面：一是不断开发新型导电聚合物，不断提高这一系列ESC电极材料的比容量；二是将导电聚合物作为修饰膜，涂在导电性良好的物质（如活性炭）上，减小电阻，组合成无机、有机杂化ESC电极材料，充分利用两者的优点。

(5) 其他

除以上所述的四大系列ESC电极材料外，据文献报道，还有一些物质（比如杂多酸等）也用作ESC电极材料，同样也取得了良好的效果。

杂多酸作为超级电容器电极材料的研究主要集中在12-磷钼杂多酸，因为与其他杂多酸相比，它具有良好的质子传导性、电子传导性和大比表面积的特点，选用经处理过后的Nafion 117薄膜作为隔膜，且充当固体电解液，以经处理过的12-磷钼杂多酸作ESC电极，水合的 $H_xRuO_2 \cdot xH_2O$ 作为另一电极，组成不对称的ESC：$H_3PMo_{12}O_{40}\text{-}nH_2O//Nafion117//H_xRuO_2 \cdot xH_2O$。这种电容器具有固体电解质的优点，不具腐蚀，操作使用方便；且也具有良好的可逆比容量（112F/g），能量密度可达36J/g，为ESC电极材料的发展做了有益的补充。

习题

1. 简述影响化学电源性能的关键因素。
2. 电池在充放电过程中电压发生变化的原因是什么？如何减小电池端电压的变化？
3. 简述各类电池的用途。

5.1　电催化物理化学基础

5.1.1　金属的电子能带结构

用波矢量的电子能量的计算，并非在任何情形下都是成功的。然而在许多个有用的情形，例如图 5-2 中的一维金属晶格，用简化的模型仍是非常好的。

图5-2　长度受限一维晶格

在 N 个晶胞下的 ψ 函数，可以被视由各有 N 个相应规则的

第5章

电催化

　　本章介绍了电催化过程的物理化学基础，电催化反应的基本规律，电催化剂的一些重要特征，以及电催化作用下两个重要电极反应——氢电极反应和氧还原电极反应的特征和重要影响因素。

　　"电催化"一词是由 N. Kobosev 在 1935 年第一次提出，并在随后的一二十年由 Grubb 和 Bockris 等逐步推广发展。电催化作用下，电极、电解质界面上的电荷转移将加速进行。图 5-1 中，给出氧在钯、金以及各种钯-金合金中还原的极化曲线。在相同的电位下（0.7V）可以看出电化学反应速度取决于电极材料，在钯电极上的速度约较在金电极上的速度快25000 倍。

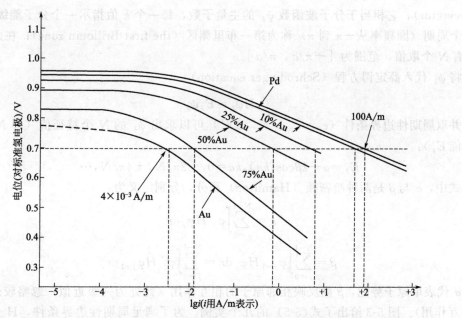

图 5-1　在 0.5mol/L H₂SO₄、25℃时氧在钯、金及一系列的合金上的电化学还原动力学

5.1 电催化物理化学基础

5.1.1 金属的电子能带结构

理解金属的电子能带结构可以从构造最简单的一维晶格开始。想象 N 个 H 原子均匀排列成如图 5-2 中的一维分子链，其原子间隔（即晶格常数）为 a。

图 5-2　H 原子的一维排列

此 N 个 H 原子的 1s 轨道（φ_0，φ_1，…，φ_{N-1}）可以线性组合成 N 个分子轨道 ψ_k：

$$\psi_k = \sum_{j=0}^{N-1} c_{kj}\varphi_j \tag{5-1}$$

式中，c_{kj} 为第 j 个原子轨道 φ_j 在第 k 个分子轨道 ψ_k 中的权重系数。

设 c_{kj} 为 j 的周期性（复）函数，且其圆频率为 ka：

$$c_{kj} = \cos(kaj) + i\sin(kaj) = e^{ikaj} \tag{5-2}$$

在此定义中，参数 k 既是 ψ_k 的标记（index）又是周期性函数 c_{kj} 的频率因子，因此 ψ_k 是具有特征圆频率为 ka 的周期性函数：

$$\psi_k = \sum_{j=0}^{N-1} c_{kj}\varphi_j = \sum_{j=0}^{N-1} e^{ikaj}\varphi_j \tag{5-3}$$

这一构造出来的 ψ_k 的函数形式被称为布洛赫函数（Bloch function）；k 被称为波矢量（wavevector），它相当于分子波函数 ψ_k 的主量子数，每一个 k 值指示一个分子能级。ψ_k 的第一个周期（圆频率从 $-\pi$ 到 π）称为第一布里渊区（the first Brillouin zone）；在此区间内 k 共有 N 个取值，范围为 $[-\pi/a，\pi/a]$。

将 ψ_k 代入薛定谔方程（Schrödinger equation）

$$\hat{H}\psi_k = E_k\psi_k \tag{5-4}$$

并取周期性边界条件（$c_0 = c_N$，$N > 2$ 时）可以求出 ψ_k 的 N 个特征值（即 N 个能级的势能 E_k）：

$$E_k = \alpha + 2\beta\cos(k\alpha),k\alpha = 0,\pm 2\pi/N,\pm 4\pi/N,\cdots \tag{5-5}$$

式中，α 与 β 是两种哈密顿（Hamilton）积分，分别定义为：

$$\alpha = \sum_{j=0}^{N-1}\int \varphi_j^* \hat{H}\varphi_j \, dr \tag{5-6}$$

$$\beta = \sum_{j=0}^{N-1}\int \varphi_{j-1}^* \hat{H}\varphi_j \, dr = \sum_{j=0}^{N-1}\int \varphi_j^* \hat{H}\varphi_{j+1} \, dr \tag{5-7}$$

α 代表单原子势能，β 则反映相邻原子的相互作用（此处为一级近似，忽略较远原子间的相互作用）。图 5-3 给出了式(5-5) 的几个实例。为了满足周期性边界条件，H 分子链须首尾相接成环。随着环中原子数 N 的增加，分子轨道的能级数也相应增加；从每一个能级的 k 取值可以算出该能级的势能 E_k，某些 E_k 因正负频率的对称性而简并。当 N 趋近 ∞

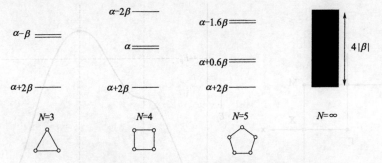

图 5-3　符合周期性边界条件的 H 分子环能级谱，N 为 3～∞

时，能级相互重叠形成连续的能带。

　　能带的下半部分能级（$k \in [0, \pi/2a]$）为成键能级，上半部分能级（$k \in [\pi/2a, \pi/a]$）为反键能级；最高电子占有能级（k_F）称为费米能级（Fermi level）E_F（适用于金属的定义，非严格的热力学定义）。能带中的最高能级（$k = \pi/a$）与最低能级（$k = 0$）的势能差称为带宽（bandwidth），图 5-3 中带宽为 $4|\beta|$（β 为负数）。带宽是一个重要的物理参数，它反映了晶格中原子间相互作用的程度。缩小原子间距（压缩晶格）将使重叠更充分（β 变大），能带走向变陡（带宽增大）；反之，扩张晶格将使能带走向变缓（带宽减小）。

　　需要指出的是，这种晶格变形所引起的能带伸缩在势能上是不对称的。例如，晶格收缩时反键能级上升的幅度大于成键能级下降的幅度，因此能带的重心（E_c）上移；反之，晶格扩张使 E_c 下移。同理，E_F 也随晶格变形而移动，但其移动方向或幅度可能与 E_c 不同。

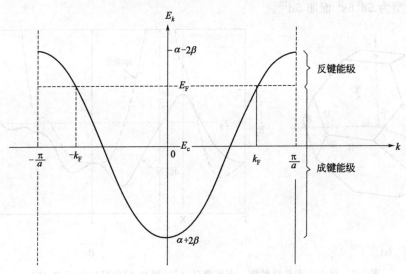

图 5-4　一维 s 能带的第一布里渊区结构

　　图 5-4 是最简单的一维能带结构，是由 s 原子轨道组成的 s 能带，与其他原子轨道（如 p、d）组合形成的能带在形状上（带宽、走向）有所不同。对于二维和三维晶格，其能带结构与一维晶格类似。例如由 H 原子组成的二维正方晶格，其布里渊区是如图 5-5（a）所示的正方形，其 s 能带结构图由若干一维能带组成 [如图 5-5（b）所示]，代表 E_k 在布里渊区中沿着某些典型方向（Γ→X→M→Γ）的变化。

　　对于三维晶格，布里渊区从低维的线、面变成体积，例如图 5-6（a）所示的面心立方（FCC）晶格的第一布里渊区。三维晶格的能带结构图也由布里渊区中典型方向上的一维能

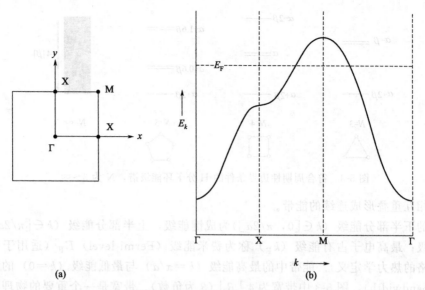

(a)

(b)

图 5-5　二维正方晶格的第一布里渊区（a）和 s 能带结构（b）

带组成，例如 Pt 的价带结构。从图 5-6（b）中可以看到，sp 杂化能带与 d 能带相互重叠，共同形成未充满的价带（valence band）。大部分 sp 能级的势能高于 d 能级，但有一部分 sp 能级的势能低于 d 能级（例如在 Γ→X 方向上）。sp 能带的势能分布范围较宽，E_F 位于能带下部；d 能带的势能分布范围较窄，E_F 位于能带上部。从这些价带特征可以理解为什么 Pt 的电子构型为 $5d^9 6s^1$ 而非 $5d^{10}$。

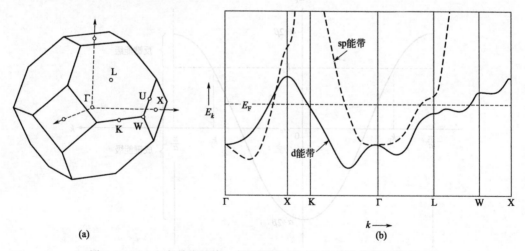

(a)

(b)

图 5-6　面心立方晶格的第一布里渊区（a）和 Pt 的价带结构示意（b）

综上所述，不管是一维晶格还是三维晶格，其能带结构都是 E_k-k 关系曲线，区别在于 k 由一维的标量变成三维的矢量。这种函数空间称为 k 空间（也称倒易空间、动量空间），它是我们熟悉的实空间的傅里叶变换（Fourier transform）。布洛赫分子轨道其实就是构成晶格的原子轨道的傅里叶变换，函数变量由 j 变换成 k。

能带结构的 k 空间（频率空间）描述方式在实际应用中常显得不够直观，另一常用的（化学工作者更乐于采用的）能带结构表示方法是态密度曲线 DOS（E）。态密度（density of states，DOS）是指能带中的能级数目在线性势能标度（E）上的分布。换言之，DOS 代表能带中的能级数目 n 随势能 E 的变化率：

$$\mathrm{DOS}(E)=\mathrm{d}n(E)/\mathrm{d}E \tag{5-8}$$

$n(E)$ 是第一布里渊区中所有方向上势能为 E 的能级总数，因此 $\mathrm{DOS}(E)$ 代表整个布里渊区的平均能级密度分布，不具有正负对称性与空间方向性。

在 $E_k\text{-}k$ 能带结构中，k 值是能级的编号，在 $\mathrm{d}E$ 范围内的 k 值变化 $\mathrm{d}k$ 应正比于能级数目的变化 $\mathrm{d}n$，因此

$$\mathrm{DOS}(E)\propto\mathrm{d}k/\mathrm{d}E \tag{5-9}$$

即 $\mathrm{DOS}(E)$ 正比于 $E_k\text{-}k$ 曲线的斜率的倒数。换言之，在 $E_k\text{-}k$ 能带结构图中，能带的走向越缓，该 E_k 下的 DOS 越大；相反，能带走向越陡，该 E_k 下的 DOS 越小。

根据量子力学计算得到 Pt 价带态密度曲线。为了方便描述势能高低与能带上下移动，书中采用以 E 为纵坐标、DOS 为横坐标的习惯。书中 $\mathrm{DOS}(E)$ 曲线的噪声是计算过程对布里渊区的 k 点采样不足造成的，真实的结果应该比较光滑。对于过渡金属，其 $\mathrm{DOS}(E)$ 能带结构的特征是 d 能带与 sp 能带交叠；d 能带窄而高，sp 能带宽而平。

与图 5-6（b）的 $E_k\text{-}k$ 曲线相比，文献中的 $\mathrm{DOS}(E)$ 曲线虽然失去了空间细节，但较简明地反映了材料整体的电子结构特征。$\mathrm{DOS}(E)$ 是 $n(E)$ 的微分，因此从带底至 E_F 对 $\mathrm{DOS}(E)$ 曲线进行积分可得到该能带中的电子占有能级数 N_f：

$$N_\mathrm{f}=\int^{E_\mathrm{F}}\mathrm{DOS}(E)\mathrm{d}E \tag{5-10}$$

N_f 乘以 2 便是能带中的填充电子数。

5.1.2 吸附质与金属表面的相互作用

金属可以看作一个大分子，其分子波函数 ψ 是由每个金属原子波函数 φ 线性组合而成的周期性函数，如式（5-11）所示。式中的权重系数 c_{kj} 代表原子 j 对 ψ_k 的贡献。对于一个已知的分子轨道 ψ_k，原子 j 的贡献可由以下积分求得：

$$c_{kj}=\int\varphi_j^*\psi_k\,\mathrm{d}r \tag{5-11}$$

c_{kj} 称为分子轨道 ψ_k 在原子轨道 φ_j 上的投影。在 φ_j 上找到一个电子的概率是 $|c_{kj}|^2$，它代表 φ_j 在金属态密度曲线 $\mathrm{DOS}(E)$ 上的权重。

采用这种方法，我们可以将金属的 $\mathrm{DOS}(E)$ 曲线分解成各组成原子的贡献之和，每一组分称为局部态密度曲线 $\mathrm{LDOS}(E)$ 或投影态密度曲线 $\mathrm{PDOS}(E)$，它与相应原子的局部化学环境直接相关。

在电催化研究中，金属表面的反应活性与表面原子的 $\mathrm{LDOS}(E)$ 直接相关，因此讨论催化活性时经常使用的是金属表面原子的 $\mathrm{LDOS}(E)$ 曲线，而不是金属本体的 $\mathrm{DOS}(E)$ 曲线。图 5-7 是 Pt 的 d 能带在三种基本晶面上的原子的投影，可以看出它们在曲线形状上有所差异，且 d 能带的宽度随 Pt(110)＜Pt(100)＜Pt(111) 的顺序增大。这些差别显然是不同晶面 Pt 原子的排布方式不同所导致的。如图 5-7 中的插图所示，Pt(111) 表面原子排布最紧密，原子波函数重叠最充分，因而能带较宽；Pt(110) 表面的原子密度最低，因而能带较窄。

由于能带中的总能级数是不变的（图中三个 LDOS 曲线与 E 轴所包围的面积不变），能带增宽必然导致平均 $\mathrm{DOS}(E)$ 变小，即 ΔE 范围内的平均能级数减少。从图中可以看出，费米能级上的态密度 $\mathrm{LDOS}(E_\mathrm{F})$ 在三种 Pt 基本晶面的变化趋势是按 Pt(110)＞Pt(100)＞

Pt(111) 的顺序减小，符合上述判断。

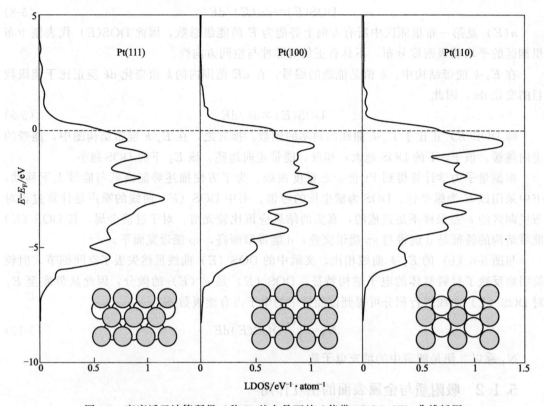

图 5-7　密度泛函计算所得三种 Pt 基本晶面的 d 能带 LDOS（E）曲线插图

（表面原子排布：灰色为第一层，白色为第二层）

另外，由于 Pt（110）的 d 能带窄于其他两个晶面的 d 能带，因此其能带重心 E_c 与 E_F 的距离较小，或者说与其他两种晶面相比 Pt（110）的 E_c 相对于 E_F 上移。E_c 与 E_F 的距离是一个重要的参数，它与金属的表面反应性密切相关。

如果对图 5-7 中三个 LDOS（E）曲线进行积分还可以发现，Pt（111）与 Pt（100）的 d 能带电子占有能级数 N_f 相同，但 Pt（110）的 N_f 较小。换言之，Pt（110）的 d 能带空穴数（未占有轨道数）较大。金属 d 能带空穴数在不少文献报道中也被作为指示表面反应性的一个重要参数。

反应物分子在金属表面发生化学吸附，从成键的角度看，是分子与金属表面原子（簇）形成了化学键；从能量的角度看，是分子的前线轨道与金属的价带相互作用，吸附态的分子势能降低；从几何的角度看，金属表面形成了含吸附分子的二维超晶格，其晶格常数反比于吸附分子的覆盖度。

以 CO 吸附在 Pt（111）表面为例。图 5-8 是采用密度泛函计算获得的 CO 吸附前后 Pt（111）金属板的 LDOS（E）曲线，其中 CO/Pt（111）超晶格的 LDOS（E）包含 CO 的贡献。采用上述 LDOS 分解方法可以得到此能带在 CO 分子上的投影，即 CO 的 LDOS（E）[如图 5-8（b）所示]。对比图 5-8（b）中的能级分布情况与气相 CO 的分子轨道 [图 5-8（c）]可以很清楚地看出 CO 分子是如何与 Pt（111）表面发生化学键合的。

CO 分子轨道中的成键能级（5σ、1π、4σ 等）对吸附的贡献较小。1π 轨道对吸附完全没有贡献，在 CO_{ads} 的 LDOS（E）中保持着相同的势能高度；4σ 与 5σ 轨道则发生了明显

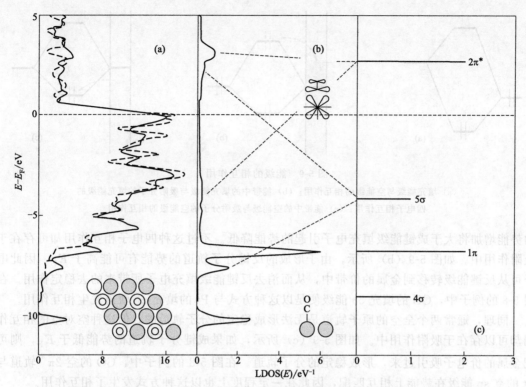

图 5-8 (a) 表面吸附 1/4 单层 CO 的 Pt(111) 板（厚度为 4 层金属）的 LDOS(E) 曲线，
虚线为无 CO_{ads} 的 LDOS(E)；(b) CO/Pt (111) 的 LDOS(E) 中的 CO 贡献（投影）；
(c) CO 的前线分子轨道

的下移，这是与金属价带能级发生相互作用的结果。5σ 轨道下移较显著，且发生能级分裂，有一小部分上移至 E_F 以上成为反键能级。

对吸附贡献最大的是 CO 分子轨道中的空的反键轨道 $2\pi^*$，它与 Pt 价带中多个填充的 d 能级杂化产生离域的能带，伸展至 E_F 以下的能级成为新的成键轨道；E_F 以上的能级则为反键轨道。如果对图 5-8 (b) 中 CO_{ads} 的 LDOS (E) 曲线进行积分，可以得到填充电子数为 9.4；而图 5-8 (c) 中气相 CO 的三个成键能级（5σ、1π、4σ）上原本只有 8 个电子，吸附后 CO_{ads} 轨道中多出的 1.4 个电子显然是 Pt 的 d 电子填充到新产生的 Pt-CO 成键轨道所致，即形成了所谓的反馈 π 键。

总之，分子在金属表面的吸附作用是分子的前线轨道（上例中的 5σ 与 $2\pi^*$）与金属的价带相互作用的结果，其中吸附分子的最低空轨道（LUMO）与金属的填充 d 能级之间的杂化作用对成键贡献最大。如果进一步对表面 Pt 原子的 LDOS (E) 进行分解，还可以看到与 CO 的 $2\pi^*$ 轨道发生杂化的是 Pt 的 d 轨道中对称性匹配的 xz 与 yz 轨道。

从这些分析中可以看出，虽然金属的分子轨道是离域的，但吸附作用在空间上还是具有很大的定域性，吸附分子与表面金属原子之间的相互作用在很大程度上与双原子分子中的定域的键类似。如图 5-9 (a) 所示的填充能级与空能级之间的相互作用是最常见的双原子成键方式，由于成键分子轨道在势能上低于原子轨道，因此两个原子相互吸引。图 5-8 (b) 中 CO 空能级 $2\pi^*$ 与 Pt 填充 d 能级之间的相互作用便属于这种成键方式。

吸附分子与金属表面的相互作用也有其特殊之处。在普通的双原子相互作用中，如果两个原子轨道均已充满电子，则无法形成稳定的四电子分子轨道，因为反键能级填充电子引起

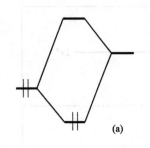
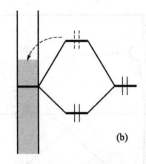
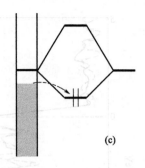

图 5-9 能级的相互作用

(a) 填充能级与空能级的相互作用；(b) 能带中的填充能级与吸附分子的填充能级的
四电子相互作用；(c) 能带中的空能级与吸附分子的空能级的相互作用

的势能增加将大于成键能级填充电子引起的势能降低。不过这种四电子相互作用却可存在于吸附作用中。如图 5-9 (b) 所示，由于形成的反键分子轨道的势能有可能高于 E_F，因此电子可从反键能级转移到金属的价带中，从而消去反键能级填充电子所带来的去稳定作用。在图 5-8 的例子中，CO 的填充 5σ 能级便是以这种方式与 Pt 的填充 z^2 轨道发生相互作用。

同理，通常两个全空的原子轨道是无法形成稳定的分子轨道的，但这种空对空的相互作用却可以存在于吸附作用中。如图 5-9 (c) 所示，如果成键分子轨道的势能低于 E_F，则可把金属的价电子吸引过来，形成稳定的分子轨道。在图 5-8 的例子中，CO 的空 $2\pi^*$ 轨道与 Pt 的空 sp 能级在势能上相互匹配，因此在一定程度上也以这种方式发生了相互作用。

吸附分子与金属表面的成键，是以削弱表面内或分子中原有的化学键为代价的，因为电子必须从原有的轨道（部分）转移到新的轨道，同时体系势能降低。分子在表面的吸附方式、吸附位点的选择性，是势能降低最大化原则决定的。新生成的吸附键越强，对原有的老的键的破坏就越大。极端的情况是分子或表面中原有的化学键发生断裂，即表面发生重构，或者吸附分子发生解离。

5.2 电催化反应的基本规律

电极反应是伴有电极/溶液界面电荷传递步骤的多相化学过程，其反应速度不仅与温度、压力、溶液介质、固体表面状态、传质条件等有关，而且受施加于电极/溶液界面电场的影响：在许多电化学反应中电极电势每改变 1V 可使电极反应速度改变 10^{10} 倍，而对一般的化学反应，如果反应活化能为 40kJ/mol，反应温度从 $25℃$ 升高到 $1000℃$ 时反应速度才提高 10^5 倍。显然，电极反应的速度可以通过改变电极电势加以控制，因为通过外部施加到电极上的电位可以方便地改变反应的活化能。其次，电极反应的速度还依赖于电极/溶液界面的双电层结构，因为电极附近的离子分布和电位分布均与双电层结构有关。因此，电极反应的速度可以通过修饰电极的表面而加以调控。

许多化学反应尽管在热力学上是有利的，但它们自身并不能以显著的速率发生，必须利用催化剂来降低反应的活化能，提高反应进行的速度。电催化反应是在电化学反应的基础上，用催化材料作为电极或在电极表面修饰催化剂材料，从而降低反应的活化能，提升电化学反应的速率。电催化反应速度不仅由催化剂的活性决定，还与界面电场及电解质的本性有关。由于界面电场强度很高，对参加电化学反应的分子或离子具有明显的活化作用，使反应所需的活化能显著降低，因而大部分电化学反应可以在远比通常化学反应低得多的温度下进行。电催化即通过增加电极反应的标准速率常数，而使得产生的法拉第电流增加。在实际电催化反应体系中，法拉第电流的增加常常被另一些电化学速率控制步骤所掩盖，所以通常在给定的电流密度下，可以从电极反应具有低的过电位来简明直观地判明电催化效果。

电催化的共同点是反应过程包含两个以上的连续步骤，且在电极表面上生成化学吸附中间物。许多由离子生成分子或使分子降解的重要电极反应均属电催化反应，主要分成两类。

(1) 第一类反应

离子或分子通过电子传递步骤在电极表面产生化学吸附中间物，随后化学吸附中间物经过异相化学步骤或电化学脱附步骤生成稳定的分子，如氢电极过程、氧电极过程等。

① 酸性溶液中氢的析出反应（HER）。

$$2H_2O \longrightarrow 2H_2 + O_2 \text{（总反应方程式）} \tag{5-12}$$

$$H^+ + M + e^- \longrightarrow MH \text{（质子放电 Volmer）} \tag{5-13}$$

$$MH + MH \longrightarrow H_2 + 2M \text{（化学脱附或表面复合 Tafel）} \tag{5-14}$$

$$H^+ + MH + e^- \longrightarrow H_2 + M \text{（电化学脱附 Heyrovsky）} \tag{5-15}$$

② 氢的氧化反应（HOR）。分子氢的阳极氧化是氢氧燃料电池中的重要反应，而且被视为贵金属表面上氧化反应的模型反应，包括解离吸附和电子传递，过程受 H_2 的扩散控制。

$$H_2 + 2Pt \longrightarrow 2PtH \tag{5-16}$$

$$PtH \longrightarrow Pt + H^+ + e^- \tag{5-17}$$

氢电极的反应是非常重要的反应，它有诸多方面的应用：第一，氢电极反应用来构建参比电极，如标准氢电极（SHE）和可逆氢电极（RHE）；第二，氢的吸脱附反应在发展电化学理论方面具有重要作用；第三，许多重要的电化学过程都包含氢析出反应，如电解、电镀、电化学沉积等；第四，氢阳极氧化反应是质子交换膜燃料电池的阳极反应。

③ 氧的还原反应（ORR）。氧的还原反应是燃料电池的阴极还原反应，其动力学和机理一直是电化学领域的重要研究课题。在水溶液中氧的还原可以按以下两种途径进行。

a. 直接的四电子途径（以酸性溶液为例）：

$$O_2 + 4H^+ + 4e^- \longrightarrow 2H_2O(E = 1.229V) \tag{5-18}$$

b. 二电子途径（或称过氧化氢途径）：

$$O_2 + 2H^+ + 2e^- \longrightarrow H_2O_2(E = 0.67V) \tag{5-19}$$

$$H_2O_2 + 2H^+ + 2e^- \longrightarrow 2H_2O(E = 1.77V) \tag{5-20}$$

直接的四电子途径经过许多中间步骤，期间可能形成吸附的过氧化物中间物，但总结果不会导致溶液中过氧化物的生成；而过氧化物途径在溶液中生成过氧化物，后者再分解转变为氧气和水，属于平行反应途径。如果通过二电子途径反应生成的过氧化氢离开电极表面的速度增加，则过氧化氢就是主产物。对于燃料电池而言，二电子途径对能量转化不利，氧气只有经历四电子途径的还原才是期望发生的。氧气还原是经历四电子途径还是二电子途径，电催化剂的选择是关键，它决定了氧气与电极表面的作用方式；而区别电极反应是经历四电子途径还是二电子途径的方法，是通过旋转圆盘电极和旋转环盘电极等技术检测反应过程中是否存在过氧化物中间体。

(2) 第二类反应

反应物首先在电极表面上进行解离式或缔合式化学吸附，随后化学吸附中间物或吸附反应物进行电子传递或表面化学反应，如甲酸电氧化是通过双途径机理实现的。

① 活性中间体途径：

$$HCOOH+2M \longrightarrow MH+MCOOH \tag{5-21}$$

$$MCOOH \longrightarrow M+CO_2+H^++e^- \tag{5-22}$$

② 毒性中间体途径：

$$HCOOH+M \longrightarrow MCO+H_2O \tag{5-23}$$

$$H_2O+M \longrightarrow MOH+H^++e^- \tag{5-24}$$

$$MCO+MOH \longrightarrow 2M+CO_2+H^++e^- \tag{5-25}$$

在毒性中间体途径中生成的吸附态 CO 和其他含氧的毒性中间体的氧化，能够被共吸附的一些含氧物种所促进，对于 Pt 和 M 组成的双金属催化剂，在铂位上有机小分子（甲醇、甲酸、乙二醇等）发生解离吸附形成吸附态 CO，而被邻近 M 位上于较低电位下生成的含氧物种所氧化。因此，设计、制备双金属催化剂是提高有机小分子直接燃料电池性能的重要途径之一。

电催化反应与异相化学催化反应具有相似之处，同时电催化反应也具有自身的重要特征。突出的特点是电催化反应的速度除受温度、浓度和压力等因素的影响外，还受电极电位的影响，表现在以下几个方面：①在上述第一类反应中，化学吸附中间物是由溶液中物种发生电极反应产生的，其生成速度和电极表面覆盖度与电极电位有关；②电催化反应发生在电极/溶液界面，改变电极电位将导致金属电极表面电荷密度发生改变，从而使电极表面呈现出可调变的 Lewis 酸-碱特征；③电极电位的变化直接影响电极/溶液界面上离子的吸附和溶剂的取向，进而影响到电催化反应中反应物种和中间物种的吸附；④在上述第二类反应中形成的吸附中间物种通常借助电子传递步骤进行脱附，或者与在电极上的其他化学吸附物种（如 OH 或 O）进行表面反应而脱附，其速度均与电极电位有关。由于电极/溶液界面上的电位差可在较大范围内随意地变化，通过改变电极材料和电极电位可以方便而有效地控制电催化反应的速度和选择性。

5.3 电催化剂的电子结构效应和表面结构效应

大量事实证明，电极材料对反应速度和反应选择性有明显的影响。反应选择性实际上取决于反应中间物的本质及其稳定性，以及在溶液体相中或电极界面上进行的各个连续步骤的相对速度。电极材料对反应速度的影响可分为电子结构效应和表面结构效应。电子结构效应主要是指电极材料的能带、表面态密度等对反应活化能的影响；而表面结构效应是指电极材料的表面结构（化学结构、原子排列结构等）通过与反应分子相互作用，修改双电层结构进而影响反应速度。二者对改变反应速度的贡献不同：活化能变化可使反应速度改变几个到几十个数量级，而双电层结构引起的反应速度变化只有 1～2 个数量级。在实际体系中，电子结构效应和表面结构效应是互相影响、无法完全区分的。即便如此，无论是电催化反应或简单的氧化还原反应，首先应考虑电子效应，即选择合适的电催化材料，使得反应的活化能适当，并能够在低能耗下发生电催化反应。在选定电催化材料后就要考虑电催化剂的表面结构效应对电催化反应速度和机理的影响。由于电子结构效应和表面结构效应的影响不能截然分开，不同材料单晶面具有不同的表面结构，同时意味着不同的电子能带结构，这两个因素共同决定着电催化活性对催化剂材料的依赖关系。

5.3.1 电子结构效应对电催化反应速度的影响

尽管许多化学反应在热力学上是可以进行的,但它们的动力学进程很慢,甚至于反应不能发生。为了使这类反应能够正常进行,必须寻找适合的催化剂以降低总反应的活化能,提高反应速率。催化剂之所以能改变电极反应的速度,是因为催化剂和反应物之间存在的某种相互作用改变了反应进行的途径,降低了反应的超电势和活化能。在电催化过程中,催化反应发生在催化电极/电解液的界面,即反应物分子必须与催化电极发生相互作用。而相互作用的强弱主要取决于催化剂的结构和组成。催化剂活性中心的电子构型是影响电催化活性的一个主要因素。电极材料电催化作用的电子效应是通过化学因素实现的,目前已知的电催化剂主要是金属和合金以及其化合物、半导体和大环配合物等不同材料,但大多数与过渡金属有关。过渡金属在电催化剂中占优势,它们都含有空余的 d 轨道和未成对的 d 电子,通过含过渡金属的催化剂与反应物分子的接触,在这些电催化剂空余 d 轨道上形成各种特征的化学吸附键达到分子活化的目的,从而降低了复杂反应的活化能,达到了电催化的目的。具有sp 轨道的金属(包括第一和第二副族,以及第三、第四主族,如汞、镉、铅和锡等)催化活性较低,但是它们对氢的过电位高,因此在有机物质电还原时也常常用到。

对于同一类反应体系,不同过渡金属电催化剂能引起吸附自由能的改变,进而影响反应速度。电极材料的电子性质强烈地影响着电极表面与反应物种间的相互作用。图 5-10 给出各种不同金属对氧还原和氢析出反应的催化活性与结合能或活化能的火山形关系,从图中可以看出吸附能太大和太小,催化活性都很低,只有吸附能适中时,催化活性达到最大。表明优良的电催化剂与吸附中间物的结合强度应当适中,吸附作用太弱时,吸附中间物很易脱附,而吸附作用太强时中间物难于脱附,二者均不利于反应的进行。吸附能适中的催化剂,其电催化活性最好,火山形规律是对不同电极材料电催化活性进行关联的依据。

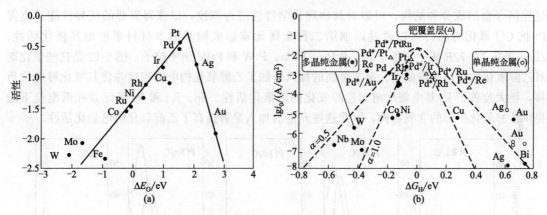

图 5-10 不同金属对氧还原(a)和氢析出反应(b)的催化活性
与其分子结合能或活化能的火山形关系

图 5-11 给出中性溶液中甲酸在不同的贵金属电极(Au、Pd、Pt 和 Rh)上氧化的 CV 曲线。可以看到在四种不同金属电极上甲酸氧化给出了完全不同的 CV 特征:不同的起峰电位和最大氧化电流密度,表明由于不同金属催化剂对甲酸氧化的活化能不同,导致甲酸氧化电位和电流强度的不同,显示出在不同催化剂上甲酸氧化催化活性的差异。

合金化、表面修饰都可以降低反应的活化能。已有研究表明,二元或三元贵金属纳米复合结构既具有其各个组元的特殊性能,又具有异质原子之间的协同作用产生的奇异效应。通

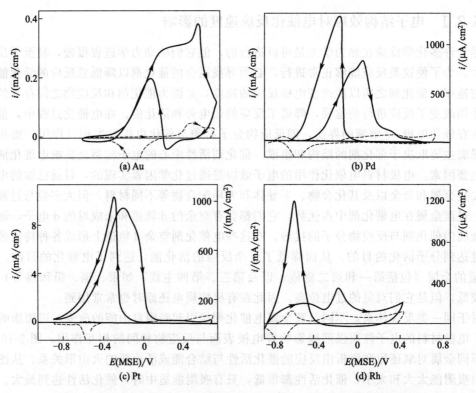

图 5-11 0.25mol/L K_2SO_4＋0.1mol/L HCOONa 溶液中甲酸在不同的
贵金属电极上氧化的 CV 曲线
（虚线为上述电极在支持电解质中的 CV 曲线）

过控制合金的成分和结构，可以对其物理化学特性进行调控，以获得需要的优异性能。改善
Pt 抗 CO 毒化的能力可以通过添加第二种金属元素形成铂基纳米材料来增加其催化活性。
Zhou 等在 XC-72R 碳上制备了 Pt、PtRu、PtSn、PtW 和 PtPd 纳米粒子，图 5-12 是这些催化剂
对乙醇氧化的循环伏安曲线。第二金属的加入增加了乙醇氧化的电流密度并使其氧化峰电位负
移，极大改善了 Pt 基电催化剂对乙醇氧化的电催化活性。Sn、Ru 和 W 等元素在低电位下能
提供乙醇氧化所需的含氧物种，因此这些元素的加入显著提高了乙醇氧化的电催化活性。

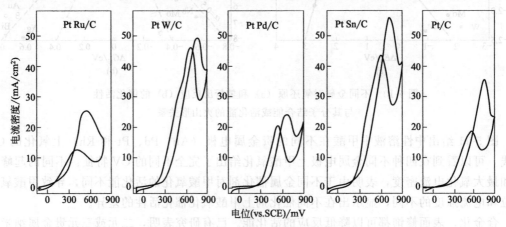

图 5-12 0.5mol/L H_2SO_4＋1.0mol/L 乙醇溶液中碳载铂基双金属电极
对乙醇氧化的循环伏安曲线

催化剂的合金化或表面修饰通过协同效应促进电催化反应的进行。如甲酸在 Pt 表面的电催化被认为是双途径机理，一个途径是甲酸在 Pt 上直接氧化生成 CO_2 的活性中间体过程，另一途径则是甲酸在 Pt 上通过连续的脱氢反应生成 CO，继而再氧化成 CO_2 的毒性中间体过程。甲酸在 Pt 上脱氢氧化成 CO 的过程是结构敏感的反应，需要铂表面原子的共同作用，通过进行表面修饰可以抑制生成 CO 过程，促进整个反应的进行。Motoo 小组制备了 Cu、Sn、Bi、As 和 Ru 修饰的铂电极，对吸附原子所占据的表面位和不同的表面状态对哪个途径有利都做了详细的研究。但这些都只是多晶 Pt 电极上的结果，无法精确评价催化剂活性提高的最佳途径。孙世刚等研究了不同表面结构的 R 单晶电极上 Sb 的不可逆吸附及其性能，以及甲酸电催化氧化反应动力学。发现 Sb 的不可逆吸附过程对铂单晶表面结构非常敏感，在循环伏安图上不同表面原子排列结构给出明显不同的吸脱附特征。Sb 在电极表面的吸附能抑制甲酸的解离吸附反应，实现甲酸经活性中间体的氧化。且 Pt（hkl）/Sb 电极对甲酸的催化活性与 Sb 在电极表面的覆盖度密切相关，只有当覆盖度下降到一定程度时才对甲酸的氧化表现出较高的催化活性。Sb 在电极表面的吸附改变了甲酸氧化反应的能垒。与无 Sb 修饰的电极相比，在 Pt（110）/Sb 和 Pt（331）/Sb 电极上负移了 220mV 和 100mV；而在 Pt（100）/Sb 电极上正移了 50mV。他们进一步用电位阶跃暂态技术研究了甲酸在 Pt（hkl）/Sb 电极上直接氧化反应的动力学，通过发展对 j-t 暂态曲线的积分变量解析方法，定量求解出反应速率常数 k_f、电荷转移系数 β 和表征 Sb_{ad} 对反应活化能影响的能量校正因子 γ 及其随铂单晶晶面结构的变化。

5.3.2　表面结构效应对电催化反应速度的影响

探明催化活性中心的表面原子排列结构十分重要。成分相同的催化剂对相同分子的催化活性存在显著差异，就是因为它们具有不同的表面几何结构。电催化中的表面结构效应起源于两个重要方面。首先，电催化剂的性能取决于其表面的化学结构（组成和价态）、几何结构（形貌和形态）、原子排列结构和电子结构；其次，几乎所有重要的电催化反应如氢电极过程、氧电极过程、氯电极过程和有机分子氧化及还原过程等，都是对表面结构十分敏感的反应。因此，对电催化中的表面结构效应的研究不仅涉及电催化剂的微观层次表面结构与性能之间的内在联系和规律，而且涉及分子水平上的电催化反应机理和反应动力学，同时还涉及反应分子与不同表面结构电催化剂的相互作用（反应分子吸附、成键，表面配位，解离，转化，扩散，迁移，表面结构重建等）的规律。

金属单晶面具有明确的原子排列结构，是研究电催化、多相催化反应的理想模型表面，因此作为模型催化剂得到了深入研究。金属单晶面，特别是铂族金属单晶面已被广泛用于 H_2 的氧化，O_2 的还原，CO、HCHO、HCOOH 和 CH_3OH 等 C_1 分子的氧化，CO_2 的还原和其他可作为燃料电池反应的有机小分子的氧化过程研究。对于同一种材料的催化剂，其表面结构的差异极大地影响其催化活性，如 Pt(111)、Pt(100)、Pt(110) 具有不同的表面结构，其对甲酸催化氧化的活性次序为：Pt(110)＞Pt(111)＞Pt(100)。将金属单晶面作为模型电催化剂开展研究，一个最直接的动因是通过对不同表面原子排列结构单晶面上催化反应的研究，获得表面结构与反应性能的内在联系规律，即晶面结构效应。进而认识表面活性位的结构和本质，阐明反应机理，从而在微观层次设计和构建高性能的电催化剂。

晶体之中，以其空间点阵任意 3 点构成的平面称为晶面。各晶面的特征用密勒指数（hkl）表示。绝大部分铂族金属为面心立方晶格，由它形成的晶面在球极坐标立体投影的单位三角形如图 5-13 所示。由此可见铂单晶面随 Pt 原子在三角形坐标系中不同的位置排列 [或不同的晶面指数 (hkl)]，呈现出不同的结构特征。（111）、（100）和（110）晶面位于三角形的 3 个顶点，被称为基础晶面或低指数晶面，其中（111）和（100）晶面最平整，表面没有台阶原子，（110）晶面可视为阶梯晶面，其（1×1）结构含有两行（111）结构平台和一个（111）结构台阶，在（111）、（100）和（110）晶面上原子的配位数分别为 9、8 和 7。其他晶面则为高指数晶面（h、k、l 中最少有一个大于 1），它们分别位于三角形的三条边（[$01\bar{1}$]、[001] 和 [$1\bar{1}0$] 3 条晶带）和三角形内部。位于 3 条边上的晶面为阶梯晶面，其中 [$01\bar{1}$] 和 [$1\bar{1}0$] 晶带上的晶面仅含平台和台阶，而 [001] 晶带上的晶面还含有扭结；位于三角形内部的晶面除平台和台阶外，都含有扭结，且具有手性对称结构。由于高指数晶面都含有台阶或扭结原子，其晶面结构较开放。位于 [001] 晶带上台阶原子是由配位数为 6 的扭结原子组成的，而位于 [$01\bar{1}$] 和 [$1\bar{1}0$] 晶带上的台阶原子不具有扭结原子的特征，其配位数为 7，而在三角形内部由于含有扭结原子并呈现手性，其配位数也为 6。

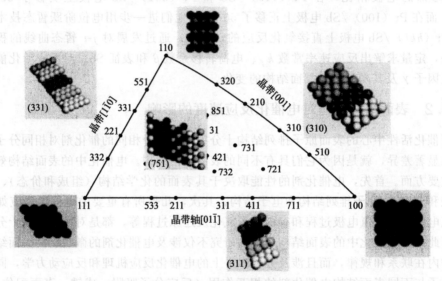

图 5-13 面心立方晶格单晶面的立体投影单位三角形

铂族金属是性能优良的催化材料，其中金属铂被称为"催化剂之王"。它们催化性能十分优异，但也极易吸附大气和溶液中的硫和有机物等而被毒化。在固/液界面环境中，最方便的方法是以氢或氧的吸附作为探针反应，以电化学循环伏安法原位表征单晶电极表面的结构，跟踪其变化。有关文献中提到，由 $0.5 mol/L H_2SO_4$ 溶液中 Pt 单晶的 3 个基础面、12 个阶梯晶面和 1 个手性晶面在不同电位范围内的循环伏安特征曲线可以看出，当扫描上限电位为 0.75V（SCE）（或更小）时，电位扫描过程中电极表面保持其确定的结构；但是，当电位向高电位区扫描至 1.2V（SCE）后，由于氧的吸附导致晶面结构重建，破坏了晶面原有的原子排列结构，使循环伏安特征明显改变；吸附氢的脱附曲线随着晶面结构的不同而变化，含有（100）短程有序结构的晶面，它们都在 0.01V 附近给出一个明显的特征峰，而含有（110）短程有序结构的晶面，相应明显特征峰则在 −0.13V 附近出现。在高电位下晶面被扰乱以后，这两个特征峰的峰电位不变，仅仅是峰电流发生改变。从扰乱的程度看，基础晶面被扰乱的程度较大，而阶梯晶面结构则相对较稳定。在以（100）为平台的 Pt（510）、

Pt（610）、Pt（911）、Pt（511）、Pt（311）、Pt（711）、Pt（991）、Pt（310）和 Pt（210）阶梯晶面上，在 0.10V 附近都观察到一个峰电流较小的电流峰。

上述 CV 特征反映了氢在原子排列结构明确的单晶面上脱吸附行为，已成为在固/液界面原位检测 Pt 单晶面结构的判据。进一步对 CV 曲线中氢吸脱附电流进行积分可得到氢的吸（脱）附电量：

$$Q(E) = \frac{1}{\nu} \int_{E_1}^{E} \left[j(u) - j_{dl} \right] du \tag{5-26}$$

式中，E 和 E_1 为氢吸脱附区间上限和下限；j_{dl} 为双电层充电电流（设为固定值）。

在 Pt(111)、Pt(100) 和 Pt(110) 三个基础晶面上 Q 的数值分别为 240、205 和 220μC/cm^2。在 Pt(111) 和 Pt(100) 上 Q 的数值与一个氢原子吸附在一个表面 Pt 位的理论值相近，说明这两个晶面在当前条件下保持了（1×1）的原子排列结构。但 Pt(110) 的数值比理论值（147μC/cm^2）大了约 1.5 倍，对应（1×2）的重组结构。正是各个晶面不同的原子排列对称结构，导致了氢吸脱附行为的差异。有关文献中提到随晶面结构（平台宽度、平台和台阶上的原子排列结构）变化，其 CV 特征发生了相应的变化。氢的吸脱附反应还可用于检测其他铂族金属单晶电极的结构及其变化，如 Ir、Rh、Ru 等可以吸附氢的金属。但是钯金属可以大量吸收氢，钯电极的 CV 曲线中主要为氢的还原吸收和氧化脱出电流，表面吸脱附电流被掩埋，因此常以氧的吸脱附反应为探针来检测固/液界面 Pd 单晶电极的结构。

以金属单晶面作为模型电催化剂的系统研究发现，具有不同原子排列结构的 Pt 单晶面，对指定反应具有不同的电催化性能。具有开放结构和高表面能的高指数晶面，其电催化活性和稳定性均显著优于原子紧密排列、低表面能的低指数晶面。阶梯晶面上平台与台阶组合形成了高活性的表面位，且因处于短程有序环境而十分稳定，表面原子具有低的配位数、高密度的台阶原子和悬挂键，例如 Pt(n10) $-$ [n(100)×(110)]（n=2，3，…）系列阶梯晶面的（110）台阶与相邻（100）平台原子形成的椅式六边形表面位，Pt(n+1，n−1，n−1) $-$ [n(111)×(100)]（n=2，3，4，…）和 Pt($2n$−1，1，1) $-$ [n(100)×(111)]（n=2，3，4，…）两个系列阶梯晶面的（100）或（111）台阶与相邻（111）或（100）平台原子形成的折叠式五边形表面位，根据上述发现，孙世刚小组提出了由 5~6 个原子组成，并且处于短程有序环境的电催化表面活性位的结构模型。

图 5-14（a）和图 5-14（b）为乙二醇在 [$1\bar{1}0$] 晶带的 Pt(111)、Pt(332)、Pt(331) 和 Pt(110) 4 个晶面上氧化的第一周期（a）和第十周（b）的 CV 曲线。可以看到，经火焰处理后表面原子排列结构明确的晶面对乙二醇氧化的电催化活性顺序为：Pt(110)＞Pt(331)＞Pt(332)＞Pt(111)，而循环扫描 10 周至 CV 曲线达稳定以后，其电催化活性顺序变为：Pt(331)＞Pt(110)＞Pt(332)＞Pt(111)。显然，在初始状态（明确表明原子排列结构）下，(110) 位的电催化活性远高于 (111) 位。经过十周电位循环扫描后，Pt(110) 晶面结构发生重建，形成 Pt(110) (1×2) 结构，其电催化活性降低。即在 Pt(110) 晶面上长程有序的 (110) 位并不稳定，导致其催化性能不稳定。如果仔细观察 Pt(331) 的原子排列结构模型，可发现位于阶梯和相邻平台的原子实际上构成了 (110) 对称结构，也即 Pt(331) 阶梯面均由这种位于阶梯和平台交界的 (110) 位（或椅式六边形活性位）组成。由于阶梯的存在，使这种短程有序的 (110) 位结构稳定，从而使 Pt(331) 晶面既具有较高的电催化活性，又具有较好的稳定性。从位于 [$01\bar{1}$] 晶带上 Pt(111)、Pt(511) 和 Pt(100) 3 个晶面对乙二醇氧化达稳定后的第 10 周 CV 曲线测得，其电催化活性顺序为 Pt(511)＞Pt(100)＞Pt

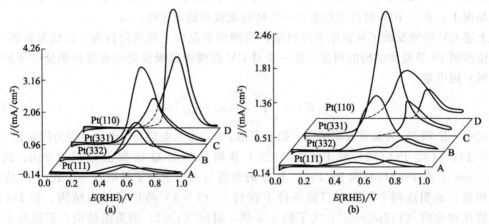

图 5-14　乙二醇 [1 $\overline{1}$ 0] 晶带的 Pt(111)、Pt(332)、Pt(331) 和 Pt(110)
4 个晶面上氧化的第一周期 (a) 和第十周 (b) 的 CV 曲线

(111)。CO$_2$ 还原也是结构敏感的反应，在研究位于 [001] 晶带上不同密勒指数铂单晶对 CO$_2$ 还原电催化活性时发现，随表面上 (100) 对称结构密度的降低，氢吸脱附电流受抑制程度逐渐明显，并且它的还原吸附态物种 (CO) 的氧化峰电流也表现出从 (100) 向 (110) 的特征过渡变化，对 CO$_2$ 还原的电催化活性随晶面上 (110) 台阶密度的降低而减小，即 Pt(210) ＞Pt (310) ＞Pt(510) ＞Pt(100)。

5.4　氢电极反应及其电催化概述

氢电极反应为氢析出反应 (hydrogen evolution reaction，HER) 和氢氧化反应 (hydrogen oxidation reaction，HOR) 的总称。氢电极电催化则是指与氢电极反应相关的各种表面与界面现象及过程，以及催化材料和研究方法等。事实上，对氢析出反应的研究远早于电催化概念的形成。对氢析出反应的研究早在 19 世纪后期就随着电解水技术的出现受到高度重视，并一直作为电化学反应动力学研究的模型反应。电化学中第一个定量的动力学方程，即 Tafel 方程，便是 Tafel 于 1905 年在对大量关于氢析出反应动力学数据进行分析归纳后得到的。

另外，早期的氢电极反应研究也为现代分子水平的电催化科学提供了思想基础。Tafel 一开始就提出了氢析出是通过电极表面的氢原子两两结合生成氢分子 (H＋H ⟶ H$_2$) 的观点。1935 年，Horiuti 等提出金属电极上氢析出反应的活化能取决于电极与氢原子键合作用的强弱的思想。另外，Frumkin 等早在 1935 年就在恒电流暂态测量中观察到氢的欠电势吸附现象，并将其与氢分子的氧化相关联。这些关于反应微观机理的分子水平思考一直推动着电催化研究的不断深入。

从应用角度而言，氢电极反应也同样重要。氢析出和氢氧化反应分别是电解水和燃料电池技术的阴极和阳极反应。这两种技术在氢能源体系中占据重要位置。另外，氢析出反应在各种电解合成以及材料保护等技术领域也具有重要作用。随着能源和环境问题的日趋严峻，有关氢电极反应的研究在近些年得到了新的关注。相关的研究对电极材料的选择设计至关重要。比如，在电解水和燃料电池中，需要发展对氢电极反应活性高的材料。而在许多电解合成技术以及碱性电池中，通常需寻找催化活性很低的电极材料以抑制氢电极反应的发生。

经过一个多世纪的研究，人们积累了关于各种电极材料上氢电极反应的大量数据和研究结果，对这些数据和结果的分析使得对反应机理和动力学形成了较为系统的认识。对于氢电极反应，

$$2H^+ + 2e^- \rightleftharpoons H_2 \tag{5-27}$$

目前熟知的是其可能涉及以下三种反应步骤（H_{ad} 代表吸附在电极表面的 H 原子，e^- 代表电子，M 代表电极表面）：

$$M + H^+ + e^- \rightleftharpoons M \cdots H_{ad} \quad (\text{Volmer}) \tag{5-28}$$

$$M \cdots H_{ad} + H^+ + e^- \rightleftharpoons M + H_2 \quad (\text{Heyrovsky}) \tag{5-29}$$

$$M \cdots 2H_{ad} \rightleftharpoons M + H_2 \quad (\text{Tafel}) \tag{5-30}$$

一般来说，任何一种反应历程一定会包括 Volmer 反应。所以，氢电极反应存在两种最基本的反应历程：Tafel-Volmer 机理和 Heyrovsky-Volmer 机理。至于以何种机理进行以及控制步骤是哪个反应，则依赖于电极材料，特别是其对氢原子的吸附强度。

早期的氢析出反应研究主要是通过极化曲线测量并依据 Tafel 曲线的斜率来判断反应机理，并获得反应的动力学数据，如交换电流密度等。一般认为，Tafel 曲线的斜率 b 与反应控制步骤有相应的对应关系。在大多数非 Pt 族金属电极表面，氢析出反应的 Taefl 效率为 $100 \sim 140 \text{mV/dec}$。研究者由此推测认为 Volmer 反应为速控步骤。关于 Pt 基催化剂表面的 Tafel 斜率和反应机理，目前仍未形成统一的认识。

无论以哪种机理进行以及控制步骤是什么，氢电极反应的一个基本特征是以吸附氢原子作为反应中间体。对于氢氧化反应而言，氢气首先在电催化剂表面发生吸附解离（Tafel 或 Heyrovsky 反应），生成吸附态的氢原子（或同时产生氢离子）；对于氢析出反应而言，溶液中的质子首先在电催化剂表面放电，生成吸附态的氢原子。因此，氢电极反应的活性和电极表面与氢原子的相互作用直接相关。自从 Horiuti 和 Polanyj 提出氢原子与金属之间的相互作用影响质子放电过程活化能的观点以来，关于氢电极反应活性与"金属-氢（M-H）"相互作用强度关系的研究一直受到关注。研究发现，氢电极反应的交换电流密度与 M-H 相互作用强度之间存在一个所谓的火山形（volcano）关系，即无论是作用太强或是太弱均不利于反应。在 M-H 作用适中的表面，交换电流密度达到最大值。这种反应活性与反应中间体在表面吸附强度的火山形关系事实上是催化和电催化反应普遍存在的一种规律（即 Sabatier 原理），也是催化剂材料设计筛选的依据。

关于不同金属和氧化物（特别是非 Pt 族金属）电极上氢电极反应的机理和动力学，已有很多的综述文章和书籍章节予以较详细的归纳评述。目前关于 Pt 基催化剂表面的氢电极反应仍有许多尚不十分明确或值得进一步讨论的问题。虽然我们知道 Pt 是氢电极反应最好的单金属催化剂，但关于 Pt 表面的氢电极反应到底有多快仍有争论。虽然我们知道氢电极反应的中间体为吸附态的氢原子，但关于其在表面的微观信息仍不明确。比如就有反应中间体为欠电势和过电势吸附氢的争论；对有些学者提出的过电势吸附氧，其和电化学循环伏安实验中观察到的欠电势吸附氢的本质区别仍不是很清楚。由于缺乏诸如此类的微观机理和动力学信息，电催化剂的尺寸、表面结构以及形貌等对活性的影响及其内在原因也难以确定。这严重地限制了催化剂的发展。

5.5 铂基催化剂上的氧还原电催化概述

氧还原是一个包含多个反应步骤以及四电子转移的复杂反应。在酸性与碱性介质中氧还原的总反应方程式分别如下：

$$O_2 + 4H_3O^+ + 4e^- \longrightarrow 6H_2O, E^\ominus = 1.23V(\text{vs. SHE}) \tag{5-31}$$

$$O_2 + 2H_2O + 4e^- \longrightarrow 4OH^-, E^\ominus = 0.404V(\text{vs. SHE}) \tag{5-32}$$

作为燃料电池的首选阴极反应，氧还原是电催化领域中一个十分重要的反应。自半个多世纪以来人们对电极材料（结构、粒径、组成）、电极电势、界面双电层结构对氧还原反应的影响开展了广泛的研究，并获得了大量原子、分子水平上的认识。这些认识也为理解催化作用与电的作用如何交互影响调控电极过程的机理与动力学并为建立电催化相关基本原理提供了很多重要的信息。

例如，以元素周期表中各种金属作为电催化剂所开展的系统研究表明，氧还原活性与氧原子的吸附能之间呈现火山形关系曲线。其中在酸性介质中，Pt 是所有单质金属中最好的氧还原催化剂。位于元素周期表左边的金属，其 d 轨道电子数较少，通常易与氧气形成氧化物，因此氧还原活性较低。而对于 Cu、Ag、Au、Zn、Cd 和 Hg，由于其 d 轨道为全充满，因此与氧分子作用较弱，很难打断 O—O 键，氧还原活性也较低。Pt 族金属，其表面原子与 O 的键能（Pt—O_x）既不是很强，也不是很弱，这样既能打断 O—O 键，同时还能让表面吸附的氧物种继续进行后续反应还原为水。这一规律与在固/气异相催化体系建立的 Sabatier 原理完全一致。

但是，即使在氧还原性能最好的铂电极上，无论在酸性还是碱性介质中阴极氧还原的超电势一直在 0.25V 以上。因此，对以氧还原为阴极反应的 PEMFCs 技术来说，通常为了能达到额定的输出电流，这类装置在工作时的阴极超电势高达 0.4V，而且还只有在阴极担载较多的贵金属催化剂才能实现。以低温质子交换膜燃料电池技术为例，目前用于阳极氢氧化的 Pt 催化剂担载量已降低到 0.05mg/cm²，但是阴极氧还原催化剂的担载量仍然在 0.4mg/cm² 以上，阳极与阴极的催化剂的总担载量接近 0.5g Pt/kW。由于 Pt 的储量有限（仅为 66000t），而且价格昂贵，如果采用目前的技术手段［每台汽车 50g Pt/(100kW)］，将所有 Pt 都用来生产燃料电池，只能生产出 400 万辆以燃料电池为动力的汽车。为了实现以质子交换膜燃料电池为动力电源的电动汽车的大规模产业化，就必须将阴极催化剂降低到 0.2g Pt/kW 以下（接近内燃机的尾气净化装置中的 Pt 族催化剂的用量水平，根据车型每台车 3～15g 不等）。

目前国内外对新型氧还原催化剂的研究主要集中在以下三个方面：①减小 Pt 基催化剂的粒径以提高贵金属的分散度来增加其比表面积以及制备具有特定表面取向的纳米催化剂，以提高单位活性位点的内在活性；②利用各种物理、化学手段，向 Pt 催化剂中添加其他金属元素组分使其合金化，或者将 Pt 分散到其他过渡金属、金属合金、核-壳结构或导电氧化物中，形成混合物、合金或表层仅含 Pt 的 Pt-Skin 型催化剂以提高单位活性位点的内在活性并同时降低催化剂的担载量；③开发非铂催化剂，譬如借鉴大自然中酶能催化氧气高效还原，利用各种方法制备与这类生物酶的活性中心类似的仿生催化剂，使用各种方法如热解碳负载或无负载的过渡金属有机化合物、无机化合物，导电高聚物担载的过渡金属，制备碳环上氮配位的过渡金属催化剂等。总的说来，除极个别的情形外，这类非贵金属催化剂的氧还原活性与长期稳定性远低于铂基纳米催化剂。尤其在酸性条件下工作时，还没有哪一种催化剂的氧还原活性可以和 Pt 相比。

习题

1. 简述电催化过程的分类。
2. 简述分子在电催化剂表面的吸附作用。
3. 分析催化剂电子结构效应和表面结构效应对电催化反应速度的影响。

按其与电极间相应距离下的浓度来计算，且其浓度待在下工过程一般发生，一种极化和热束分离程度的区别而扩已。

习题

1. 简述电极反应过程的极度。

2. 相比于无机电化学研究相关的物理。

3. 分析化学电电应电极的应度

第6章

光电化学

导言 ▶▶▶

  本章介绍了半导体的能带结构，金属/半导体界面的能带结构特征与性质，半导体/溶液界面的结构特征与性质，在此基础上重点掌握金属/半导体/溶液体系的光电化学特性，了解光电化学科学在电池、水解制氢以及阴极保护领域的应用。

6.1 半导体的能带结构

6.1.1 半导体中的能带结构及载流子种类

  晶体材料的导电性由导带与价带之间的禁带宽度决定（如图 6-1 所示）。当禁带宽度较大时，电子无法从价带跃迁到导带，从而使导带和价带都没有可以自由移动的载流子，在这种情况下材料属于绝缘体。当禁带宽度较小（禁带宽度为 $0.5 \sim 3$ eV），少量电子得到能量（如热激发）后能够从价带跃迁到导带，导带和价带均有可以自由移动的载流子，这时材料为半导体。如图 6-2 所示，电子在导带底、价带顶的能级及禁带宽度分别表示为：E_C、E_V 和 E_g。

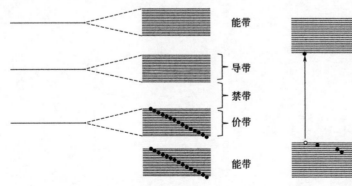

图 6-1 价带、导带和禁带

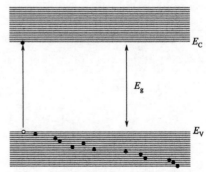

图 6-2 价带中的电子被激发到导带

  半导体中的载流子有两种：电子和空穴。被激发到导带中的电子可以自由移动，在电场的作用下这些自由电子能够定向移动形成电流。当价带中的电子被激发到导带中后，价带中留下空穴（如图 6-2 所示），空穴可以视为带正电荷的实体，能够在价带中移动，当电场存在时价带中的空穴也可以定向移动产生电流。可移动空穴存在于价带顶部（其最高能级即 E_V），这是因为电子倾向于存在能级较低（电位较高）处。综上，半导体中的载流子是导带中的可移动电子和价带中的可移动空穴。

需要说明的是，在数学上，电子与空穴的波函数延伸至整个晶体，而非定域在某个原子上。但若能带很窄，则电子波函数在某原子附近呈现最大值，电子和空穴实际上是定域的，迁移率很低。若能带很宽，则电子几乎是完全离域的，迁移率很高，导带属于此情况。所以通常说金属中有自由移动的电子。

6.1.2 本征半导体、施主、受主，N 型和 P 型半导体

不含任何杂质、没有缺陷的半导体称为本征半导体。上述能带结构模型是完整晶体的模型，对半导体来说，即为本征半导体的能带模型。在本征半导体中激发一个电子进入导带必然在价带中留下一个空穴，因此本征半导体中电子和空穴的浓度相等。本征半导体的费米能级 E_F 处于导带底和价带顶的中间。真实晶体中却常有杂质原子和各种缺陷，是不完整的晶体。此时，杂质和缺陷常引起定域能级。电子和空穴占据这些能级时自身的运动受到限制，成为定域的电子或空穴。向半导体中掺入杂质元素，就会在禁带中出现这种附加的定域能级。

(1) 施主（施主能级）

能够向半导体的导带中提供电子的杂质原子称为施主。如磷原子掺到晶体硅中，硅和磷的价电子分别为 4 个和 5 个。磷取代晶体中硅原子时，它有一个多余的电子无价轨道可占，不能进入价带。所以处于比价带（E_V）高的能级上，又同时受磷原子核的吸引，其轨道定域在磷原子周围，故也不进入导带。磷原子多余电子的能级 E_D 处于禁带中，当该定域能级被占据时，磷原子呈电中性；当电子被激发到导带中时，它带正电。所以磷原子是施主，如图 6-3(a) 所示。这种半导体被称为 N 型半导体，其自由电子浓度 > 空穴浓度，故称电子为"多子"，空穴为"少子"。

(2) 受主（受主能级）

能够接受或捕捉半导体价带中电子的杂质原子称为受主。如硼掺杂到晶体硅中后，硼在晶格中取代一个硅原子。由于硼只有 3 个价电子，所以将出现一个未被占据的价轨道，该轨道的能级成为受主能级 E_A，其能量高于正常价带。该空轨道可捕获价带中的电子，在价带中留下空穴。受主能级的特点是：当多余（空）轨道未被占据时，杂质原子呈电中性；被占据时，它为负电性。这种半导体称为 P 型半导体，其"多子"为空穴，自由电子是"少子"，如图 6-3(b) 所示。

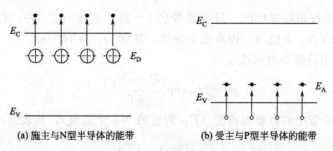

(a) 施主与N型半导体的能带　　　　(b) 受主与P型半导体的能带

图 6-3　施主能级与受主能级

一般情况下，施主能级（E_D）接近于导带底（E_C），受主能级（E_A）接近于价带顶（E_V）。但不应以杂质能级的位置区分施主与受主，因二者能级均可出现在禁带的任何地方。而应以其特征来区分，即施主能级被电子占据时呈电中性，受主能级被空穴占据时呈电中性。

6.1.3 半导体中的态密度与载流子的分布

由上述讨论知，半导体中起主要作用的是靠近 E_C 的电子和靠近 E_V 的空穴。通常，导带底与价带顶的态密度函数 $Z（E）$ 随电子能量 E 呈如下关系：

$$Z_C(E) = \frac{4\pi V(2m_{n*})^{\frac{3}{2}}(E-E_C)^{\frac{1}{2}}}{h^3} \tag{6-1}$$

$$Z_V(E) = \frac{4\pi V(2m_{p*})^{\frac{3}{2}}(E_V-E)^{\frac{1}{2}}}{h^3} \tag{6-2}$$

式中，m_{n*}，m_{p*} 分别为导带底、价带顶的电子和空穴的有效质量；V 为半导体晶体体积；h 为普朗克常数。

半导体在热平衡状态下，电子按费米-狄拉克（Fermi-Dirac）分布规律分布于不同量子态上，即某一量子态被电子或空穴占据的概率分别表示为式(6-3)和式(6-4)：

$$F(E) = \frac{1}{\exp\left(\dfrac{E-F_F}{kT}\right)+1} \tag{6-3}$$

$$1-F(E) = 1-\frac{1}{\exp\left(\dfrac{E-F_F}{kT}\right)+1} \tag{6-4}$$

在半导体中，E_F 处于禁带中，其与 E_C、E_V 的能量差远大于 kT，为使导带中量子态被电子占据的概率 $F（E）$ 最大，导带中的电子应当分布在导带底。而为使价带中量子态被空穴占据的概率 $1-F(E)$ 最大，空穴在价带中应当分布在价带顶。根据载流子的分布关系可以推导出导带中电子浓度为：

$$n_0 = N_C \exp\left(\frac{-(E_C-E_F)}{kT}\right) \tag{6-5}$$

式中，N_C 为导带中的有效态密度，其表达式为：

$$N_C = \frac{2(2\pi m_{n*}kT)^{\frac{3}{2}}}{h^3} \tag{6-6}$$

因为 $F（E）$ 是按指数变化的，只有导带底 $1 \sim 2kT$ 范围的 $Z（E）$ 有实际意义，因此可把导带视为 E_C 的 N_C 个能级，即有效态密度，通常 N_C 为 10^{25} m^{-3}。

同理可以推导出价带中空穴浓度为：

$$p_0 = N_V \exp\left(\frac{E_V-E_F}{kT}\right) \tag{6-7}$$

式中，N_V 为价带中的有效态密度（E_V 附近的 N_V 个能级），其表达式为：

$$N_V = \frac{2(2\pi m_{p*}kT)^{\frac{3}{2}}}{h^3} \tag{6-8}$$

根据式(6-5)和式(6-7)可以得到半导体中载流子的浓度积为：

$$n_0 p_0 = N_C N_V \exp\left(\frac{-(E_C - E_V)}{kT}\right) = N_C N_V \exp\left(\frac{-E_g}{kT}\right) \tag{6-9}$$

式(6-9)表明载流子浓度积与 E_F 无关，对于一定的材料，它只是温度的函数，与杂质无关。

(1) 本征半导体的费米能级与载流子浓度

因为本征半导体电子浓度与空穴浓度相等，即满足：

$$n_0 = p_0 \tag{6-10}$$

所以，将式(6-5)和式(6-7)代入式(6-10)后可得到本征半导体的费米能级 (E_F)：

$$E_F = \frac{E_C + E_V}{2} + \frac{\left[kT\ln\left(\dfrac{N_V}{N_C}\right)\right]}{2} \tag{6-11}$$

由于本征半导体中 $N_V \approx N_C$，因此上式表明 E_F 几乎处于禁带中间部位，如图 6-4(a) 所示。将式(6-11)代入式(6-5)和式(6-7)中可得到本征半导体的"本征载流子浓度" n_i：

$$n_i = n_0 = p_0 = (N_C N_V)^{\frac{1}{2}} \exp\left(\frac{-E_g}{2kT}\right) \tag{6-12}$$

上式两边平方得：

$$n_i^2 = N_C N_V \exp\left(\frac{-E_g}{kT}\right) \tag{6-13}$$

与式(6-9)对比可知：

$$n_0 p_0 = n_i^2 \tag{6-14}$$

式(6-14)表明：在一定温度下，半导体热平衡时载流子浓度积等于本征载流子浓度的平方，而与掺杂无关（尽管杂质不同时，电子与空穴浓度可以有很大差别）。

(2) 掺杂半导体的费米能级与载流子浓度

① N 型半导体。当半导体中掺杂部分施主原子时，载流子主要来自杂质原子的电离。当 $E_F < E_D$，且施主杂质电离能很小时，可认为施主杂质全部电离，其电子进入导带，如图 6-3(a) 所示。这时半导体中的多数载流子为导带中的电子，其浓度为：

$$n_0 = N_D \tag{6-15}$$

式中，N_D 是施主浓度。

根据式(6-14)和式(6-15)可以计算出半导体中空穴的浓度为：

$$p_0 = \frac{n_i^2}{N_D} \tag{6-16}$$

将式(6-15)代入式(6-5)可以求出掺杂后半导体的费米能级：

$$E_F = E_C + kT\ln\left(\frac{N_D}{N_C}\right) \tag{6-17}$$

在通常的掺杂浓度下，$N_D < N_C$，根据式(6-17)可知 N 型半导体的费米能级略低于导带底 E_C，如图 6-4(b) 所示。

② P 型半导体。当半导体中掺杂部分受主原子时，载流子主要来自杂质原子捕获电子在价带中留下的空穴。当 $E_F > E_A$ 时，且受主杂质与电子的结合能较大时，可认为受主杂质全部获得电子，在价带中留下大量空穴，如图 6-3(b) 所示。这时半导体中的多数载流子为

价带中的空穴，其浓度为：

$$p_0 = N_A \qquad (6\text{-}18)$$

式中，N_A 为受主浓度。

根据式(6-14) 和式(6-18) 可以计算出半导体中少子（电子）的浓度为：

$$n_0 = \frac{n_i^2}{N_A} \qquad (6\text{-}19)$$

将式(6-18) 代入式(6-7) 可以求出掺杂后半导体的费米能级：

$$E_F = E_V - kT \ln\left(\frac{N_A}{N_V}\right) \qquad (6\text{-}20)$$

在通常的掺杂浓度下，$N_A < N_V$，根据上式可知 P 型半导体的费米能级略高于价带顶 E_V，如图 6-4(c) 所示。

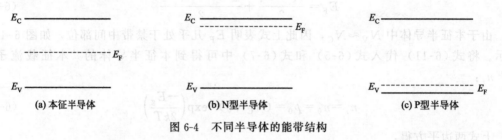

(a) 本征半导体   (b) N 型半导体   (c) P 型半导体

图 6-4　不同半导体的能带结构

6.2　金属/半导体界面的能带结构与性质

6.2.1　金属/半导体界面的能带结构

假设我们有一个功函数为 Φ_n 的均匀 N 型半导体和功函数为 Φ_m 的金属，使得 $\Phi_m > \Phi_n$。当两种材料彼此隔离时，费米能级将是独立的，如图 6-5(a) 所示。当它们进行电子接触时，费米能级必须对齐，如图 6-5(b) 所示，其结果是半导体和金属之间的真空能级变化（$\Phi_m - \Phi_n$）。在物理上，这是通过交换载流子来实现的。电子从半导体流向金属，在其后留下一层固定的正电荷，在金属上留下负电荷，直到建立的电荷梯度足以阻止进一步流动为止。此时，两层处于热平衡状态。半导体本体中的导带边缘处的能量低于与金属的界面处的能量，并且在结

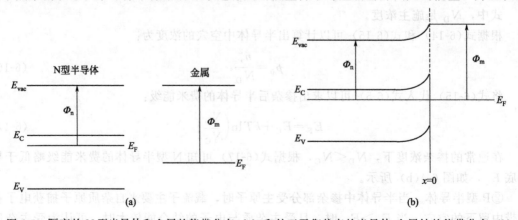

图 6-5　隔离的 N 型半导体和金属的能带分布（a）和处于平衡状态的半导体-金属结的能带分布（b）

附近存在静电场。静电势能的变化由图 6-5 中 E_{vac} 的变化表示，电场由 E_{vac} 的梯度表示。电位差由这两种材料的介电常数决定。由于金属在存储电荷方面比半导体差得多，因此实际上所有的电位差都在半导体中下降了。与任一侧的结相距一定距离时，电势差将停止变化，并且电场将降至零。这个距离在金属中是极短的，但在半导体中是显著的（通常在 1 μm 左右）。在这些区域内，材料带有净电荷。该区域称为结的空间电荷区域或空间电荷层，它对应于 E_{vac} 发生变化的区域。因为电子亲和力和带隙在半导体中是不变的，所以导带和价带必须能与 E_{vac} 平行变化，这通常称为带弯曲。能带在半导体中弯曲的总量由 qV_{bi} 给出，其中 V_{bi} 称为内置偏压。

可以从能带弯曲推断出结上的电荷分布。远离结点，n 和 p 将具有该掺杂水平的平衡值，$n \approx N_D$，$p \approx \dfrac{n_i^2}{N_D}$，材料是电中性的。现在从公式 $n = N_C e^{-(E_C - E_F)/kT}$，我们可以看到，随着 x 趋近结且 E_C 增加，n 将减小到其平衡值以下，从而 $n < N_D$，材料带正电。同时，由于 E_V 增大和 $p = N_V e^{-(E_F - E_V)/kT}$，可移动空穴的浓度增加。但是，$p$ 仍然非常小，获得的正电荷主要是失去了电子的固定电离给体原子。空间电荷区耗尽了载流子，通常被称为耗尽区或耗尽层。

因此，通过将 N 型半导体与功函数较大的金属相连，我们在靠近界面的层中建立了电场。显然，该场将驱动电子向左移动，使空穴向右移动，从而实现电荷分离。从电子到半导体，该接触的空穴电阻路径比电子小。这种结是肖特基势垒的一个例子。

6.2.2　光照下金属/半导体界面性质

现在假设用大于 E_g 的光子照射半导体。空间电荷层将使在半导体中产生的电子-空穴对分离，所以电子在半导体中积累，在金属中形成空穴（即从金属中移出电子）。这适用于通过界面处优先扩散所产生的扩散电流而远离场承载区生成的对。半导体将带负电，结的电位差将减小。如图 6-6 所示，远离结的电子准费米能级将比在黑暗中高，并且高于金属的费米能级。光线导致费米能级分裂。光生电子在 N 型半导体中的积累会提高电子费米能级并产生光电压 V，它产生的光电压 V 等于远离结的半导体和金属的费米能级之差。在光照下维持准费米能级差异的能力是光伏能量转换的关键要求。

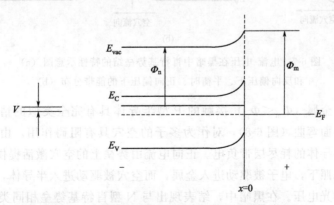

图 6-6　半导体-金属结在开路电位下的能带分布

6.2.3 暗态下金属/半导体界面性质

势垒的存在还控制着暗态下的电流-电压特性。N型半导体中的导电通常是通过电子流动实现的，界面对电子流动具有阻碍作用。在平衡状态下，电子在势垒上的热激活而产生的微小电流（激活电流）与空穴从半导体向金属漂移而产生的微小"泄漏"电流（泄漏电流）相平衡。当施加正向偏压时（半导体保持在比金属更负的偏压下），势垒高度降低，电子更容易越过势垒从半导体流向金属。随着势垒高度的减小，该正向电流大约呈指数增长。在反向偏压下，势垒高度增加，抑制了激活电流，将使反方向的泄漏电流减小，可移动孔密度低对其有限制作用。因此，该结优先在正向通过电流，并显示出"整流"特性（图6-7）（这是在第1章中提到的早期金属-半导体结的特殊属性，其归因于光伏行为）。在黑暗中，这种不对称的电流-电压行为是电荷分离的结果，也是大多数光伏设备的特性。功函数差越大，带弯曲越强，正向和反向电流的不对称性越大。

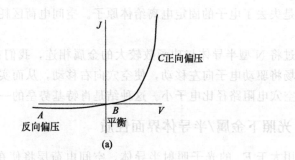

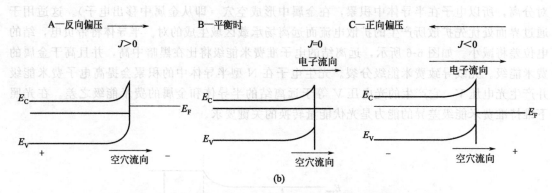

图6-7 电流-电压在黑暗中肖特基势垒结的特性示意图（a）
和反向偏压下、平衡时、正向偏压下的能带分布（b）

与较低功函数金属（$\Phi_m < \Phi_p$）接触的P型半导体具有完全类似的情况。在这种情况下，半导体带向界面弯曲（图6-8），对作为多子的空穴具有阻碍作用。由于电离的受体杂质的空间电荷，半导体的耗尽层带负电。正向电流由势垒上的空穴激活提供，反向电流由电子泄漏提供。在光照下，电子被驱动进入金属，而空穴被驱动进入半导体，并且半导体产生相对于金属为正的光电压。在黑暗中，结表现出与N型肖特基势垒相同类型的不对称电流电压行为，但极性相反。

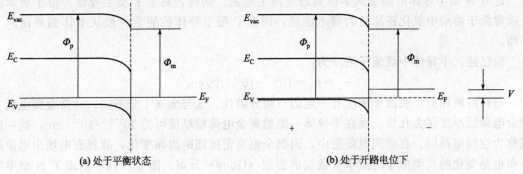

(a) 处于平衡状态   (b) 处于开路电位下

图 6-8   P 型半导体-金属结的能带分布

6.3   半导体/溶液界面的结构与性质

6.3.1   半导体/溶液界面的结构

我们已经知道，当金属电极与溶液接触后，由于原来各自的费米能级不同（$E_F \neq E_{F(O/R)}^{\ominus}$），因而电子在金属中和在溶液一侧氧化还原对中的能量不同，因此电子将自发地从能量高的一侧向能量低的一侧转移，即金属/溶液界面将发生电子转移，从而在界面两侧出现剩余电荷，建立一个界面电场。该界面电场将阻止电子的进一步转移，并最终达到动态平衡，使 $E_{F(O/R)}^{\ominus} = E_F$。

同理，半导体与溶液接触后也会发生界面电子转移。以 N 型半导体为例，当其与溶液接触后，由于 N 型半导体的费米能级高于溶液中氧化还原对的费米能级（$E_F > E_{F(O/R)}^{\ominus}$），半导体/溶液界面间发生电子转移，其结果是电子从 N 型半导体流向溶液中的氧化还原对，在半导体/溶液界面两侧建立一个界面电场，使得电子在界面的转移达到动态平衡，如图6-9所示。达到动态平衡后，$E_{F(O/R)}^{\ominus} = E_F$，界面电场在两相间产生的电位差为 φ_{Ψ}，当已知两相费米能级的差值时，不难得到：

$$\varphi_{\Psi} = \frac{E_F - E_{F(O/R)}^{\ominus}}{e_0} \tag{6-21}$$

式中，e_0 为电子电量。

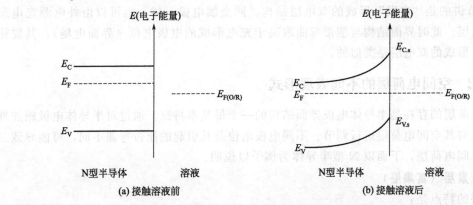

(a) 接触溶液前   (b) 接触溶液后

图 6-9   N 型半导体与溶液接触前后能带的变化

这时 N 型半导体的能带从本体到表面向上弯曲。同理，对于 P 型半导体，由于费米能级通常低于溶液中氧化还原对的费米能级，因此 P 型半导体的能带一般从本体到界面向下弯曲。

前已述，半导体中载流子浓度为：

$$n_0 = p_0 \approx 10^{13} \sim 10^{16} (\text{个}/\text{cm}^3)$$

与稀溶液相似，载流子浓度有一定的空间分散性。这与金属十分不同。通常金属电极上剩余电荷层厚度仅为几埃。而在半导体一侧的剩余电荷层厚度可达 $10^{-6} \sim 10^{-4}$ cm，这一区域称为空间电荷层。在空间电荷层中，因剩余电荷密度随距离而变化，故界面电场中电位的分布也是变化的，类似于溶液中分散层的古依（Gouy）分布。图 6-10(a) 给出了 N 型半导体与溶液接触后形成的空间电荷层。

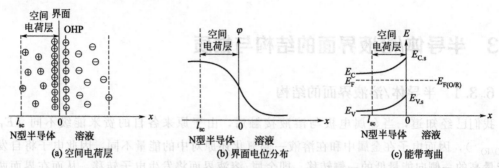

图 6-10　N 型半导体与溶液接触后形成的空间电荷层

界面电场的存在对半导体中电子能级产生影响，即空间电荷层中各点的电子均因附加的局部电位的存在而获得不同的附加位能 $-e_0\varphi_x$，由于界面（宏观）电场比固体中原子核对电子产生的位能场弱得多，所以只引起电子能级随附加的静电位能 $-e_0\varphi_x$ 而升降，造成能带的弯曲。由于空间电荷层的存在而引起半导体/溶液界面半导体一侧出现能带弯曲时，对能带弯曲的方向与程度应注意以下几点：

① 电位分布与能带弯曲方向取决于初始 E_F、$E_{F(O/R)}^{\ominus}$ 的相对位置。由于标度不同，电位标的正方向与电子能级标的正方向恰恰相反。

② 实际上界面还有吸附离子，表面态等形成剩余电荷，作为半导体/溶液界面双电层的其他来源（这一点类似于金属电极的偶极双层、吸附双层与表面电位差）。为突出重点和简化模型，图 6-10 及其分析中均略去了这一点。

③ 本节讲的是"自发"形成的双电层结构。同金属电极一样，也可以由外电源充电形成界面双电层。此时界面结构与能带弯曲取决于充电形成的电极电位（界面电场），其规律与"自发"形成的双电层是类似的。

6.3.2　空间电荷层的不同表现形式

空间电荷层的存在是半导体电极界面结构的一个最基本特征。通过对半导体电极施加外电势，可以对其空间电荷层进行调节。不同电极电位及其引起的能带弯曲不同，可能导致三种形式的空间电荷层，下面以 N 型半导体为例予以说明。

（1）积累层（富集层）

积累层的特点是：

① 在空间电荷层中，N 型半导体本体电位较低，表面电位较高。即由里及表：电位升

高，电子的位能降低。这样，半导体本体中的电子（多子）向表面运动，而空穴（少子）向半导体本体运动，于是表面处富集了大量的电子，形成多子积累层。其能带弯曲方向及电位分布如图 6-11(a) 所示，能带下弯，形成电子势阱和空穴的位垒，$\Delta\varphi = \varphi_x - \varphi_B > 0$，$\varphi_B$ 为半导体本体电位。

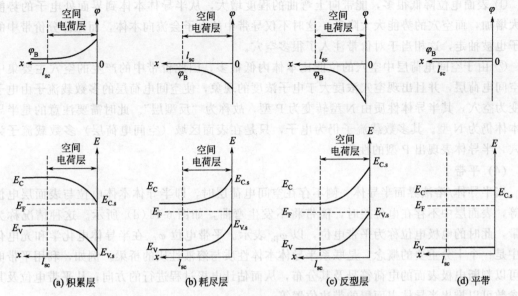

图 6-11 N 型半导体电极上的空间电荷层种类

② 如果半导体/溶液体系处于热平衡状态，则空间电荷层中的载流子分布服从 Boltzmann 统计规律，即电子和空穴的浓度分别为：

$$n(x) = n_0 \exp\frac{e_0\Delta\varphi}{kT} \tag{6-22}$$

$$p(x) = p_0 \exp\left(-\frac{e_0\Delta\varphi}{kT}\right) \tag{6-23}$$

根据上述两式以及 $n_0 \gg p_0$，也可以推导出此空间电荷层中 $n(x) \gg p(x)$，出现"多子"的积累，所以称为积累层。

③ 积累层中，负的空间电荷是由过剩的导带电子组成的，故此层中载流子类型与本体相同，但浓度更高，因此其导电性明显增加。

(2) 耗尽层

当 N 型半导体与溶液接触时，当不施加外电场时通常形成耗尽层。半导体/溶液界面处耗尽层的能带结构如图 6-11(b) 所示，其特点如下。

① 由于电极/溶液界面处半导体一侧空间电荷层的存在，使半导体由里及表电位降低。能带向上弯曲，使多数载流子（电子）在空间电荷层内的能量高于本体，并且越靠近界面其能量越高，空间电荷层内的电子将流向本体。而空穴则恰恰相反，越靠近界面能量越低。但是由于 N 型半导体中价带是填充的，即价带中并不存在空穴，因此空间电荷层中也没有空穴。

② 由图 6-11(b) 可知，$\Delta\varphi$ 为负值，表明空间电荷层形成了电子势垒，根据式（6-22）和式（6-23）可知，电子的浓度 $n(x)$ 降低，而空穴的浓度 $p(x)$ 增加。其结果相当于多子被大量消耗，因此，称之为"耗尽层"。

③ 耗尽层中的正电荷近似等于全部离子化了的施主正电荷。

(3) 反型层

当 N 型半导体电极本体和表面能量差进一步增加时，电极/溶液界面处的能带弯曲进一步加大，形成所谓的反型层，如图 6-11(c) 所示，其特点如下。

① 表面电位降低很多，能带向上弯曲的程度增大，从半导体本体到界面处电子的势能大大增加，而空穴的势能大大降低。这时不仅导带中的电子会流向本体，而且部分价带中的电子也被抽走，这相当于对价带注入了很多空穴。

② 由于空间电荷层中空穴的位能比本体内低很多，因此价带中的产生的空穴主要集中在空间电荷层，并且出现空穴浓度大于电子浓度的现象，使空间电荷层的多数载流子由电子转变为空穴，其半导体性质由 N 型转变为 P 型，故称为"反型层"。此时需要注意的是半导体本体仍为 N 型。其多数载流子仍为电子，只是在表面区域（空间电荷层）多数载流子为空穴，半导体表现出 P 型的性质。

(4) 平带

当半导体/溶液界面半导体一侧不存在空间电荷层时，即半导体本体电位与表面层电位相等，表面层中不存在电位差时，能带将不发生弯曲，如图 6-11(d) 所示。这种情况称为平带，此时的电极电位称为平带电位，以 φ_{fb} 表示。平带电位 φ_{fb} 在半导体电化学和光电化学中是一个十分重要的概念，是联系半导体本体性质与溶液性质的桥梁。例如，利用平带电位可以判断电极表面的电荷符号及其分布，从而估计电极过程进行的方向；从平带电位及其他参数可以推出半导体表面层的带边位置等。

需要说明的是，对于 P 型半导体也可以做类似的分析，在不同条件下上述多子的积累层、耗尽层和反型层同样也会出现，只是情况与 N 型半导体恰好相反。有兴趣的读者可以自己分析，并画出相应的能带结构图。

另外，无论 N 型或 P 型半导体，空间电荷层类型的改变可以通过以下两种途径实现。

① 外加电场。即通过外电场（极化）改变电极电位，使半导体表面电位发生变化。例如：阴极极化（使电位变负，即半导体相对于溶液的电位更负），则 N 型半导体将出现多子（电子）积累层，而 P 型半导体则出现耗尽层，如果电位很负，P 型半导体还可能出现反型层。相反，如果对半导体电极施加正电位，使其发生阳极极化，则 N 型半导体将出现耗尽层或反型层，而 P 型半导体则出现空穴的积累层。

② 通过吸附某种物质而实现载流子的注入或取出。例如，当 N 型半导体电极表面存在活性足够高的施主吸附物质时，大量的电子从施主注入半导体表面，从而在 N 型半导体中形成电子积累层；而当 N 型半导体表面存在活性高的受主吸附物质时，N 型半导体表面的电子注入表面吸附的受主，从而形成耗尽层甚至是反型层。

6.3.3　半导体/溶液界面的电位分布

6.3.3.1　半导体/溶液界面半导体一侧空间电荷层中的电位分布

由于半导体存在空间电荷层，因此半导体/溶液界面的电位分布与金属/溶液界面有显著不同。其特点是界面上的电位分布由两部分组成：

① 半导体一侧空间电荷层的电位差。

② 溶液一侧的双电层电位差。

其中双电层电位差由紧密层和分散层电位差串联组成。对于半导体电极可以根据 Posisson 方程推导出空间电荷层中电位 φ 随距离 x 的变化关系：

$$\frac{\mathrm{d}\varphi}{\mathrm{d}x} = \pm \left[\frac{8\pi n_i kT}{\varepsilon_{SC}}(e^{-y}+e^{y}-2)\right]^{\frac{1}{2}} \tag{6-24}$$

式中

$$y = e^0 \frac{\varphi_S - \varphi_B}{kT}, \varphi_S = \varphi(0), \varphi_B = \varphi(B)$$

式（6-24）在形式上与溶液中分散层电位分布关系完全一致，因此可以用求溶液中分散层厚度的方法计算出本征半导体、N 型和 P 型半导体空间电荷层的有效厚度 $L_{SC,i}$、$L_{SC,n}$ 和 $L_{SC,p}$ 分别为：

$$L_{SC,i} = \left(\frac{\varepsilon_{SC}kT}{4\pi e_0^2 n_i}\right)^{\frac{1}{2}} \tag{6-25}$$

$$L_{SC,n} = \left(\frac{\varepsilon_{SC}kT}{4\pi e_0^2 n_0}\right)^{\frac{1}{2}} \tag{6-26}$$

$$L_{SC,p} = \left(\frac{\varepsilon_{SC}kT}{4\pi e_0^2 p_0}\right)^{\frac{1}{2}} \tag{6-27}$$

这样，半导体/溶液界面电位连续分布在有效层厚度为 L_{SC} 的空间电荷层、溶液一侧的紧密层和分散层上。这三部分电位变化之和就构成了半导体/溶液界面的总电位分布，因此有：

$$\varphi = \varphi_{SC} + \varphi_H + \varphi_1 \tag{6-28}$$

式中，φ 是界面总电位降；φ_{SC}、φ_H、φ_1 分别是空间电荷层、紧密层和分散层的电位差。

将三个区域分别视为三个相互串联的电容器，可以推导出每一区域的电位差与该区域的厚度成正比，而与其介电常数成反比。在通常情况下，三个区域的介电常数相差在一个数量级以内，而其厚度则相差很大，半导体一侧空间电荷层的有效厚度要远远大于溶液一侧紧密层和分散层的厚度，因此在式（6-28）中，空间电荷层的电位降最大。故对于半导体电极，可以认为在电极表面所带的静电荷密度较低时，即电极电位距离平带电位较近时，电极电位几乎全部降落在半导体一侧的空间电荷层中。因而改变电极电位时，主要引起 φ_{SC} 的变化，这是半导体电极的一个重要特点。图 6-12 给了当半导体电极带正电时（电极电位较高时）半导体/溶液界面的电位分布曲线。

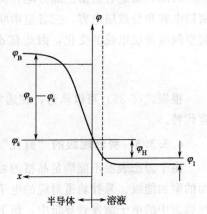

图 6-12　半导体/溶液界面电位分布

半导体/溶液界面处半导体能带边的位置可以由下式给出：

$$E_{SC} = E^e - q\varphi_H - \chi = E_{SC}^{\ominus} - q\varphi_H \tag{6-29}$$

式中，E^e 是以标准氢电极作为能量零点标度的自由电子能量，约 4.5 eV；χ 是电子亲和势（自由电子能量与导带边缘能量之差）；$E_{SC}^{\ominus}$ 是 $\varphi_H = 0$（或零电荷点）时的导带边缘能量，这是一个取决于材料性质的特征物理量。

当界面电场的变化引起 φ_{SC} 改变时，即电极电位或氧化还原对的费米能级 $E_{F(O/R)}^{\ominus}$ 变化时，φ_H 变化甚小，可以认为 E_{SC} 基本不变。同样，对价带边能量也有类似关系。因此电极电位或溶液中电化学活性物质的费米能级发生变化时，通常只影响半导体电极的费米能级，而对界面处的能带边没有影响，这是半导体电极的又一特点。

6.3.3.2　半导体/溶液界面电容

当将半导体/溶液界面视为一个电容器时，根据电容的定义可以得出：

$$C_{界面} = \frac{\mathrm{d}q}{\mathrm{d}\varphi} \tag{6-30}$$

其中界面总静电荷 q 可以分别由半导体一侧空间电荷层所带的静电荷 q_{SC} 或双电层溶液一侧所带的总的静电荷 q_{dl} 来表示，但要注意 q_{SC} 与 q_{dl} 数值相等、符号相反，即：

$$q = q_{SC} = -q_{dl} \tag{6-31}$$

因此（6-30）可以改写为：

$$C_{界面} = \frac{\mathrm{d}q_{SC}}{\mathrm{d}\varphi} = -\frac{\mathrm{d}q_{dl}}{\mathrm{d}\varphi} \tag{6-32}$$

将（6-28）式代入式（6-32）得：

$$C_{界面} = \frac{\mathrm{d}q_{SC}}{\mathrm{d}(\varphi_{SC} + \varphi_H + \varphi_1)} \tag{6-33}$$

取倒数得到：

$$\frac{1}{C_{界面}} = \frac{\mathrm{d}(\varphi_{SC} + \varphi_H + \varphi_1)}{\mathrm{d}q_{SC}}$$

$$= \frac{\mathrm{d}\varphi_{SC}}{\mathrm{d}q_{SC}} + \left(-\frac{\mathrm{d}\varphi_H}{\mathrm{d}q_{dl}}\right) + \left(-\frac{\mathrm{d}\varphi_1}{\mathrm{d}q_{dl}}\right) = \frac{1}{C_{SC}} + \frac{1}{C_{紧密}} + \frac{1}{C_{分散}} \tag{6-34}$$

因此界面电容也由三部分电容构成，半导体一侧的空间电荷层电容 C_{SC}、溶液一侧的紧密层电容和分散层电容，三者呈串联关系。此外，根据前面的讨论，电极电位的变化主要引起空间电荷层电位的变化，因此有 $\mathrm{d}\varphi \approx \mathrm{d}\varphi_{SC}$，式（6-34）简化为：

$$\frac{1}{C_{界面}} \approx \frac{1}{C_{SC}} \tag{6-35}$$

根据式（6-35）可以认为，在通常情况下，半导体/溶液界面的电容可以由空间电荷层电容代替。

6.3.3.3　费米能级的"钉扎"

由于固态表面不能满足晶格的对称性，因此固态表面总是存在大量悬挂键，从而造成表面的附加能级。悬挂轨道对应的电子能态是一种本征表面状态，它通常被价电子占有。当悬挂轨道中的电子激发到导带中，留下带正电的表面时，它是施主；当悬挂轨道俘获电子，使轨道中的电子配对，而留下带负电的表面时，它是受主。当半导体表面存在大量附加能级时，并且附加能级处于半导体的禁带区，它们的存在对半导体/溶液界面的电位分布、电子传递过程产生重要影响，这些附加能级统称为表面态或表面能级，它们既可作施主能级，也可作受主能级。

表面态在禁带中所处的位置及其密度直接影响着界面电位分布。当施主型表面态处于半导体费米能级 E_F 的上方时，它可以将电子转移给半导体本体；而当受主型表面态处于 E_F 的下方时，它可以从半导体本体接受电子，并且影响界面电位分布。

当表面态密度较低时，其影响可以忽略。然而，当表面态的密度很高时（超过 10^{13} cm^{-2}），其影响就不能忽略。因为当表面态密度很高时，半导体电极本体和表面态之间存在大量的电荷交换，可以使半导体表面携带大量的净电荷，从而屏蔽了外电场对空间电荷层的影响，使紧密层电位差的变化 $\Delta\varphi_H$ 不可忽视，甚至可能大于 $\Delta\varphi_{sc}$。这时半导体表面的能带边不再固定不变，而是随着溶液中 O/R 体系的费米能级 $E_{F(O/R)}^{\ominus}$ 的变化而变化，造成能带弯曲几乎不随半导体费米能级的变化而改变，因此相对于表面能带边，费米能级的位置是固定的，这一现象称为费米能级的钉扎。图 6-13 给出了 P 型半导体/溶液界面的费米能级钉扎现象。左图和右图分别是 P 型半导体与不同的氧化还原对接触并达到平衡后的能带结构。由于存在大量表面态，左图和右图中 P 型半导体的带边发生移动，而费米能级相对带边位置是固定的。

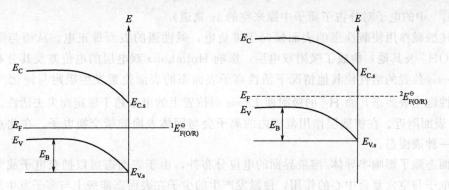

图 6-13　P 型半导体/溶液界面的费米能级钉扎

6.3.3.4　表面态的来源与类型

(1) 本征表面态

① 共价型固体清洁表面上的本征表面态称 Shockley 表面态，是由于晶体中原子的周期有序排列（晶格）在表面中断而产生的表面态。如单晶硅中每个硅原子可以和相邻硅原子形成四个共价键，但是由于表面硅原子的外侧没有相邻原子，从而出现一个方向向外的未成键轨道，即"悬挂键"或悬挂轨道。相邻的悬挂轨道会发生显著重叠，使所形成的分子轨道分裂为能量较低的成键能级（施主能级）和能量较高的反键能级（受主能级）。故共价型半导体将有两种表面态能级。由于 N 型 Si 的表面态反键能级的位置处于半导体费米能级的下方，它将从体内俘获电子而使表面带负电。带负电的表面将排斥层空间电荷层中的电子，从而可能形成电子耗尽层和反型层。

② 离子型固体清洁表面上的本征表面态称 Tamm 表面态，它也有两种表面态。晶格中表面氧离子 O_L^{2-} 周围（一侧）的正离子数比晶格内的正常情况少，故表面氧离子受阳离子的静电作用比体内氧离子弱，使 O_L^{2-} 上的电子能量高于体内电子能量（价带 E_V）。O_L^{2-} 上的轨道是被电子占有的。注意：固体表面是电中性的，故 O_L^{2-} 上轨道是填满的。所以，这是施主表面态，位于价带上方，是具有价带特征的表面态。

(2) 非本征表面态

① 吸附杂质在表面将形成附加电子能级，即表面态。它们同样可分为施主、受主表面态。当吸附键很弱时，吸附物质表现出自由分子或离子的性质，具有强的受主或施主特征。如固/气界面上的吸附 O_2，是分子态的强受主。形成较强的吸附键时，表面态的能量与类型取决于吸附络合物的性质。

② 半导体表面各种晶格缺陷和不均匀处（如表面台阶）的原子轨道具有与均匀表面不同的特异性，使处于这些位置上的原子轨道能级与平均表面能级差别较大，产生一类特殊的

表面态，其活性通常比均匀表面大。

③ Lewis 位置。把半导体表面能够接受被吸附物质中的电子对的位置称为 Lewis 酸位置；而把能提供给被吸附物质电子对的位置称为 Lewis 碱位置。一般不把 Lewis 位置看作表面态，因为表面态是指未成对电子的交换，而 Lewis 位置则是具有化学活性的成对电子的夺取或给予。但是，由于它的化学活性，特别是吸附的 H^+、OH^- 形成强吸附键后影响溶液 pH 值和界面性质，对固/液界面和电化学过程有重要意义。

Lewis 酸位置 M：M$+OH^-$＝＝＝M：OH^-　使溶液 pH 降低

Lewis 碱位置（通常是 O_L^{2-}）：$O_L^{2-}+H_{ad}^+$＝＝＝O_L：H^-　使溶液 pH 升高

（O_L^{2-} 中的电子对分占了质子中原来空的 1s 轨道）

上述酸碱作用使酸性强的表面倾向于带负电，碱性强的表面带正电。从而与吸附物质（H^+、OH^- 及其他）构成了吸附双电层，影响 Holmholtz 双电层的电位差及其分布。还可以因 Lewis 位置的活性使其他情况下活性离子表面态的表面位置发生吸附与钝化。如 O_L^{2-} 原为活性施主表面态，而 H^+ 的吸附使 Lewis 碱位置上的电子趋于稳定而失去活性。

④ 表面附近、在扩散层作用范围内的离子会与固体表面能带交换电子，在此意义上也可视为一种表面态。

表面态除了影响半导体/溶液界面的电位分布外，由于表面态可以捕获电子或空穴，它们起到电子与空穴复合中心的作用，使激发产生的少子在表面态能级上与多子发生复合，阻止了少子与溶液中氧化还原对之间原本可以发生的化学反应。另外，表面态能级可直接充当溶液中氧化还原对与能带之间交换电子的中介体，因而在电化学反应中，可起电子传递反应的催化剂作用。

6.4　半导体/溶液界面上的光电化学

6.4.1　光照条件下半导体/溶液界面的能带结构

当对半导体进行光照时，如果光子的能量大于半导体的禁带宽度，半导体价带中的电子将受到激发，跃迁到导带中，而在价带中留下一个空穴。当半导体电极没有与溶液接触时，整个半导体的能带中的相应能级相等，因此产生的光生电子和光生空穴不能有效地分离。而光生电子在价带中不稳定，极易返回到价带中与光生空穴复合，放出吸收的能量。显然这种光激发不能产生实际有用的能量。

而当半导体与溶液接触达到平衡后，由于界面处半导体内出现了空间电荷层，空间电荷层中的电场可以使带有不同电荷的光生电子和光生空穴有效地分离。如图 6-14(a) 所示，当 N 型半导体与溶液达到平衡后，能带从本体到表面向上弯曲，形成一个空间电荷层，其电场方向由半导体本体指向电极表面。这将对空间电荷层中的电子产生一个势垒，使电子向半导体本体流动，同时该电场对空穴产生一个表面势阱，使空穴向半导体表面流动。当光照半导体表面时，在半导体的导带和价带内产生一个光生电子-空穴对。由于空间电荷层电场的存在，导带中的光生电子将向半导体本体运动，而价带中的光生空穴将向半导体表面运动，其结果是在空间电荷层内的光生电子-空穴对一经产生即被有效分离，极大地减小了复合的概率。

如果半导体电极没有和外路构成回路，并且光生空穴在电极表面没有被溶液中的还原

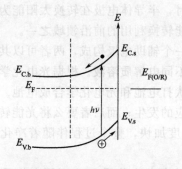 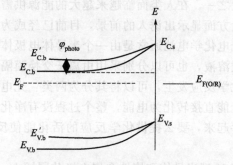

(a) N型半导体/溶液界面光生电子-空穴对的分离　　　　(b) 光照后半导体一侧能带结构的变化

图 6-14　光照对 N 型半导体能带结构的影响

（φ_{photo} 为光电压）

态消耗，随着不断光照，N 型半导体本体中将积累负电荷，使费米能级不断升高，而电极表面则将积累正电荷，最终使半导体的能带弯曲程度降低，如图 6-14（b）所示。上述过程即为半导体电极的光电效应。如果激发光除具有足够的能量外还具有足够的强度，光生载流子的浓度足够大，其产生的光电压可以完全抵消空间电荷层的电位差，从而使能带弯曲完全消失，即空间电荷层消失，在半导体/溶液界面形成平带。因此利用光电压可以测定平带电位。当能带完全消失后，空间电荷层电场消失，即使再增加光强，也不能使光电压进一步增大。新增的光生电子-空穴对尽管浓度很大，但是不能有效地分离，它们将发生复合失去能量，不能对光电压的进一步增大做出贡献。

6.4.2　光电压和光电流

上述 N 型半导体中光电效应的结果是提高了半导体中费米能级 E_F 的位置，即降低了半导体本体的电位。因此，如图 6-14（b）所示，由于光照产生的半导体电位的变化值称为光生电压或光电压。对于 P 型半导体，其能带弯曲情况与 N 型半导体正好相反，空间电荷层的电场方向也与 N 型半导体相反，因此其光生电压的符号与 N 型半导体相反。但是，需要指出的是，无论是 N 型还是 P 型半导体，光电效应的结果总是使半导体能带弯曲程度降低。

当半导体电极与另外一个电极构成回路时，价带中的光生空穴在空间电荷层电场的作用下迁移至半导体电极表面。由于空穴极易从溶液中捕获电子，具有极强的氧化性，因此，如果溶液中存在合适的还原态物质，并且其能级与 N 型半导体价带边交叠，半导体表面的光生空穴将夺取还原态能级上的电子，使其发生氧化反应。同时导带中的光生电子在空间电荷层电场的作用下将向辅助电极迁移，并在那里传递给溶液中的氧化态物质，使其发生还原反应。因此在光照情况下，N 型半导体电极上将出现一个净电流，其数值随光生空穴浓度的增加而增大，该电流称为光电流，它反映出由光照引发的光电化学反应进行的速度。

根据前面的分析，N 型半导体电极上的光电流与光生少子空穴的浓度密切相关。对 P 型半导体电极在光照情况下进行分析也可以发现，其光电流与光生少子电子的浓度密切相关，因此，可以说半导体电极的光电流主要决定于表面光生少子的浓度。

6.5　光电化学伏打电池

半导体电极具有光电效应，可以产生光电压和光电流，是实现将光能转化为化学能的重要装置之一。在人类面临越来越大的能源供需矛盾时，半导体电极在转换太阳能为其他形式的能量方面显示出诱人的前景，目前已经成为太阳能转换利用的前沿领域之一。

光电化学电池通常是由一个半导体电极体系和一个辅助电极构成，两者可以共用同一种电解质溶液，也可以分别采用由离子交换膜隔开的不同电解质溶液。根据光电化学电池是否有净化学反应发生，可以将其分为两类：光电化学伏打电池和光电化学合成电池。其中，前者将光能直接转化为电能，整个过程没有净化学反应的发生；而后者要么将光能转化为化学能储存起来，要么提供化学反应的活化能使反应速度加快，整个过程伴随着净化学反应的发生。

当 N 型半导体和惰性金属电极共同插入一种含有氧化态物质 O 和还原态物质 R 的溶液中就形成了一种光电化学电池。当 N 型半导体电极和溶液中的氧化还原对达到平衡时，表面出现空间电荷层，N 型半导体的能带从本体到表面向上弯曲。如图 6-15 所示，光照后光生空穴在空间电荷层电池的作用下到达电极表面，在那里空穴将从溶液中的还原态物质 R 的能级上夺取电子，使 R 被氧化为 O。光生空穴则在空间电荷层电场的作用下沿外电路到达惰性金属电极上，并同时对外做功，这样金属电极由于电子的到来而带负电，并且从金属电极的费米能级进入溶液中氧化态物质 O 的空能级，将 O 还原 R。该光电化学电池的阳极反应和阴极反应分别为：

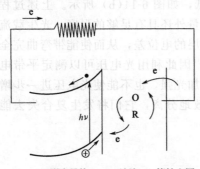

图 6-15　由 N 型半导体电极构成的光电化学伏打电池的工作原理图

阳极反应：$R + h \longrightarrow O$

阴极反应：$O + e \longrightarrow R$

电池净反应为零。即电子每绕回路流动一圈，O 和 R 之间的氧化还原反应进行一个循环。因此溶液中 O 和 R 的浓度不随时间改变。整个电池工作的净结果是电子对外电路做功，光能转化为电能。图 6-15 所示的电池极为典型的光电化学伏打电池。

由 P 型半导体电极构成的光电化学伏打电池的工作原理与 N 型半导体相似。读者可以自行分析。

6.6　光电化学水解制氢

光电化学合成电池的特点是整个电池过程伴随着净的氧化还原反应，并且阴极和阳极各有一个半反应，两极之间用离子导电膜隔开。根据该氧化还原反应自由能变化 ΔG 的数值，又可以进一步分类。如当氧化还原反应 $\Delta G > 0$ 时，反应不能自发进行，这时通过光能作为推动力可以使本来不能自发进行的反应发生，如图 6-16 所示。氧化还原反应 $R + O' \longrightarrow O + R'$ 的自由能变 $\Delta G > 0$，是非自发过程。通过设计图 6-16 所示的光电化学合成电池，利用 N 型半导体光照后产生的空穴，可以将 R 氧化为 O（即：$R + h \longrightarrow O$），而光生电子通过到达辅助电极，在那里将 O' 还原为 R'（$O' + e \longrightarrow R'$），整个

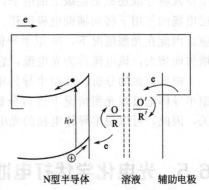

图 6-16　由 N 型半导体电极构成的光电化学合成电池的工作原理图

过程的净反应为 R+O′ $\longrightarrow$ O+R′，即光能转化为化学能。需要指出的是，上述光电合成过程发生的必要条件有两个：

① 光辐射的能量大于 E_g，能够在半导体中激发出电子-空穴对。

② 氧化还原对 O/R 的费米能级处于价带边的上方，而氧化还原对 O′/R′ 的费米能级处于导带边的下方。

当氧化还原反应 R+O′ $\longrightarrow$ O+R′ 的 $\Delta G<0$ 时，该反应可以自发进行，光能可以提供部分反应的活化能从而使其反应速度加快。光电化学催化过程与 $\Delta G>0$ 的光电化学合成过程类似，所不同的是对于光电催化过程，氧化还原对 O/R 和 O′/R′ 的费米能级的位置发生了变化，O/R 的费米能级高于 O′/R′ 的费米能级。

上述光电化学合成过程是十分有意义的，特别是对于 $\Delta G>0$ 的过程来说，将光能转化为化学能储存起来是解决能源问题的最佳手段之一。然而，需要指出的是，光电合成和光电催化过程通常是效率极低的。怎样提高光电转化效率是目前光电化学电池研究的前沿和重点。

最简单的光电化学电池（PEC）分解水的电解槽结构如图 6-17 所示。

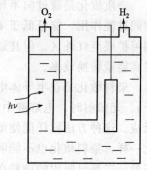

图 6-17　SrTiO₃（N）/Pt 电池分解水制氢

其中的光敏电极为 N 型 SrTiO₃，作为电解槽的阴极，阳极为铂黑（Pt）。无光照时，没有气体产生；一旦光照射在光敏电极上，立即可观察到两个电极上均有气体产生。其电极反应式为：

$$\text{SrTiO}_3 \text{ 电极：} \text{SrTiO}_3 + 2h\nu \longrightarrow \text{SrTiO}_3 + 2e^- + 2h^+ \tag{6-36}$$

$$\text{H}_2\text{O} + 2h^+ \longrightarrow \frac{1}{2}\text{O}_2 \uparrow + 2\text{H}^+ \tag{6-37}$$

$$\text{铂阳极：} 2\text{H}^+ + 2e^- \longrightarrow \text{H}_2 \uparrow \tag{6-38}$$

$$\text{总反应式：} \text{H}_2\text{O} + 2h\nu \longrightarrow \frac{1}{2}\text{O}_2 + \text{H}_2 \uparrow \tag{6-39}$$

于是，光能就转变为化学能储备在 H₂ 和 O₂ 之中。E_C、E_V 为半导体的导带底、价带顶能级，F_{SC}、F_M 为半导体、金属的费米能级，F_{H_2/H_2O}、F_{H_2O/O_2} 为水溶液中电子、空穴的费米能级。

无光照时，整个系统处于热力学平衡状态，即 $F_M = F_{H_2/H_2O} = F_{SC}$。光照时，因光激发产生电子空穴，引入非平衡载流子，热力学平衡遭破坏，于是费米能级 F_{SC} 分裂为电子准费米能级 F_{SC}^n 和空穴准费米能级 F_{SC}^p。因所用半导体材料为 N 型，故 $F_{SC}^n \approx F_{SC}$，$F_{SC} - F_{SC}^p = kT\ln\left(\frac{p_0+p}{p_0}\right)$。当光足够强，以致光生空穴浓度 Δp 足够大，使 $F_{SC}^p < F_{H_2O/O_2}$ 时，水的电解反应就发生了。

$$E_g = (F_{H_2/H_2O} - F_{H_2O/O_2}) + |c\varphi_{SC}| + (E_C - F_{SC}) + |c\eta^c| + \Delta E \tag{6-40}$$

式中 $(F_{H_2/H_2O} - F_{H_2O/O_2})$ 为水电解反应的自由能变化，1.23 eV；η^c 为阴极过电位。

当电流密度为 50 A/m²、铂作电极时，氢的过电位约为 0.03 V，氧的过电位约为 0.5 V。氧的过电位包含在 ΔE 内，即 $\Delta E>0.5$ eV。为了保证光的吸收和电子-空穴对的有效分离，要求 $|-e\varphi_{SC}|>0.2$ eV，$E_C - F_{SC}>0.2$ eV，于是由式(6-40)有：

$$E_g = 1.23 + 0.5 + 0.2 + 0.2 + 0.03 = 2.2(eV) \tag{6-41}$$

但吸收太阳光的最佳 E_g 值为 $1.1 \sim 1.4 \text{ eV}$，两者相差较远。因此用太阳光照射时，这种简单结构的电解槽，其能量转换效率很低，一般不超过 1%。下面我们来讨论一些改进结构。

敏化就是增加半导体的光吸收范围，吸收太阳光的最佳 E_g 值为 $1.1 \sim 1.4 \text{ eV}$，使低能光子（$h\nu < E_g$）也能激发电子-空穴对。有两种敏化方式即杂质敏化和染料敏化。

杂质敏化是通过向半导体中掺入某种杂质，形成一系列杂质能级，通过这些杂质能级的中间过渡作用，能量低于 E_g 的光子也能激发电子-空穴对。适当选择掺杂杂质，光吸收范围可扩展至红外区。但其最大的缺点是杂质对光的吸收系数过小于本征吸收系数，不能明显提高能量转换效率。

染料敏化是在半导体电极表面吸附染料。加入染料后，电解液中存在着光敏原子（或分子）。光照射时，电解液中的光敏物质受光激发而与半导体交换载流子，从而发生水的电解反应。这种方法同样能使低能量（$h\nu < E_g$）光子得到利用，拓宽长波吸收限，但与杂质敏化一样，染料敏化也不能明显提高能量转换效率，其原因有两个：一是染料层太薄，量子效率低；二是已吸附的染料在光照射时被消耗掉，存在着染料再生问题。虽然使用了各种各样的超敏化剂，但目前尚无实质性进展。

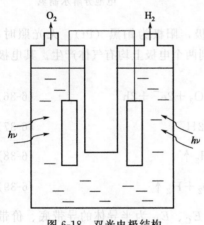

图 6-18　双光电极结构

双光电极结构是 A. J. Nozik 于 1967 年提出来的，如图 6-18 所示，这种结构对半导体材料禁带宽度的要求值非常接近吸收太阳光谱的最佳 E_g 值（$1.1 \sim 1.4 \text{ eV}$），提高了量子效率。

但这是一个双光子电解反应过程，即两对光生电子-空穴对只有一对参与氧化还原反应，而另一对却通过外电路复合掉了，造成较大的量子损失。同时，由于空间电荷极限电流的限制，两个半导体电极的交换电流很小，增大了两个电极上的过电位，能量损失进一步增加。还有一个问题就是窄禁带材料在电解液中不稳定，极易腐蚀。因此总的来说，虽然双光电极结构有很大的潜力，但能量转换效率仍未突破 1%。

6.7　光电化学阴极保护

随着目前金属材料所处的环境越来越恶劣，金属材料正面临着更加严峻的考验，腐蚀破坏正是其中较为严峻的一种考验。传统保护手段现在已不能完全满足防腐蚀的需要，光生阴极保护作为一种新型的阴极保护技术出现在人们的视线里。

光生阴极保护技术是一种基于半导体性质的保护技术，设计一种在被保护金属表面涂覆一层 N 型半导体涂层或者将 N 型半导体材料涂覆于具有导电能力的材料上然后和被保护金属以导线连接的结构。在光照下半导体价带电子跃迁到导带进而转移到电位与之匹配的被保护金属表面，使金属表面电子密度增加，金属表面电位下降，空穴会迁移到半导体涂层表面与溶液中的具有还原性的 OH^- 等电子供体发生反应，这样电子和空穴会较好地分离。电子不断转移到金属表面，空穴被不断消耗就可以达到阴极保护的目的。另外，在阴极保护过程中半导体涂层并未出现损失，光生阴极保护是一种非牺牲性的保护手段。

著名的 Bequerel 效应使电化学体系中的光效应广为人知。图 6-19 简要表明了光生阴极保护机理。N 型半导体材料在适宜波长入射光的照射下，电子由价带激发至导带，然后转移到金属表面，使金属处于阴极极化状态得到阴极保护，表现为金属电位降低。光生电子跃迁后半导体价带中会产生相应的光生空穴，光生空穴会与环境中的还原性物质发生反应而被消耗掉，使得光生电子-空穴的分离可以持续进行，只要有持续的光照，金属就可以得到持续的阴极保护。在这一过程中半导体材料并不会损失，光生阴极保护既不会消耗材料也不会对环境造成破坏，是一种节约的、环境友好型的保护方式。

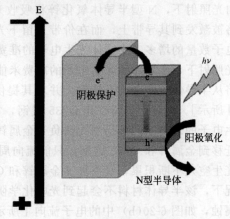

图 6-19　光生阴极保护机理

本节以 N 型半导体氧化锌对金属锌、Q235 碳钢和 304 不锈钢的光电化学阴极保护过程为例来讨论金属材料的光电化学阴极保护过程。当涂覆 N 型半导体氧化锌涂层的各种金属（金属锌、Q235 碳钢和 304 不锈钢）全浸于氯化钠溶液时，反应机理示意图如图 6-20 所示。当金属与半导体材料接触时，由于二者的接触是欧姆接触，因此，在金属与半导体接触的界面不会发生半导体材料的能带弯曲。而当半导体材料氧化锌与氯化钠电解液接触时，由于氧化锌的费米能级不同于氯化钠电解液的氧化还原电位，所以，半导体氧化锌的费米能级将被

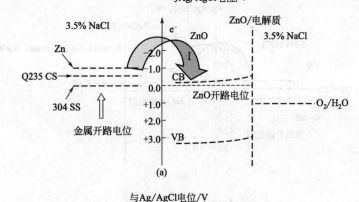

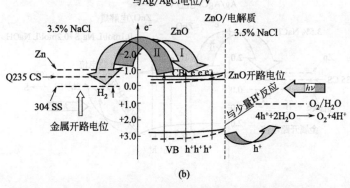

图 6-20　涂覆 N 型半导体氧化锌涂层的各种金属全浸于氯化钠溶液中时，暗态（a）及光照下（b）的腐蚀作用的机理示意图

拉到另一个平衡位置，它位于半导体氧化锌的原费米能级和电解液的氧化还原点位之间。在内光照射下，N 型半导体氧化锌将吸收光子产生光生载流子。半导体氧化锌价带上的电子将被激发到其导带上，而在价带上留下光生空穴。随着 N 型半导体材料导带上积累的光生电子数量的增多，半导体光生电子的准费米能级和电位负移将增大。在氯化钠溶液中和在白光照射下，半导体的光生电子的准费米能级将负于 304 不锈钢的费米能级，产生的光生电子将从半导体流向 304 不锈钢，并对其提供光电化学阴极保护〔如图 6-20(b) 中的电子流向Ⅱ所示〕。而对于金属锌和 Q235 碳钢，它们在氯化钠溶液中和在白光照射下，半导体的光生电子的准费米能级仍然无法负于金属锌和 Q235 碳钢的费米能级，产生的光生电子将无法迁移到金属锌和 Q235 碳钢，只能流向周围电解液，与电解液中的溶解氧反应。同时产生的光生空穴不断积累，最终加速金属锌和 Q235 碳钢上阳极溶解反应中电子的消耗。在这种情况下，该半导体材料不会起到光电化学阴极保护的作用，相反会加速金属锌和 Q235 碳钢的腐蚀，如图 6-20(b) 中的电子流向Ⅰ所示。

当 N 型半导体处于含还原性物质的电解液中时，它的光电化学位能会得到大大提高。当涂覆 N 型半导体氧化锌涂层的各种金属（金属锌、Q235 碳钢和 304 不锈钢）全浸于含硫化钠的碱性溶液中时，反应机理示意图如图 6-21 所示。因为含硫化钠电解液的氧化还原电位比 N 型半导体氧化锌的费米能级更负，所以半导体的费米能级将被拉向负的方向，因此，氧化锌半导体与含硫化钠的电解液接触的界面会发生向下的能带弯曲。光照辐射条件下，N 型半导体氧化锌将吸收光子产生光生电子（e⁻）和空穴（h⁺）。当 N 型半导体处于含还原性物质的电解液中时，因还原性物质是一种空穴捕获剂，光生空穴的消耗速率提高。因此，这个反应促进了半导体上光生空穴的去极化，大量的光生电子被分离并激发到半导体的导带

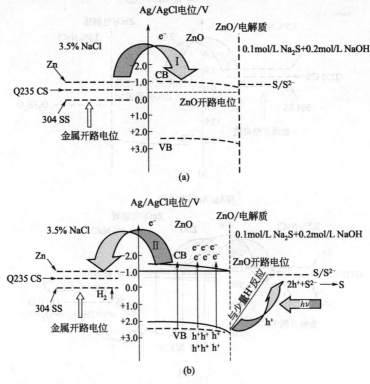

图 6-21　涂覆 N 型半导体氧化锌涂层的各种金属放置于含还原性物质的电解液中时，暗态（a）
及光照下（b）的光电化学阴极保护机理示意图

（CB）上。半导体在含还原性物质的电解液中的费米能级及开始电位（OCP）在白光照射下负移量要大于在氯化钠电解液中的负移量［图 6-21（b）］。如果半导体光照下的开路电位比金属锌、Q235 碳钢和 304 不锈钢的腐蚀电位都要负，则可使光生电子转移到与之偶联的金属上，如图 6-21（b）中的电子流向Ⅱ所示，导致偶联金属的光致电位均下降，并对偶联的金属起到光电化学阴极保护的作用。

目前金属的光电化学阴极保护对象还局限在腐蚀电位比较正、腐蚀电流密度比较小的金属材料上。我们的实验证实，将制备的氧化锌薄膜光电极与 Q235 碳钢偶联后放入含硫化钠的碱性溶液中，在白光照射下氧化锌薄膜光电极产生的光生电子可迁移至 Q235 碳钢电极，使得 Q235 碳钢受到了有效的阴极保护（图 6-22）。需要注意的是，这一实验是在实验室中进行，并且实验条件较为苛刻。在自然环境条件下，对使用较多的碳钢等腐蚀电位较负的金属的光电化学阴极保护还需要进一步探索。

(a)　　　　　　　　　　　　(b)

图 6-22　Q235 碳钢浸泡在氯化钠溶液中并偶联浸泡在含硫化钠的溶液中的氧化锌薄膜光电极后，在白光辐射 2h 后的光学照片（a）与未进行阴极保护的 Q235 碳钢在 3.5％氯化钠溶液中暴露 2h 后的光学照片（b）

习题

1.分析金属/半导体界面的能带结构。
2.分析 N 型或 P 型半导体与溶液接触后的界面能带结构。
3.以 N 型半导体为例，解释半导体/溶液界面的光电效应。
4.举例说明光电化学技术的应用领域和作用机理。

第7章

材料的电化学腐蚀与防护

导言 ▶▶▶

　　本章主要介绍了电化学保护技术中的阴极保护；以及金属设施在采油和集输系统中面临的硫化氢腐蚀、二氧化碳腐蚀以及两种腐蚀共存时的腐蚀行为；金属设施在海洋环境和炼油环境中的腐蚀行为和防腐措施等。重点掌握阴极保护的保护原理和保护参数的选择，了解金属在不同环境中的腐蚀行为。

7.1　电化学保护技术

　　电化学保护是利用外部电流改变金属在电解质溶液的电极电位，从而防止金属腐蚀的一种方法。电化学防护不仅能防止金属在土壤、海水和其他腐蚀介质中的全面腐蚀，而且能有效地防止孔蚀、晶间腐蚀、应力腐蚀断裂等局部腐蚀。目前电化学保护已作为一个标准方法用在地下长输油、输气、输水、供热管通，钻井平台、造船等部门，在石油和石油化工、海上工程等工业部门有广泛的用途。

　　电化学保护根据保护原理的不同，可分为阴极保护和阳极保护两种方法。

7.1.1　阴极保护原理

　　所谓阴极保护，就是将被保护的金属设备作为电化学腐蚀体系中的阴极，进行阴极极化，从而受到保护的一种技术方法。按照保护技术的不同，又可分为外加电流的阴极保护法和牺牲阳极的阴极保护法两类。

　　外加电流的阴极保护法是将被保护金属设备与直流电源的负极相连成为阴极，利用外加阴极电流进行阴极极化，以减轻或防止金属腐蚀。牺牲阳极的阴极保护法是将被保护金属设备连接一个电位更负的金属或合金作为阳极，而金属设备作为阴极，依靠阳极不断溶解所产生的阴极电流，对被保护金属进行阴极极化，以减轻或防止金属腐蚀。

　　上述两类阴极保护方法，虽然有利用外加电源与不利用外加电源的区别，但在保护原理方面，两者是相同的。

　　阴极保护原理可以用电化学反应来加以说明。例如，金属 M 在酸性介质中发生如下的电化学反应

阳极：$M \longrightarrow M^{n+} + ne^{-}$

阴极：$2H^{+} + 2e^{-} \longrightarrow H_2$

从上述电化学反应式可以看出，金属之所以发生腐蚀是因为它作为腐蚀电池的阳极而失去了电子，假若使电子流入金属，那上述的阳极反应就将向左进行，于是金属的腐蚀溶解就不再进行。

使电子流入金属有两种方法，一种是利用外加电源向金属输入电子，这就是外加电源阴极保护法，另一种是使另一种金属腐蚀时多余下来的电子流入被保护金属，这就是牺牲阳极保护法。

利用伊文思腐蚀极化图，可以更加形象和定量地说明阴极保护的原理。腐蚀极化图如图 7-1 所示。

图中 E_C^0-S-E_A^0 是未加阴极保护前的腐蚀极化图，E_C^0 是腐蚀电池阴极的开路电位，E_A^0 是腐蚀电池阳极的开路电位，S 点是阴、阳两条极化曲线的交点，S 点所对应的电流 I_{max} 是该腐蚀电池的最大腐蚀电流，S 点所对应的电位 E 是腐蚀电池的腐蚀电位，或称为自腐电位。

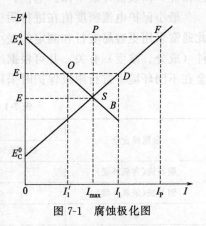

图 7-1　腐蚀极化图

若施加外电流进行阴极保护，假定所加的阴极极化电流为 I_1，则由于阴极极化作用使腐蚀电位由 E 变到 E_1，于是腐蚀电流也就从 I_{max} 下降到 I_1'。继续加大阴极极化电流，则腐蚀电位逐渐向 E_A^0 靠拢，腐蚀电流逐渐减小，当外加阴极电流达到 I_P 时，腐蚀电位负移到与腐蚀电池阳极的开路电位 E_A^0 相等，腐蚀电流下降到零，这时金属不再发生腐蚀，也就是说金属受到了完全保护。I_P 称为最小保护电流密度，E_A^0 为最小保护电位。

由上述分析可见，要使金属受到保护，所外加的阴极极化电流一般都要比腐蚀电流要大些，如果要达到完全保护，所加的阴极极化电流至少应等于 I_P，$I_P = I_{max} + PF$（P 为保护程度，F 为法拉第常数）。

外加阴极极化电流实质上是由直流电源供应一定数量的电子使阴极极化。同样，当利用牺牲阳极时，通过计算，采用合适的阳极面积和分布方法，也可供应同样数量的电子使被保护的金属发生阴极极化，因此也同样起到阴极保护作用。

7.1.2　阴极保护主要参数

7.1.2.1　最小保护电流密度

最小保护电流密度是指腐蚀达到最低程度时所需要的保护电流密度最小值。最小保护电流密度的大小，主要取决于被保护金属的种类、表面状态、介质条件等。一般金属在介质中的腐蚀性越强，阴极极化程度越低，所需要的保护电流密度越大。因此，凡是增加腐蚀速率、降低阴极极化的因素，如温度升高、压力增大、流速加快，都会使最小保护电流密度增加。上述各项条件能使最小保护电流密度在很大的范围内变化，从十分之几毫安每平方米至几百安每平方米。最小保护电流密度的数值是通过实验测得的。

值得注意的是外加阴极电流密度不宜过小或过大，若采用比最小保护电流密度小的数值，起不到完全保护作用。如果过大，在一定范围内起到完全保护作用，但耗电量大而且不经济。当超过一定的范围时，保护作用有些降低，这种现象称为"过保护"。这种现象的产生是由于过大的外加阴极电流密度导致溶液 H^+ 在被保护金属上放电，析出的氢气促使溶液 pH 升高，加速 Zn 和 Al 等两性金属的腐蚀。析出的氢气可破坏金属表面的保护涂层，甚至析出的氢原子可能导致钢铁的氢脆。这种现象也称负保护效应。

7.1.2.2　最小保护电位

最小保护电位就是使金属腐蚀达到最低程度的电位最小值。从图 7-1 可知，要使金属腐蚀程度最小，达到完全保护，必须通过阴极极化使腐蚀电位变负到和腐蚀电池的阳极开路电位相等，该数值即最小保护电位。

最小保护电流密度值在进行阴极保护设计中是一项重要数据，但实际测定比较困难，因此通常采用更容易实行和测定的最小保护电位。最小保护电位的数值与金属的种类、介质条件（成分、浓度）有关，并可根据经验数据或通过实验来确定。表 7-1 列出了一些金属或合金在不同环境下进行阴极保护时采用的保护电位值。

表 7-1　阴极保护采用的保护电位值[①]　　　　　　　　　　　　单位：V

金属或合金	参比电极		
	Cu/CuSO$_4$（饱和）	Ag/AgCl/海水[②]	Zn/洁净海水
钢与铁（含氧环境）	-0.85	-0.80	$+0.25$
钢与铁（缺氧环境）	-0.95	-0.90	$+0.15$
铅	-0.60	-0.55	$+0.50$
铜合金	$-0.50 \sim -0.65$	$-0.45 \sim -0.60$	$+0.60 \sim +0.45$
铝及铝合金[③]	$-0.95 \sim -1.20$	$-0.90 \sim -1.15$	$+0.15 \sim -0.10$

① 此数据取自英国标准研究所 1973 年 8 月制定的阴极保护规范。

② 海水系洁净、充气未稀释的海水。

③ 铝及铝合金阴极保护时，电位不能太负，否则会产生负保护效应，加速腐蚀。

对于不知道最小保护电位的情况，也可采用比腐蚀电位负 0.2～0.3 V（对钢铁）和负 0.15 V（对铝）的办法来确定。对于一个具体的保护系统，最好通过腐蚀实验来确定最小保护电位。

上述两个参数中，最小保护电位是最主要的参数。因为电极过程决定于电极电位，如金属的阳极溶解、电极上氢气的析出都决定于电极电位。它还决定金属的被保护程度，可以用来判断和控制阴极保护是否完全。在阴极保护过程中，当电位一定时，电流密度还会随腐蚀系统条件的变化而改变，所以从这个意义上看，最小保护电流密度只是一个次要参数。

上述主要参数在实际使用中需要经常监测和控制，以确保设备或设施达到完全保护。该参数一般是通过阴极保护监控站进行监测和监控。

7.1.3　阴极保护的实施

根据提供极化电流方法的不同，阴极保护可分为外加电流的阴极保护和牺牲阳极的阴极保护。阴极保护方法的选择应根据供电条件、介质电阻率、所需保护电流的大小、运行过程中工艺条件变化情况、寿命要求、结构形状等决定。通常情况下，对无电源、介质电阻率低、条件变化不大、所需保护电流较小的小型系统，宜选用牺牲阳极保护。相反，对有电源、介质电阻率大、所需保护电流大、条件变化大、使用寿命长的大型系统，应选用外加电流阴极保护。

7.1.3.1 牺牲阳极保护

牺牲阳极保护方法是在被保护金属上连接电位更负的金属或合金作为牺牲阳极，依靠牺牲阳极不断腐蚀溶解产生的电流对被保护金属进行阴极极化，达到保护的目的。

牺牲阳极保护方法的主要特点是：

① 不需要外加直流电源。

② 驱动电压低，输出功率低，保护电流小且不可调节。阳极有效保护距离小，使用范围受介质电阻率的限制。但保护电流的利用率较高，一般不会造成过保护，对邻近金属设施干扰小。

③ 阳极数量较多，电流分布比较均匀。但阳极重量大，会增加结构重量，且阴极保护的时间受牺牲阳极寿命的限制。

④ 系统牢固可靠，施工技术简单，单次投资费用低，不需专人管理。

在阴极保护工程中，牺牲阳极必须满足下列要求。

① 电位足够负且稳定。牺牲阳极不仅要有足够负的开路电位，而且要有足够负的闭路电位，可使阴极保护系统在工作时保持有足够的驱动电压。所谓驱动电压是指在有负荷的情况下阴、阳极之间的有效电位差。由于保护系统中总有电阻存在，所以只有具有足够的驱动电压才能克服回路中的电阻，向被保护的结构提供足够大的阴极保护电流。性能好的牺牲阳极的阳极极化率必须很小，电位可长时间保持稳定，才能具有足够长的工作寿命。

② 电流效率高且稳定。牺牲阳极的电流效率是指实际电容量与理论电容量的百分比。理论电容量是根据法拉第定律计算得出的消耗单位质量牺牲阳极所产生的电量，单位为 $A \cdot h/kg$。由于牺牲阳极本身存在局部电池作用，则有部分电量消耗于牺牲阳极的自腐蚀。因此，牺牲阳极的自腐蚀电流小，则电流效率高，使用寿命长，经济性好。

③ 表面溶解均匀，腐蚀产物松软、易脱落，不致形成硬壳或致密高阻层。

④ 来源充足，价格低廉，制作简易，污染轻微。

牺牲阳极的性能主要由材料的化学成分和组织结构决定。对钢铁结构，能满足以上要求的牺牲阳极材料主要是镁及其合金、锌及其合金和铝合金。常用的牺牲阳极材料有纯镁、Mg-6％Al-3％Zn-0.2％Mn、纯锌、Zn-0.6％Al-0.1％Cd、Al-2.5％Zn-0.02％In 等。

镁及镁合金阳极的优点是：工作电位很负，不仅可以保护钢铁，也可保护铝合金等较活泼的金属；密度小，单位质量发生电量较锌阳极大，用作牺牲阳极时安装支数较少；工作电流密度大，可达 $1\sim4mA/cm^2$；阳极极化率小，溶解比较均匀；可用于电阻率较高的介质（如土壤和淡水）中金属设施的保护。由于镁的腐蚀产物无毒，也可用于热水槽的内保护和饮水设备的保护。镁阳极的缺点在于：自腐蚀较大，电流效率只有 50％ 左右，消耗快；与钢铁的有效电位差大，故容易造成过保护，使用过程中会析出氢气；镁阳极与钢结构撞击时容易诱发火花。因此，在海水等电阻率低的介质中，镁阳极已逐渐被淘汰，在油轮等有爆炸危险的场所严禁使用镁阳极。

锌及锌合金阳极的开路电位较正，与被保护钢铁结构的有效电位差只有 0.2V 左右，保护时不发生析氢现象，且具有自然调节保护电流的作用，不会造成过保护。这类阳极自腐蚀轻，电流效率高，寿命长，适于长期使用，所以安装总费用较低。此类阳极与钢铁构件撞击时，没有诱发火花的危险。但由于锌及锌合金阳极的有效电位差小、密度大、发生的电流量小、实际应用时个数多、分布密、重量大，而且不适合用于电阻较高的土壤和淡水中。锌及锌合金阳极目前广泛用于海上舰船外壳，油轮压载舱，海上、海底构筑物的保护。在

电阻率低于 $15\Omega \cdot m$ 的土壤环境中保护钢铁构筑物具有良好的技术经济性，故获得较普遍的应用。

铝具有足够负的电位和较高的热力学活性，而且密度小，发生的电量大，原料容易获得，价格低廉，是制造牺牲阳极的理想材料。但纯铝容易钝化，具有比较正的电位，在阳极极化下电位变得更正，以致不能实现有效的保护。因此纯铝不能作为牺牲阳极材料。

铝合金阳极的主要优点是：理论发生电量大，为 $2970A \cdot h/kg$，按输出电量的价格比，较镁和锌具有无可比拟的优势；由于发生的电量大，可以制造长寿命的阳极；在海水及其他含氯离子的环境中，铝合金阳极性能良好，电位保持在 $-0.95 \sim -1.10V$（SCE）；保护钢结构时有自动调节电流的作用；密度小，安装方便；铝的资源丰富。铝合金阳极的不足之处是：电流效率比锌阳极低，在污染海水中性能有下降趋势，在高阻介质（如土壤）中阳极效率很低，性能不稳定；溶解性能差；与钢结构撞击有诱发火花的可能。铝合金阳极广泛用于海洋环境和含氯离子的介质中，用于保护海上钢铁构筑物及海湾、河口的钢结构。

牺牲阳极保护系统的设计，包括保护面积的计算，保护参数的确定，牺牲阳极的形状、大小和数量、分布和安装以及阴极保护效果的评定等问题。

7.1.3.2 外加电流阴极保护

外加电流阴极保护是利用外部直流电源对被保护体提供阴极极化，实现对被保护体的保护的方法。

外加电流阴极保护系统主要由三部分组成：直流电源、辅助阳极和参比电极。直流电源通常是大功率的恒电位仪，可以根据外界的条件变化，自动调节输出电流，使被保护的结构的电位始终控制在保护电位范围内。辅助阳极把电流输送到阴极（即被保护的金属）上，应导电性好、耐蚀、寿命长、排流量大（即一定电压下单位面积通过的电流大），而极化小；有一定的机械强度，易于加工；来源方便，价格便宜等。辅助阳极材料按其溶解性能可分为三类：可溶性阳极材料，如钢和铝；微溶性阳极材料，如高硅铸铁、铅银合金、Pb/PbO_2、石墨和磁性氧化铁等；不溶性阳极材料，如铂、铂合金、镀铂钛和镀铂钽等。这些阳极材料除钢外，都耐蚀，可供长期使用。钛上镀一层 $2 \sim 5\mu m$ 的铂作为阳极，使用工作电流密度为 $1000 \sim 2000A/m^2$，而铂的消耗率只有 $4 \sim 10mg/(A \cdot a)$，一般可使用 $5 \sim 10$ 年。参比电极用来与恒电位仪配合，测量和控制保护电位，因此要求参比电极可逆性好，不易极化，长期使用中保持电位稳定、准确、灵敏，坚固耐用等。阴极保护工程中常用的参比电极有铜/硫酸铜电极、银/氯化银电极、甘汞电极和锌电极等。

外加电流阴极保护方法的主要特点如下。

① 需要外部直流电源，其供电方式主要有恒电流和恒电位两种。

② 驱动电压高，输出功率和保护电流大，能灵活调节、控制阴极保护电流，有效保护半径大；可适用于恶劣的腐蚀条件或高电阻率的环境；但有产生过保护的可能性，也可能对附近金属设施造成干扰。

③ 采用难溶和不溶性辅助阳极的消耗低，寿命长，可实现长期的阴极保护。

④ 由于系统使用的阳极数量有限，保护电流分布不够均匀，因此被保护的设备形状不能太复杂。

⑤ 外加电流阴极保护与施加涂料联合，可以获得最有效的保护效果，被公认为是最经济的防护方法。

外加电流保护系统的设计主要包括：选择保护参数，确定辅助阳极材料、数量、尺寸和安装位置，确定阳极屏蔽材料和尺寸，计算供电电源的容量等。由于辅助阳极是绝缘地安装在被保护体上，故阳极附近的电流密度很高，易引起过保护，使阳极周围的涂料遭到破坏。因此，必须在阳极附近一定范围内涂覆或安装特殊的阳极屏蔽层。它应具有与钢结合力高，绝缘性优良，良好的耐碱、耐海水性能。对海船用的阳极屏蔽材料有玻璃钢阳极屏、涂氯化橡胶厚浆型涂料或环氧沥青聚酰胺涂料。

阴极保护简单易行、经济、效果好，且对应力腐蚀、腐蚀疲劳、孔蚀等特殊腐蚀均有效。阴极保护的应用日益广泛，主要用于保护中性、碱性和弱酸性介质中（如海水和土壤）的各种金属构件和设备，如舰船、码头、桥梁、水闸、浮筒、海洋平台、海底管线，工厂中的冷却水系统、热交换器、污水处理设施，核能发电厂的各类给水系统，地下油、气、水管线，地下电缆等。

7.2 采油及集输系统的典型腐蚀

油气集输系统指油井采出液从井口经单井管线进入计量间，再经计量支、干线进入汇管，最后进入油气集中联合处理站。处理后的原油进入原油外输管道长距离外输。根据油品性质和集输工艺要求，有些原油还要经中转站加热、加压，再进入汇管。该系统中的油田建设设施主要包括油气集输管线、加热炉、伴热水或掺水管线、阀门、泵以及小型原油储罐等。其中以油气集输管线和加热炉的腐蚀对油田正常生产的影响最大。油气集输系统内腐蚀主要指硫化氢、二氧化碳的腐蚀。联合处理站是进行油、气、水三相分离的场所，一般分为水区、油区，水区腐蚀严重，油区腐蚀常发生在水相部分和气相部分，如三相分离器底部、罐底部、罐顶部及污水管道、加热套管等。注水开发是保持底层压力和油田稳定的重要措施。注水系统腐蚀主要是油田污水中的硫酸盐还原菌、二氧化碳和氯化物共同作用造成的。

7.2.1 腐蚀环境

硫化氢、二氧化碳是石油、天然气形成过程中有机质被细菌分解时产生的，是石油、天然气的伴生气。在石油、天然气的勘探开发过程中，钻井、采油采气、集输工程使用的金属设备都始终伴随着硫化氢、二氧化碳、氧气和硫酸盐还原菌等的腐蚀。

钻井过程中钻井工具处于硫化氢、二氧化碳、溶解氧和导电性钻井液中，极易发生电化学腐蚀。此时，钻具又处在拉、压、弯、扭的动态应力环境中以及受到流体流动时的冲刷和流体中固体物质的磨损，这时钻具极可能产生应力腐蚀、疲劳腐蚀、硫化物应力腐蚀开裂、点蚀、缝隙腐蚀、冲刷腐蚀和细菌腐蚀等。

油管、套管和井下工具的腐蚀统称为油气井腐蚀。油气井腐蚀受采出流体含水量影响较大，溶解在水中的硫化氢对腐蚀起决定性作用。因此，一般把油气井分为含硫化氢井和不含硫化氢井。含硫化氢的油气叫作酸性油气，不含硫化氢的油井叫作甜性油气。由硫化氢造成的腐蚀叫作酸性腐蚀，由二氧化碳造成的腐蚀叫作甜性腐蚀。硫化氢、二氧化碳的腐蚀只有在油气含水时才会发生。例如凝析气井中冷凝区以下的油管，虽然管内压力和温度很高，但几乎不发生腐蚀，只有在井的上部、井口装置和出气管线上腐蚀表现严重。

石油是多相流体，钢在石油中是不腐蚀的，即石油对钢的腐蚀有缓蚀作用。钢在不溶性的电解质溶液——烃双相系统中的腐蚀速率远远高于钢完全浸没在电解质中的腐蚀速率，当有硫化氢存在时，这一差值更大。腐蚀一般发生在烃/电解液不混溶的相界面上，迅速受到腐蚀的设备有储存石油和石油产品的容器底部、油气管道、石油破乳装置等。油气藏的地层水是具有高矿化度的盐类溶液，主要含有氯化钠、氯化钙，当其中不含硫化氢、二氧化碳或氧气时，对油气田钢质设备只有微弱腐蚀性；当地层水中存在硫化氢、二氧化碳或氧气时，水的腐蚀活性急剧增加。流速和腐蚀速率成正比，高流速会使腐蚀加快，而流体中含有固体颗粒时，会使磨蚀急剧增加。

7.2.2 硫化氢腐蚀

含有硫化氢的油气称酸性油气，由此引起的腐蚀称酸性腐蚀，也叫硫化氢腐蚀。石油工业中的硫化氢来源有 3 个方面：地层流体中原生硫化氢；硫酸盐还原菌分解出的硫化氢；添加的含硫化学剂，如磺化高分子化合物降解放出的硫化氢。

世界各大产油国几乎都含有 H_2S 气藏。美国南德克萨斯休罗系灰岩储层中的硫化氢含量高达 98%，为世界之首。加拿大阿尔伯达的气田 H_2S 含量为 81%，俄罗斯、伊朗、法国等国都有不同 H_2S 含量的气田。中国华北油田赵兰庄气田中硫化氢含量最高可达 92%。目前我国含硫气田（含硫 2%～4%）气产量占全国气产量的 60%。四川盆地含硫天然气产量占总产量的 80%。含硫化氢天然气在整个四川盆地均有分布，其中川东气区是 H_2S 气藏分布最多、H_2S 含量最高的地区，集中在普光、罗家寨、渡口河、铁山坡、黄龙场、五百梯等。普光气田是川东气区非烃含量最高的气田，H_2S 体积分数为 13.6%～14.5%。川东地区飞仙关组硫化氢含量大多在 10%～15% 以上。2003 年 12 月 23 日因强烈井喷造成人员重大伤亡的罗家寨大气田硫化氢浓度平均为 $149.320 g/m^3$。

含硫的天然气会给钻井、采气、输气等带来一系列复杂的问题，如果气田或油田中存在硫化氢会造成钻具断落，油管、气管等管线的腐蚀等，这就会带来巨大的经济损失。

7.2.2.1 硫化氢腐蚀机理

很多原油和天然气中含有大量硫化氢。硫化氢（H_2S）分子量为 34.08，密度为 $1.539 g/L$（25℃），相对密度为 1.1906（空气＝1）。硫化氢在水中的溶解度随着温度升高而降低。在 0.1MPa、25℃时，硫化氢在水中的饱和浓度大约为 0.1mol/L。

干燥的 H_2S 对金属材料无腐蚀破坏作用，只有溶解在水中才具有腐蚀性。在油气开采中与 CO_2 和 O_2 相比，H_2S 在水中的溶解度最高。H_2S 一旦溶于水便立即电离呈酸性。H_2S 在水中的离解反应：

$$H_2S \longrightarrow H^+ + HS^- \tag{7-1}$$

$$HS^- \longrightarrow H^+ + S^{2-} \tag{7-2}$$

释放出的氢离子是强去极化剂，易在阴极夺取电子，促进阳极溶解反应使钢铁遭受腐蚀。

现在已经公认，反应式

$$Fe + H_2S \longrightarrow FeS + H_2 \tag{7-3}$$

不能反映硫化氢腐蚀的实际机理。一般认为，由于硫化氢参与电极反应的表面催化作用加速了金属材料的腐蚀。

按照现在公认的反应机理，硫化氢参与的钢铁腐蚀的阳极过程为

$$Fe+H_2S+H_2O \longrightarrow Fe(HS^-)+H_3O^+ \tag{7-4}$$

$$Fe(HS^-) \longrightarrow [FeHS]^+ +2e^- \tag{7-5}$$

$$[FeHS]^+ +H_3O^+ \longrightarrow Fe^{2+}+H_2S+H_2O \tag{7-6}$$

由于 $[FeHS]^+$ 配离子在水中分解而使硫化氢再生，发生了催化作用。当在铁表面产生 $Fe(HS^-)$ 吸附层时，铁金属原子间结合力减弱，使铁的电极电位向负方向移动，加速了阳极腐蚀过程。

同样，硫化氢可以参与阴极反应，其过程如下：

$$Fe+HS^- \longrightarrow Fe(HS^-) \tag{7-7}$$

$$Fe(HS^-)+H_3O^+ \longrightarrow Fe(H-S-H)+H_2O \tag{7-8}$$

$$Fe(H-S-H)+e^- \longrightarrow Fe(HS^-)+H_{(吸附)} \tag{7-9}$$

反应的最后一步是缓慢的，它限制了阴极反应过程的总速率。硫化氢不直接参与阴极反应，只是作为加速氢离子放电的催化剂。阴极的还原产物氢原子一部分相互化合生成氢气，另一部分则扩散到金属内部形成氢脆。

在含硫化氢介质中，铁的腐蚀产物可用通式 Fe_xS_y 表示，主要有 Fe_9S_8、Fe_3S_4、FeS_2、FeS，它们的生成随 pH 值、H_2S 浓度等参数而变化。其中 Fe_9S_8 的保护性最差。与 Fe_9S_8 相比，FeS_2 和 FeS 具有较完整的晶格点阵，因此保护性较好。

如 X65 低合金高强度钢在 pH＝3.5 的 5％NaCl 溶液中，随着 H_2S 浓度的变化，表面腐蚀形貌如图 7-2 所示。可以发现，硫化氢浓度较低时（0.2mmol/L），腐蚀产物膜相对致密，表面有少许裂纹。随着硫化氢浓度从 2mmol/L 增加至 20mmol/L，腐蚀产物膜逐渐变厚，并沉积有松散的外层。当硫化氢浓度为 20mmol/L 时，随着溶液 pH 值的增加，腐蚀产物膜越来越致密，如图 7-3 所示。

图 7-2　pH＝3.5 的 5％NaCl 溶液中硫化氢浓度对腐蚀产物膜的影响

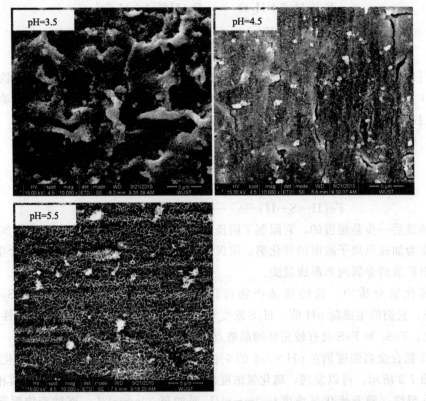

图 7-3　硫化氢浓度为 20mmol/L 的 5%NaCl 溶液中 pH 对腐蚀产物膜的影响

硫化氢浓度和溶液 pH 值对 X65 钢腐蚀形成的产物膜的 XRD 图谱如图 7-4 所示。在溶液 pH 较低和硫化氢浓度较低时，腐蚀产物只有硫化亚铁。随着硫化氢浓度的增加，开始出现四方硫铁矿，并且峰强也逐渐增加。硫化氢浓度为 20mmol/L 时，硫化亚铁和四方硫铁矿并存。

7.2.2.2　氢脆

金属设备在含硫化氢的腐蚀介质中，不但腐蚀速率增加，而且还可以发生金属的氢脆，加速油气田生产设备的腐蚀开裂。

硫化氢对导致金属氢脆的催化机理还不十分清楚，为此提出了很多假设，例如，硫化氢对阴极产物氢原子转变为氢分子有抑制作用；吸附在金属表面阴极区的硫化氢分子参与阴极反应生成氢原子；硫化氢在阴极氢离子还原反应中起催化剂作用，反应如下：

$$H_2S + e^- \longrightarrow H_{(吸附)} + HS^-_{(金属)} \tag{7-10}$$

$$HS^-_{(金属)} + H_3O^+ \longrightarrow H_2S + H_2O \tag{7-11}$$

渗入金属内部的氢原子，可以在金属晶格内扩散，最后在金属晶体内部缺陷处，如面缺陷（晶界、相界等）、位错、三维应力区等，这些缺陷与氢的结合能强，可将氢捕捉住，成为氢的富集区。通常把这些缺陷称为陷阱。当氢原子在金属内部陷阱中富集到一定程度，便会沉淀出氢气。氢气分子在金属晶格内不具有扩散作用，在金属内的压力可达 300MPa 或更高，从而引起金属的脆性断裂。实验证明，当 100g 金属内含氢量达到 $7 \sim 12cm^3$ 时，金属就失去了塑性。

如 X80 管线钢在 H_2S 饱和的 NACE A 溶液 [5%（质量分数）NaCl＋0.5%（质量分

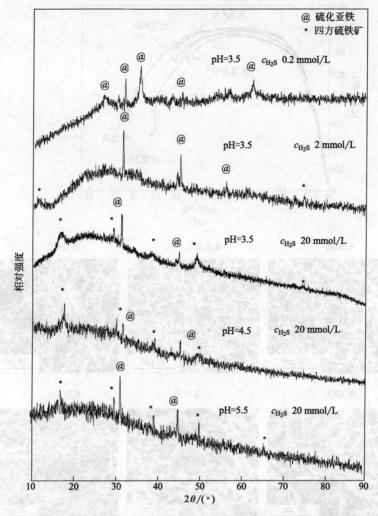

图 7-4　X65 钢在不同硫化氢浓度和 pH 条件下腐蚀产物膜的 XRD 图谱

数）CH$_3$COOH］中浸泡不同时间（定义为不同充氢时间）后进行拉伸试验，应力应变曲线和断口微观形貌如图 7-5 所示。由图 7-5(a) 可以发现未充氢样品的拉伸曲线有明显的屈服平台，而充氢样品则没有。随着充氢时间的延长，由于低氢气压力条件下硬化现象的出现，材料屈服强度和断裂强度略有增加，但是延伸率下降，表明材料出现氢损伤。拉伸断口的扫描电镜图像表明 ［图 7-5(b)］，未充氢样品发生韧性断裂，韧窝大而深，呈等轴状。充氢后，断裂模式从韧性断裂逐渐转向准解理断裂，韧窝变小且浅。

如果样品充氢后在 200℃条件下进行退火处理，再充氢，其拉伸断口的透射电镜图像如图 7-6 所示。对于未充氢样品 ［图 7-6(a)］，晶界清晰可见，晶粒被拉长。对于充氢 4 天和 8 天的样品 ［图 7-6(b) 和图 7-6(d)］，在晶粒内没有位错，晶界有少许位错出现，并且在晶界附近有几个位错扭成一束位错。这是因为位错充当了氢陷阱，捕捉了可逆氢。当样品充氢 4 天热处理后再充氢 4 天时 ［图 7-6(c)］，其位错清晰可见，位错密度比未充氢样品高，但是低于充氢 4 天的样品。同时，在白色椭圆区可看到纳米空洞。位错密度的降低和纳米空洞的出现表明氢没有和位错相互作用，而是氢和空位发生了相互作用。

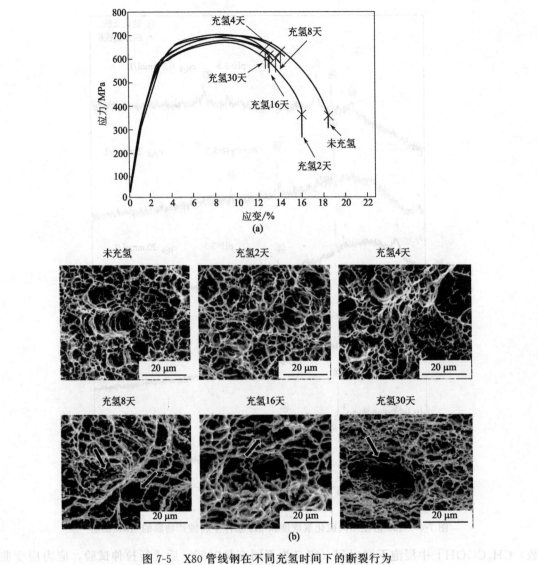

图 7-5 X80 管线钢在不同充氢时间下的断裂行为

7.2.2.3 金属腐蚀破坏类型

含 H_2S 酸性油气田上的金属设施，常见的腐蚀破坏通常可分为两种类型：一类为电化学反应过程中阳极铁溶解导致的全面腐蚀和/或局部腐蚀，表现为金属设施的壁厚减薄和/或点蚀穿孔等局部腐蚀破坏；另一类为电化学反应过程中阴极析出的氢原子，由于 H_2S 的存在，阻止其结合成氢分子逸出而进入钢中，导致钢材 H_2S 环境开裂。H_2S 环境开裂主要表现有硫化物应力开裂（sulfide stress cracking，SSC）、氢诱发裂纹（hydrogen induted cracking，HIC）、氢鼓泡（hydrogen blistering，HB）和应力导向氢诱发裂纹（stress oriented hydrogen induced cracking，SOHIC）。

7.2.2.4 腐蚀事例

1965 年美国路易斯安那州输气管线因硫化氢腐蚀产生氢脆和硫化物应力腐蚀开裂着火，造成 17 人死亡，多人受伤，经济损失巨大。1975 年美国丹佛市一个含硫气井发生泄漏，导致 9 人死亡。1980 年阿拉伯湾海上钻进作业时发生硫化氢泄漏，19 人丧生。1971 年我国四

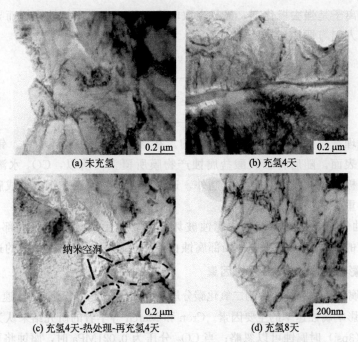

0.2 μm	0.2 μm
(a) 未充氢	(b) 充氢4天

纳米空洞

0.2 μm	200nm
(c) 充氢4天-热处理-再充氢4天	(d) 充氢8天

图 7-6　X80 管线钢充氢后的拉伸断口的透射电镜图像

川威远至成都的输气管线因硫化氢腐蚀泄漏引起爆炸，造成人员伤亡。1993 年华北油田赵兰庄高含硫化氢油气井严重的井喷事故，危及周围几公里的群众的人身安全，造成的人员伤亡和经济损失巨大。发生在 2003 年四川开县的硫化氢气井喷事故，造成 200 多人死亡，在 2006 年 4 月开县再次发生硫化氢气井喷事故。

7.2.2.5　防止措施

为了防止 H_2S 腐蚀，可以添加通过改变金属表面状态和性质从而抑制腐蚀反应发生的吸附型缓蚀剂。吸附型缓蚀剂是含有 N、O、S、P 和极性基团的有机物。对含 H_2S 的天然气进行深度脱水处理，采用防腐层和衬里技术以及耐蚀材料，在油管外壁和套管内壁环控采用井下封隔器、对集输管线定期清管等，均可在一定程度上减缓 H_2S 腐蚀。

7.2.3　二氧化碳腐蚀

油气田二氧化碳来自天然气、油田伴生气、开采石油注入的二氧化碳和采出水中 HCO_3^- 减压升温过程中分解出来的二氧化碳。二氧化碳溶于水形成碳酸（H_2CO_3），碳酸是二元酸，在相同的 pH 值下，对钢铁的腐蚀比盐酸还严重，低碳钢的二氧化碳腐蚀速率可高达 7mm/a，甚至更高，腐蚀产物为 $FeCO_3$。新鲜的 $FeCO_3$ 为黑色，暴露在空气中后会被氧化为氧化铁，颜色由黑变黄。

二氧化碳腐蚀一般不会造成应力腐蚀，主要是局部腐蚀。在含二氧化碳的油气环境中，由于钢铁表面覆盖的腐蚀产物膜 $FeCO_3$、$CaCO_3$ 等的不均一性和破损，导致二氧化碳局部腐蚀，造成严重穿孔。

7.2.3.1　腐蚀机理及破坏特征

CO_2 溶于水对钢铁具有腐蚀性，大量的研究结果表明，在常温无氧的 CO_2 溶液中，钢的腐蚀速率受析氢动力学所控制。CO_2 在水中的溶解度很高，一旦溶于水便形成碳酸，释放出氢离子，氢离子是强去极化剂，极易夺取电子还原，促进阳极铁溶解而导致腐蚀。这个电化学腐蚀过程人们习惯用如下反应式表示：

阳极反应： $$Fe \longrightarrow Fe^{2+} + 2e^-$$ (7-12)

阴极反应： $$H_2O + CO_2 \longrightarrow 2H^+ + CO_3^{2-}$$ (7-13)

$$2H^+ + 2e^- \longrightarrow H_2$$ (7-14)

反应产物： $$Fe + H_2CO_3 \longrightarrow FeCO_3 + H_2$$ (7-15)

上述腐蚀机理是对裸露的金属表面而言的。在含 CO_2 的油气环境中，钢铁表面在腐蚀初期可视为裸露表面，随后将被碳酸盐腐蚀产物膜所覆盖。所以，CO_2 水溶液对钢铁的腐蚀，除了受氢阴极去极化反应速度的控制外，还与腐蚀产物是否在钢表面成膜及膜的结构和稳定性有着十分重要的关系。

在含 CO_2 油气田观察到的设备的腐蚀破坏，主要是由腐蚀产物膜局部破损处的点蚀，引发环状或台面的蚀坑或蚀孔。这种局部腐蚀由于阳极面积小，往往穿孔的速度很快。

7.2.3.2 影响二氧化碳腐蚀的因素

二氧化碳的腐蚀速率和井流中的二氧化碳分压、温度、腐蚀产物膜、井流速度等因素有关。

CO_2 分压是影响腐蚀速率的主要因素。Cron 和 March 等学者的研究结果认为，当 CO_2 分压低于 0.021MPa（3psi）时腐蚀可以忽略；当 CO_2 分压为 0.021MPa 时，腐蚀将要发生；当 CO_2 分压为 0.021～0.21MPa 时，腐蚀可能发生。也有学者在研究现场低合金钢点蚀的过程中，得到一个经验规律，即当 CO_2 分压低于 0.005MPa 时，观察不到任何因点蚀而造成的破坏。

温度是影响 CO_2 腐蚀的重要因素。温度不同，钢铁材料的 CO_2 腐蚀有三种情况。如表7-2 所示。

① 60℃以下，钢铁表面存在少量软而附着力小的 $FeCO_3$ 腐蚀产物膜，金属表面光滑，易发生均匀腐蚀。

② 100℃附近，腐蚀产物层厚而松，易发生严重的均匀腐蚀和局部腐蚀（深孔）。

③ 150℃以上，腐蚀产物是细致、紧密、附着力强、具有保护性的 $FeCO_3$ 和 Fe_3O_4 膜，降低了金属的腐蚀速率。

表 7-2 CO_2 腐蚀机理

钢表面腐蚀产物膜的组成、结构、形态受介质的组成、CO_2 分压、温度、流速等因素的影响。所以钢表面腐蚀破坏的形式受碳酸盐腐蚀产物膜的控制。当钢表面生成无保护性的腐蚀产物膜时，发生均匀腐蚀；当钢表面的腐蚀产物膜不完整或被损坏、脱落时，会诱发局部点蚀而导致严重穿孔破坏；当钢表面生成完整、致密、附着力强的稳定性腐蚀产物膜时，可降低均匀腐蚀速率。

X65管线钢在CO_2饱和的不同温度的4.9%NaCl溶液中浸泡48h后，其平均腐蚀速率如图7-7所示。可以发现，随着试验温度从90℃升高到250℃，材料的腐蚀速率迅速下降，表明腐蚀产物膜的保护性起着决定性作用。表面腐蚀产物形貌扫描电镜图像如图7-8所示。当试验温度为90~150℃时，腐蚀产物呈晶体状，且腐蚀产物膜很致密，覆盖了整个金属表面。温度为200℃时，晶体间出现明显的孔隙，覆盖率降低。250℃时，晶体随机分布在样品表面，且数量减少。一般认为，材料在250℃时形成的腐蚀产物膜保护性最小，实际情况则是在此温度下材料的腐蚀速率最小。腐蚀产物膜的XRD结果表明，90~200℃时生成的腐蚀产物主要是$FeCO_3$晶体，250℃时为$FeCO_3$晶体和Fe_3O_4共混。由此可见，与$FeCO_3$相比，Fe_3O_4具有更好的保护效果。

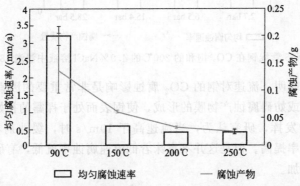

图7-7　X65管线钢在CO_2饱和的不同温度的4.9%NaCl溶液中浸泡48h后的平均腐蚀速率

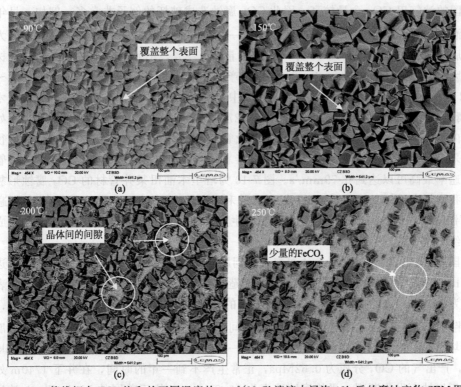

图7-8　X65管线钢在CO_2饱和的不同温度的4.9%NaCl溶液中浸泡48h后的腐蚀产物SEM图像

试验温度为200℃时 CO_2 分压对 X65 管线钢的影响结果如图7-9所示（1bar $=10^5$ Pa）。随着 CO_2 分压的增加，材料的平均腐蚀速率增加。可能是由于 CO_2 分压增加，溶液的 pH 降低，导致溶液腐蚀性增强，加速了材料的腐蚀。

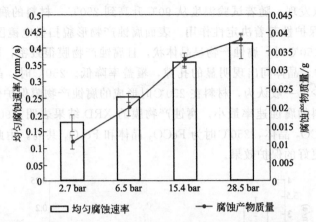

图 7-9　CO_2 分压对 X65 管线钢在 CO_2 饱和的 200℃的 4.9％NaCl 溶液中浸泡 48h 后的平均腐蚀速率

现场实践和研究表明，流速对钢的 CO_2 腐蚀影响是非常重要的因素。高流速的冲刷作用易破坏腐蚀产物膜或妨碍腐蚀产物膜的形成，使钢表面处于裸露的初始腐蚀状态。高流速将影响缓蚀剂作用的发挥，研究认为，当流速高于 10m/s 时，缓蚀剂不再起作用。因此，通常流速增加，腐蚀率提高。但是这并不意味着低流速腐蚀率就低，有研究表明，流速过低易导致点蚀速率的增加。

7.2.3.3　腐蚀实例

我国的油气田 CO_2 含量较高，因此 CO_2 腐蚀造成破坏的例子非常多。例如，早年开采的北古潜山构造，CO_2 含量高达 42％，开采一年多，其中 3 口高产油井的油管就因为严重腐蚀先后报废；华北油田的馏 58 井，CO_2 含量为 4.2％，不到一年半时间，N80 管材的油管就报废了，最终导致油井停产；2000 年投产的牙哈凝析气田，CO_2 含量为 0.6％～1％，自 2002 起地面管道就开始多次发生刺漏，其中 YH23 区发生了 45 次刺漏；位于塔里木盆地北部的雅克拉气田，CO_2 含量为 2.31％～6.27％，投产 16 个月后，距离井口 150m 处的集输管线内腐蚀严重，先后出现了爆管、穿孔及管道壁厚减小等腐蚀现象。随着管线服役时间延长，采出气含水量上升，导致腐蚀环境逐步恶化，腐蚀也沿着管线向远处延伸，各管段平均腐蚀速率最高可以达到 0.79mm/a。图 7-10 为塔里木油田某井管材的 CO_2 腐蚀形貌。据调查，我国川东地区、南海崖 13-1 气田、胜利油田、大庆油田、长庆油田等也普遍存在 CO_2 腐蚀问题，这些腐蚀问题的存在对油田生产和我国的石油天然气开发工业均造成了一系列的经济损失和安全事故。

在国外，CO_2 腐蚀也是一个不可忽视的问题。20 世纪 60 年代，在苏联拉斯诺尔边疆地区油气田的开发中，首次发现了由 CO_2 腐蚀造成油田设备损坏的现象，测得设备内表面腐蚀速率为 5～8mm/a；1988 年，英国北海油田的 Piper Alpha 海洋平台，CO_2 含量为 1.5％～3％并伴随较高浓度的 Cl^-，仅仅两个多月时间，由碳锰钢 X52 制成的管道就因 CO_2 腐蚀造成的破坏引起了剧烈的爆炸和燃烧，酿造了一次震惊世界的悲惨事故；挪威 Ekofisk 气田 1 号井，产出气的 CO_2 分压为 0.62Mpa，正常生产不到一年的时间，在井下 1740m 处的油管就由于腐蚀而发生断裂，平均腐蚀速率为 10.2mm/a；位于美国的 Little Creek 油田，在

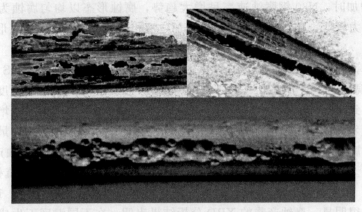

图 7-10　塔里木油田某井管材的 CO_2 腐蚀形貌

实施 CO_2 驱油的试验期间并没有采取任何抑制 CO_2 腐蚀的措施，导致采油井的管壁在短短 5 个月内就腐蚀穿孔，腐蚀速率高达 12.7mm/a。此外，在德国北部地区、中东地区、美国的一些油气田都广泛存在 CO_2 腐蚀问题。

7.2.3.4　防止二氧化碳腐蚀的措施

在含 CO_2 的油气田中，选用含 Cr 的不锈钢具有较好的耐蚀性。脱除油气中的水是降低或防止 CO_2 腐蚀的一种有效措施。添加缓蚀剂、定期清管、采用防腐层及非金属材料也是目前广泛采用的措施。

7.2.4　硫化氢/二氧化碳混合体系的腐蚀

目前，越来越多的油气田出现 H_2S/CO_2 混合腐蚀的问题，两者共存时的腐蚀机理还没有形成统一的认识。

7.2.4.1　硫化氢、二氧化碳共存条件下碳钢和低合金钢的腐蚀机理

在 CO_2 和 H_2S 共存体系中，H_2S 的作用表现为以下三种形式：

在 H_2S 含量<68.95Pa 时，CO_2 是主要的腐蚀介质，温度高于 60℃时，腐蚀速率取决于 $FeCO_3$ 膜的保护性能，基本与 H_2S 无关；

在 H_2S 含量增加至 $p_{CO_2}/p_{H_2S}>200$ 时，材料表面形成一层与系统温度和 pH 值有关的较致密的 FeS 膜，导致腐蚀速率降低；

在 $p_{CO_2}/p_{H_2S}<200$ 时，系统中 H_2S 为主导，其存在一般会使材料表面优先生成一层 FeS 膜，此膜的形成会阻碍具有良好保护性的 $FeCO_3$ 膜的生成，系统最终的腐蚀性取决于 FeS 和 $FeCO_3$ 膜的稳定性及其保护情况。

7.2.4.2　硫化氢、二氧化碳共存条件下的腐蚀影响因素

温度对 CO_2、H_2S 腐蚀的影响主要体现在三个方面：

温度升高，CO_2、H_2S 气体在介质中的溶解度降低，抑制了腐蚀的进行；

温度升高，各反应进行的速率加快，促进了腐蚀的进行；

温度升高，影响了腐蚀产物膜的形成机制，可能抑制腐蚀，也可能促进腐蚀。

研究表明，当 H_2S 含量较低（70mg/m³）和较高（6000mg/m³）时腐蚀速率较低；随着 H_2S 含量增加，N80 钢呈现明显的局部腐蚀特征，同时腐蚀倾向与腐蚀形态间也表现出一定的相关性。

CO_2 分压增加时，N80 钢腐蚀速率呈增大趋势，腐蚀形态以均匀腐蚀为主，试样表面腐蚀产物膜附着力较低，且有缺陷或较疏松，加之液相流的冲刷作用，难以形成厚而致密的保护性膜。

如 110S 套管在高温高压硫化氢/二氧化碳环境里腐蚀 10 天，温度、H_2S 分压和 CO_2 分压对 110S 材料腐蚀速率的影响如图 7-11 所示。由图 7-11(a) 可见，随着温度的升高，材料腐蚀速率降低，到 110℃时腐蚀速率最小。然后温度升高，材料腐蚀速率又增加。这是因为温度升高，H_2S 和 CO_2 在水溶液中的溶解度下降。因此 90℃时溶液的 pH 最低，腐蚀性最强，导致材料的腐蚀速率最大，且腐蚀产物容易剥落。110℃时材料的腐蚀产物比较致密，与基体附着性好。150℃时腐蚀产物长大，以块状和不规则形状出现，较疏松，保护性差。由图 7-12 可见，去除腐蚀产物后，110℃对应的金属表面以均匀腐蚀为主，150℃对应的金属表面局部腐蚀很明显。腐蚀产物的 XRD 分析结果表明，在不同温度下生成的腐蚀产物为不同类型的铁的硫化物，没有 $FeCO_3$ 的出现，表明 H_2S 腐蚀占主导地位。

由图 7-11(b) 可见，在温度为 130℃和 CO_2 分压为 6MPa 的条件下，当 H_2S 分压从 3MPa 增加到 9MPa 时，材料腐蚀速率逐渐下降。当 H_2S 分压高于 9MPa 时，腐蚀速率迅速增加。在不同 H_2S 分压下，材料表面腐蚀形貌不同。3MPa 时，腐蚀产物疏松且不平整，压力增加，表面变得更致密和平坦。大于 9MPa 时，腐蚀产物以块状出现。腐蚀产物的 XRD 分析结果表明，在不同 H_2S 分压下腐蚀产物主要是铁的硫化物，没有 $FeCO_3$。

由图 7-11(c) 可见，在温度为 130℃和 H_2S 分压为 9MPa 的条件下，CO_2 分压为 2MPa

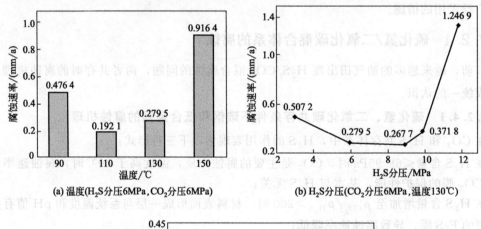

(a) 温度(H_2S分压6MPa，CO_2分压6MPa)

(b) H_2S分压(CO_2分压6MPa，温度130℃)

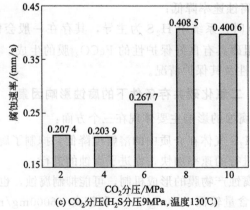

(c) CO_2分压(H_2S分压9MPa，温度130℃)

图 7-11　温度、H_2S 分压和 CO_2 分压对 110S 材料腐蚀速率的影响

和 4MPa 时的腐蚀速率相近。压力从 4MPa 增加到 8MPa 时，腐蚀速率增加，压力为 10MPa 时，腐蚀速率略有降低。同时发现，CO_2 分压为 8～10MPa 时材料的腐蚀速率比低压时高 1 倍左右。不同分压下腐蚀速率不同的原因是材料表面腐蚀产物的形貌不同，低压时腐蚀产物致密，高压时腐蚀产物疏松，保护性差。并且，这种条件下的腐蚀仍然以 H_2S 腐蚀为主。CO_2 分压的增加，加速了材料的腐蚀。

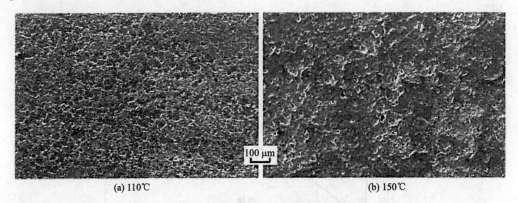

(a) 110℃   (b) 150℃

图 7-12 去除腐蚀产物后的金属表面

溶液中阴阳离子如 Cl^-、Ca^{2+}、Mg^{2+} 含量对腐蚀的影响复杂。Cl^- 的影响表现在两个方面：一方面降低试样表面钝化膜形成的可能性或加速钝化膜的破坏，从而促进局部腐蚀损伤；另一方面使得 CO_2 在水溶液中的溶解度降低，有缓解碳钢腐蚀的作用。当 Cl^- 含量较低（5000mg/L）时，N80 钢表面腐蚀产物膜较致密，附着力也较高，因此抗蚀性好；当 Cl^- 含量增加一倍后，试样表面腐蚀产物膜的致密性降低，其保护作用下降，由此导致钢的腐蚀速率增大；进一步提高 Cl^- 含量，溶液中 CO_2 含量降低，pH 值增大，$CaCO_3$ 的沉积倾向增加，抑制了全面腐蚀的发生，因而均匀腐蚀速率呈下降趋势。

而 Ca^{2+}、Mg^{2+} 对试样的腐蚀行为由下述原因决定：一方面，Ca^{2+}、Mg^{2+} 的存在增大了水溶液的硬度，使离子强度增大，导致 CO_2 溶解在水中的 Henry 常数增大，在其他条件保持不变的情况下，Ca^{2+}、Mg^{2+} 含量增加使得溶液中的 CO_2 含量减少；另一方面，Ca^{2+}、Mg^{2+} 含量的增加会使溶液结垢倾向增大，加速垢下腐蚀以及产物膜与缺陷处暴露基体金属间的电偶腐蚀。这两方面的影响因素使得全面腐蚀速率降低而局部腐蚀增强。

液相流态是影响腐蚀的一个重要因素。它不仅破坏钢表面腐蚀产物膜的形成，而且可以加速腐蚀介质向钢表面的扩散。实验研究表明，静态腐蚀试样的腐蚀速率低于动态腐蚀速率，且腐蚀较均匀，而动态腐蚀试样存在严重的局部腐蚀。

7.2.5 超临界 CO_2 腐蚀

随着工业现代化的推进，人类对化石能源的需求不断增长，每年由化石能源产生的 CO_2 总量高达 13375Mt，导致大气中的 CO_2 浓度显著提高。CO_2 被认为是导致全球气候变暖的主要原因，对温室效应的贡献率达 70%。全球气候变暖带来的一系列环境生态问题，严重制约着人类的可持续发展。碳捕获与封存（CCS）技术被认为是一项极具潜力的减少碳排放的前沿技术，国际能源署认为其贡献率将达到 20%，成为国内外竞相研究的热点。到 2050 年，全球每年将对 100 亿吨的 CO_2 进行捕集封存。将捕集到的 CO_2 用于驱油（enhanced oil recovery，EOR），可以使采油率提高约 13%。

CO_2 输送是保证 CO_2 从捕集地安全、可靠地输送至存储地或使用地的重要枢纽。目前，CO_2 输送方式主要为罐装输送和管道输送。罐装输送主要通过公路、铁路、船舶等方式运输，输送的距离短、运输量小，运输成本较高。管道输送被认为是 CO_2 输送最安全、最经济的输送方式。为了避免输送过程中形成两相流等复杂情况，同时增加 CO_2 密度以提高输送效率，在运输过程中，CO_2 通常压缩至超临界状态（supercritical CO_2，SC-CO_2），即温度高于 31.1℃、压力大于 7.38MPa。CO_2 的状态随压力和温度的变化如图 7-13 所示。

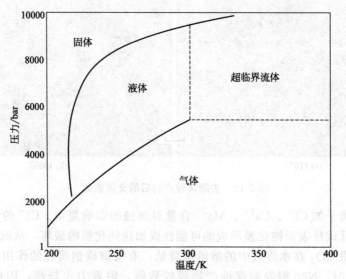

图 7-13　CO_2 状态随压力和温度变化图

CO_2 在水中的溶解度与温度、压力有关。在同一压力下，温度升高，CO_2 在水中的溶解度随之降低，温度为 0~70℃时，溶解度下降的速度较快，温度超过 70℃时，溶解度下降趋势变慢。在同一温度下，压力升高，CO_2 在水中的溶解度随之升高，达到超临界状态时，CO_2 溶解度有明显的升高。

通常，干燥纯净的 CO_2 对碳钢管道没有腐蚀性。但由于受到气体来源、捕集方法及成本等方面的限制，管道输送的超临界 CO_2 流体中不可避免地含有一定量的 H_2O、O_2、SO_2 等杂质。一旦管道中形成自由水相，CO_2 将溶于水形成 H_2CO_3，引起碳钢管道的腐蚀，尤其是气体杂质的存在将会加剧管道腐蚀。超临界状态下，CO_2 与水的互溶度将进一步增加，增加了输送管道腐蚀的严重性。O_2、SO_2 等杂质的存在使超临界 CO_2 相态体系更加复杂，促进了 CO_2 的腐蚀作用，增加了超临界 CO_2 输送管道的运行风险。

超临界 CO_2 的性质与气液状态 CO_2 有明显的区别，它的密度是气体的几百倍，与液体相当；黏度接近气体，但是比液体小将近两个数量级；扩散系数是气体的 1% 左右，但又比液体大数百倍。所以超临界 CO_2 兼有气液两相的双重特点，既具有与气体接近的低黏度和高扩散系数，又有与液体相近的密度和对物质很好的溶解能力，因此其腐蚀机理明显区别于常压或低压 CO_2 环境。

造成超临界 CO_2 腐蚀的影响因素有很多，而且各种因素相互作用，影响机制较为复杂。目前，国内外研究者把影响 CO_2 腐蚀的因素主要分为两类：一类是环境因素，包括压力、温度、含水量、气体杂质种类及含量、时间等；另一类是材料因素，包括合金元素种类及含量、材料金相组织、热处理制度等。

CCS 过程中，CO_2 输送管道材料的选择主要根据材料的腐蚀和经济性确定。碳钢由于成本低和力学性能好，在石油天然气输送过程中被广泛使用，同时被认为是 CCS 过程中 CO_2 输送管道的最佳材料之一。但是，碳钢容易被腐蚀，影响输送过程中管道的安全运行。相比碳钢材料，耐腐蚀合金的成本较高，大规模应用不符合工程实际，但是当腐蚀体系中酸性气体等杂质含量较高，使得腐蚀体系的 pH 较低，发生严重的点蚀或局部腐蚀时，耐腐蚀合金材料是最好的选择。

CO_2 输送管道的温度、压力受到摩擦阻力、热交换、地形变化等因素的影响而发生变化，导致输送过程中的管道腐蚀行为产生差异。温度和压力对管道钢腐蚀的影响主要归纳为两个方面，一方面，温度和压力的改变可以使管道中 CO_2 的相态发生变化。另一方面，温度和压力的变化可以改变腐蚀体系中水、气体杂质等物质的溶解度和密度，从而影响腐蚀反应过程。腐蚀时间对管道钢腐蚀的影响主要与材料表面腐蚀产物膜的形成有关。含水量是对超临界 CO_2 输送管道腐蚀影响最大的因素。

7.3 滩海及海洋油气田中钢铁设备的典型腐蚀

随着我国滩海及海洋石油工业的迅猛发展，海上钢制结构越来越多。目前我国已有近百座石油平台分布在渤海、东海和南海海域。可以预期在未来几年内，还要建设更多的海上石油设施。这些设施大都采用钢铁材料制成，因此海上钢质结构的腐蚀控制直接关系到这些设施的使用安全。钢铁结构在海洋环境中极易发生腐蚀，引发灾难性事故，同时造成巨大经济损失。据统计，世界各国每年因腐蚀造成的直接经济损失占其国民生产总值的 $2\%\sim4\%$，其中海洋腐蚀的损失约占总腐蚀的 $1/3$。

7.3.1 腐蚀环境

滩海及海洋是一个腐蚀性极强的环境，各种钢铁设施在滩海及海洋环境中极易发生腐蚀，而且比陆地上更严重。这些设备一旦发生腐蚀破坏，维修极为困难。同时，滩海及海洋也是一个特定的极其复杂的腐蚀环境，腐蚀环境可分为滩涂区、海洋大气区、浪花飞溅区、海水潮汐区、海水全浸区、海底沉积物区（海底泥土区）六个不同腐蚀区域。在不同腐蚀区域的海上钢质结构存在不同的腐蚀特征。

7.3.2 滩涂区腐蚀

滩涂区是指在潮汐影响下干湿交变的海边土壤区（包括沼泽）。滩涂区土壤是一种由固、液、气三相组成的极为复杂的不均匀多相腐蚀介质，由于海水的浸泡，与一般陆地土壤相比，不但含水量、含盐量高，电阻率低，而且透气性差，属于缺氧环境，厌氧菌极易繁殖。此外，滩涂区土壤靠近岸边，也容易受到污染。所以，滩涂区金属构件的土壤腐蚀比较严重。通过在辽河油田海外河、二界沟、荣兴屯、笔架岭滩涂区现场埋片，测得腐蚀速率在 $0.0200\sim0.1322mm/a$ 之间。影响滩涂区腐蚀性的因素主要有：土壤电阻率、氧化还原电位、硫酸盐还原菌（SRB）含量、硫化物电位（E_S）、硫离子（S^{2-}）活度、Fe^{3+}/Fe^{2+} 比、pH 值和温度等。

7.3.3 海洋大气区腐蚀

海洋大气区是指海面飞溅区以上的大气区和沿岸大气区。海洋大气区的特点是空气湿度大、含盐分多。暴露在海洋大气区的金属表面常沉积细小海盐颗粒。由于海盐的吸湿性（尤其是氯化钙和氯化镁），易在金属表面形成液膜。在季节或昼夜变化气温达到露点时尤为明显。同时尘埃、微生物（真菌和霉菌）在金属表面的沉积，会增强环境的腐蚀性。因此海洋大气对金属结构的腐蚀程度要比内陆大气（包括乡村大气和城市大气，个别工业大气例外）严重得多。

海洋大气腐蚀环境中，湿度对腐蚀的影响有决定性的作用。空气中相对湿度大小，决定了大气中金属的腐蚀速率。研究结果表明，当相对湿度（RH）>65%时，金属表面上会附着 $0.001 \sim 0.01 \mathrm{pm}$ 厚的水膜，如水膜中溶解有酸、碱、盐，则会加速大气腐蚀。一般因降水造成干湿交替的情况下腐蚀性最强。

海洋大气中沉降并附着在金属表面的尘埃也会引起腐蚀，尤其易引起点蚀。

在石油和天然气的开发中，常伴有 SO_2、CO_2 等有害气体释放到海洋大气中，当这些气体溶解在金属表面的水膜中时，会引起金属结构物腐蚀。

海洋大气环境的腐蚀性随温度的升高而增加。温度越高，腐蚀性越强。热带的腐蚀性最强，温带次之，温度较低的南北极较弱。

海洋平台处于海洋大气区腐蚀的特点是，一般阴面比阳面腐蚀更严重，距海水近的下部比上部腐蚀严重。数据表明，渤海海上平台在海洋大气区的实测腐蚀速率超过 $0.1 \mathrm{mm/a}$。

碳钢、低合金钢和铸铁在海洋大气中主要表现为均匀腐蚀，其腐蚀速率在 $0.05 \mathrm{mm/a}$ 左右，低于浪花飞溅区、海水潮汐区和海水全浸区。由于表面液膜中氯化物盐粒存在，一般不能建立钝态，但随暴露时间延长，由于腐蚀产物膜的保护作用，腐蚀速率会降低。对于容易钝化的金属如不锈钢等，由于表面液膜薄，供氧充分，所以钝化膜的稳定性比全浸状态下高。某些铝合金在海水中钝化膜不稳定，但在海洋大气中却可以维持钝化态，具有较好的耐蚀性。

7.3.4 浪花飞溅区腐蚀

在海洋环境中，海水的飞溅能够喷洒到海洋结构物表面，但在海水涨潮时又不被海水浸没的区域称为浪花飞溅区。

在浪花飞溅区金属表面常被充气海水所润湿，并受海水飞溅冲击，是钢铁设施腐蚀最严重的区域，年平均腐蚀率可达 $0.2 \sim 0.5 \mathrm{mm}$，为海水全浸区的 $3 \sim 5$ 倍。这是因为在这一区域海水飞溅、干湿交替，氧的供应最充分，同时光照和浪花冲击破坏金属的保护膜，保护涂层很容易破坏，造成腐蚀最为强烈。渤海海上平台，在浪花飞溅区的钢铁实测腐蚀速率为 $0.45 \mathrm{mm/a}$，并可检测到有很多深度 $2 \mathrm{mm}$ 以上的蚀坑。

在浪花飞溅区，不锈钢和钛等钝化金属往往是耐蚀的，这是由于充分充气的海水条件促进了金属的钝化。

7.3.5 海水潮汐区腐蚀

海水潮汐区是指平均高潮位和平均低潮位之间的区域。潮差的大小因地区而异。同浪花飞溅区一样，海水潮汐区的金属表面也与充分充气的海水接触，至少每天有一段时间是如此。但海水潮汐区又与浪花飞溅区不同，海水潮汐区氧的扩散不及浪花飞溅区那样快。浪花飞溅区金属表面的温度主要受气温控制，接近于气温。而海水潮汐区金属表面的温度既受气温也受海水温度的影响，通常接近或等于表层海水的温度。浪花飞溅区无海生物附着，而海水潮汐区海生物会栖居在金属表面上，使金属得到部分保护。海水潮汐区不像浪花飞溅区那样有强烈的海水冲击，因此海水潮汐区的磨蚀作用较小。总之，海水潮汐区的腐蚀环境不像浪花飞溅区那样苛刻。

在海水潮汐区，孤立处于该区域的小块钢铁构件和长尺寸钢桩的腐蚀行为有很大差别。长尺寸试样处于水线以下的全浸部分和水线以上的海水潮汐区构成了氧浓差电池，海水潮汐区部分供氧较充分，为阴极区，其腐蚀速率因受到水线以下供氧不充分的阳极区的保护作用而降低。然而小块钢铁试样就得不到这样的保护，故其腐蚀速率要高得多。

7.3.6　海水全浸区腐蚀

海水全浸区是指常年浸泡在海水中的区域。根据海水深度的不同，又分为浅海水区和深海水区，一般所说的浅海水区大多指 $100\sim200\mathrm{m}$ 以内的海水。海洋环境因素如温度、含氧量、盐度、pH 值等随海水深度而变化，因此海水深度必然影响到全浸区金属的腐蚀行为。

影响金属在海水环境腐蚀的化学因素中，溶解氧含量是一个很重要的因素。对碳钢、低合金钢等在海水中不发生钝化的金属，海水中含氧量增加，腐蚀加速；对那些依靠表面钝化膜提高耐蚀性的金属，如铝和不锈钢等，含氧量增加有利于钝化膜的形成和修补，使钝化膜的稳定性提高、点蚀和缝隙腐蚀的倾向性减小。

一般说来，海水的 pH 值在 $7.8\sim8.2$ 之间，pH 值主要影响钙质水垢沉积，从而影响海水的腐蚀性。pH 值升高，容易形成钙沉积层，有利于抑制海水对钢的腐蚀，海水腐蚀性减弱。

流速和温度是影响金属在海水中腐蚀速率的重要物理因素。海水的流速以及波浪都会对腐蚀产生影响。流速增加，腐蚀速率增大。海水温度升高，氧的扩散速率加快，这将促进腐蚀过程的进行，同时，海水中氧的溶解度降低，促进保护性钙质水垢生成，这又会减缓金属在海水中的腐蚀。温度升高的另一效果是促进海洋生物的繁殖和覆盖导致缺氧，或减轻腐蚀（非钝化金属），或引起点蚀、缝隙腐蚀和局部腐蚀（钝化金属）。

海洋环境中存在着多种动物、植物和微生物，与海水腐蚀关系较大的是附着生物。海生物的附着增加了海水腐蚀。

海水全浸区的腐蚀，随水深而不同。在浅海区，表层海水的含氧量通常达到或接近饱和状态，而且温度较高，生物活性也很大，腐蚀一般较严重。在深水区，由于氧浓度低、温度低、海水流动缓慢、氧的扩散能力较差，所以深海中钢的腐蚀速率比表层海水低得多。

由于不同金属在海水中腐蚀机理不同，腐蚀速率随海水深度的变化规律并不完全相同。铜及其合金腐蚀速率基本不随海水深度而变化。镍及镍-铜合金腐蚀速率随海水深度的变化大体与含氧量的变化规律相同。不锈钢和铝合金的腐蚀速率与海水深度没有确定关系。

7.3.7　海底泥土区腐蚀

海底泥土区是指海水全浸区以下部分，主要由海底沉积物构成。海底沉积物的物理性质、化学性质和生物性质随海域和海水深度不同而异。因此海泥区的环境状况是很复杂的。

与陆地土壤不同，海底泥土区含盐量高，电阻率低，因此海底泥浆是一种良好的电解质，对金属的腐蚀性要比陆地土壤高。由于海底泥土区 Cl^- 含量高且供氧不足，一般钝性金属（如 Cr-Ni 不锈钢）的钝化膜是不稳定的。

无论与陆地土壤相比，还是与全浸海水相比，海底泥土区的氧浓度都是相当低的。因此钢在海底泥土区的腐蚀速度低于海水全浸区。

海底沉积物中通常含有细菌，主要是厌氧的硫酸盐还原菌，其能在缺氧的条件下生长繁殖。海水的静压力会提高细菌的活性。这种硫酸盐还原菌使钢和铸铁等金属产生腐蚀，其腐蚀速率要比无菌时高得多。

表7-3是以海洋平台为例，示意出各种海洋环境区域的环境条件、腐蚀特点。

表 7-3　不同海洋区域的腐蚀情况

海洋区域	环境条件	腐蚀特点
海洋大气区	风带来细小的海盐颗粒。影响腐蚀的因素：高度、雨量、温度、风速、尘埃、日照	海盐粒子使腐蚀加快，但随距离而不同，背风面腐蚀严重
浪花飞溅区	潮湿、充分充气的表面，无海生物沾污	海水飞溅，干湿交替腐蚀最激烈，涂层易损坏
海水潮汐区	周期沉浸，供氧充足，海生物沾污	钢和水线以下区组成氧浓差电池，本区受保护，孤立样板在此区腐蚀严重
海水全浸区	在浅水区海水通常为氧饱和，影响腐蚀因素：流速、水温、污染、海生物、细菌等	腐蚀随深度变化，浅水区腐蚀较重，阴极区往往形成石灰层水垢，生物因素影响大
	在大陆架，生物沾污大大减少，氧含量有所降低，温度也较低	随深度增加，腐蚀减轻，但不易生成水垢型保护层
	太平洋中深海区，氧含量比表层低得多，而大西洋中差别不大。温度接近 0℃，水流速低，pH 比表层低	钢的腐蚀通常较轻，不易生成矿物质水垢
海底泥土区	常有细菌（为硫酸盐还原菌），环境条件多变	泥浆通常有腐蚀性，有可能形成泥浆海水腐蚀电池。有对微生物腐蚀作用的产物硫酸物生成

7.3.8　海水腐蚀

钢铁在海水中的腐蚀过程可由下列共轭反应表示：

阳极过程：
$$Fe \longrightarrow Fe^{2+} + 2e^- \tag{7-16}$$

阴极过程：
$$O_2 + 2H_2O + 4e^- \longrightarrow 4OH^- \tag{7-17}$$

阴极氧的去极化作用对钢铁在海水中的腐蚀速度具有控制作用，或者说海水腐蚀主要受溶解氧到达金属表面阴极区扩散速度的控制。

海水中含有大量的氯离子，Cl^- 对钢铁的活化作用较强，所以钢铁在海水腐蚀过程中的阳极极化作用很小，腐蚀速度相当大。即使是不锈钢，由于 Cl^- 的活化作用，钝化膜局部也易受到破坏，容易发生点状腐蚀。但当不锈钢中加有能提高钝化膜对 Cl^- 稳定性的合金元素 Mo 时，则能降低氯离子对钝化膜的破坏作用。

碳钢的腐蚀产物疏松地覆盖在金属表面上，因而不能抑制碳钢的进一步腐蚀，当有氧供应时，腐蚀就一直进行下去。在氧供应不足的情况下，腐蚀产物有着不同的颜色，从淡绿色到黑色；当氧过剩时，它们又变为橙黄到褐色。在不致密的涂层下面、附着生物下面、狭窄的缝隙中，腐蚀产物呈黑色。

7.4　炼油设备的典型腐蚀

国内炼油厂原油主要由国内各油田生产的原油和进口原油两部分组成，炼油厂设备发生腐蚀的类型和程度在很大程度上取决于加工原油的性质。虽然国内大部分油田原油含重金属量、含硫量和酸值都不高，对设备的腐蚀和后续加工过程中催化剂中毒问题的影响不大，但是随着原油产出量的不断增加以及一些老油田趋于中后期阶段，原油的质量日趋变劣。产出的原油密度、含硫量、含重金属量和酸值都有不断上升的趋势，给炼油厂带来了越来越严重的腐蚀问题。进口原油中某些品种含硫量很高，特别是中东原油，往往对炼油厂的加工设备造成严重的腐蚀。

从目前国内各油田产出原油和进口原油质量情况和各炼油厂原油来源分析看，西北各炼油厂和华北、山东、辽宁地区的炼油厂在原油加工过程中都遭受到了高酸值原油引起的严重冲刷腐蚀威胁，而沿江、沿海各炼油厂又都会碰到加工高硫原油引起的严重硫腐蚀问题。特别对于一些老厂多年运行的老设备，问题会暴露得更加突出。各炼油厂为提高效益和参与国际竞争，设备的长周期运行显得更为重要。随着设备运行周期的延长，设备的腐蚀问题暴露得就会愈加明显。

石油炼制过程中导致设备腐蚀的原因有二，其一是原油中的杂质；其二是加工过程中的外加物质。原油主要组成是各种烷烃、环烷烃和芳香烃等。它们本身并不腐蚀设备，但是原油中含有某些杂质会对设备产生腐蚀，如硫化物、无机盐类、环烷酸、氮化物等。此外在炼制过程中加入的溶剂及酸碱化学剂会形成腐蚀介质，也会加速设备的腐蚀。

7.4.1　原油中的腐蚀介质

7.4.1.1　硫化物的腐蚀

原油中或多或少地含有一定量的硫化物，通常将含硫量在 0.1%～0.5% 的原油叫作低硫原油；含硫量大于 0.5% 者为高硫原油。

根据硫化物对金属的作用，可分为活性硫化物和非活性硫化物两类。活性硫化物能与金属直接发生反应，如通常原油中含有的硫化氢、硫和硫醇等。非活性硫化物则不能直接与金属反应，如硫醚、多硫醚、噻吩、二硫化物等。腐蚀性能与原油中的总含硫量之间并无精确关系，主要与参加腐蚀反应的有效硫化物含量如 H_2S、单质硫、硫醇等活性硫及易分解为 H_2S 的硫化物含量有关。硫化物含量越高则对设备腐蚀就越强。

7.4.1.2　无机盐的腐蚀

原油开采时会带有一部分油田水，经过脱水可以去掉大部分，但是仍有少量的水分与油乳化液悬浮在原油中。这些水分都含有盐类，盐类主要成分是氯化钠、氯化镁和氯化钙。在原油加工中，氯化镁和氯化钙很易受热水解，生成具有强烈腐蚀性的氯化氢（HCl）。而氯化钠在 500℃ 时尚无水解现象，故无 HCl 产生。氯化氢（HCl）含量高则设备腐蚀严重。

7.4.1.3　环烷酸的腐蚀

环烷酸（RCOOH，R 为环烷基）是石油中一些有机酸的总称，主要是指饱和环状结构的酸及其同系物，此外还包括一些芳香族酸和脂肪酸。其分子量在很大范围内变化（180～350）。环烷酸在常温下对金属没有腐蚀性，但在高温下能与铁等生成环烷酸盐，引起剧烈的腐蚀。环烷酸的腐蚀始于220℃，随温度上升腐蚀逐渐增加。在270～280℃时腐蚀最大。温度再提高，腐蚀又下降。到350℃附近又急骤增加。400℃以上就没有腐蚀了。此时原油中环烷酸已基本气化完毕，气流中酸性物浓度下降。环烷酸腐蚀生成特有的锐边蚀坑或蚀槽，是它与其他腐蚀相区别的一个重要标志。一般以原油中的酸值来判断环烷酸的含量。原油酸值大于 0.5mgKOH/g（原油）时即能引起设备的腐蚀。

7.4.1.4 氮化物的腐蚀

石油中所含氮化物主要为吡啶、吡咯及其衍生物。原油中这些氮化物在常减压装置很少分解。但是在深度加工如催化裂化及焦化等装置中，由于温度高或催化剂的作用，则分解生成了可挥发的氨和氰化物（HCN）。

分解生成的氨将在焦化及加氢等装置形成 NH_4Cl，造成塔盘垢下腐蚀或冷换设备管束的堵塞。HCN 的存在对催化装置低温 H_2S-H_2O 部位的腐蚀起促进作用，造成设备的氢鼓泡、氢脆和硫化物应力开裂。

对于炼油厂而言，含硫、高酸值的腐蚀环境是设备腐蚀的主要因素，还有其他的腐蚀因素如水、氢、有机溶剂、氨、烧碱、硫酸和氢氟酸等。

7.4.2 硫酸露点腐蚀

以燃料油和燃料气作为主要工业燃料的石油、化工和电力等工业装置的节能设备（如空气预热器等），普遍都会遇到燃料中含硫量偏高，在露点以下形成 H_2SO_4 而造成设备腐蚀问题，这种现象称为"硫酸露点腐蚀"。与普通的大气腐蚀不同，它不仅能腐蚀普通碳钢，而且能腐蚀不锈钢，对工业生产装置危害极大。

硫酸露点腐蚀一般发生在加热炉、锅炉、空气预热器、燃料节省器及烟道、烟囱等部位，不少炼油厂均有此种类型的腐蚀产生。

7.4.2.1 硫酸露点腐蚀机理

当含硫燃料燃烧时，硫的化合物发生分解，氧化形成 SO_2 气体。此 SO_2 中的 $1\%\sim2\%$ 的部分受灰分和金属氧化物等的催化作用而生成三氧化硫（SO_3）。SO_3 再与燃烧气体中所含水分（$5\%\sim10\%$）结合生成硫酸。在处于一定温度以下的金属表面凝结而腐蚀金属。其反应如下：

$$S+O_2 \longrightarrow SO_2 \tag{7-18}$$

$$SO_2+\frac{1}{2}O_2 \longrightarrow SO_3 \tag{7-19}$$

$$SO_3+H_2O \longrightarrow H_2SO_4 \tag{7-20}$$

重油中含硫量越高，所生成的 SO_2 量也越大。从露点温度来看，含硫量在 1% 以上时，露点为 130℃，此后就无多大变化。因此要降低露点，燃料中的含硫量必须控制在 1% 以下。

硫酸露点腐蚀可分为三个阶段。第一阶段是锅炉开始运行或刚刚停止运行的状态，此时受较低温度（≤80℃）、较低硫酸浓度（≤60%）的硫酸腐蚀。从电化学方面看，是处于活性状态下的腐蚀。第二阶段是锅炉处于正常运行状态时，金属表面已达到设计温度（80~180℃），硫酸浓度>60%，一般在 85% 左右。此时金属表面受凝结出的高温、高浓度硫酸的腐蚀。对于一般钢材来说，仍是处于活性腐蚀状态。第三阶段是锅炉正常运行时，金属表面温度与凝结的硫酸浓度等方面都与第二阶段相同。不同点是硫酸中已含有大量未燃烧的碳微粒。在它的催化作用下生成大量的 Fe^{3+}。使含有铬和铜的耐蚀钢出现第一次钝化，腐蚀速率显著降低。然而对普通碳钢却不钝化，腐蚀速率仍然很高。钢的硫酸露点腐蚀速率主要由二、三阶段腐蚀过程所决定，因此耐蚀钢与普通碳钢主要是在腐蚀的第三阶段显出较大差别。

7.4.2.2 防腐措施

通过减少燃料含硫量来抑制硫酸的生成是根本解决硫酸露点腐蚀问题的最佳办法。采用高温排放烟气，可避开 H_2SO_4 的露点形成温度，硫酸露点腐蚀程度也就减弱了。选用耐硫酸露点腐蚀材料，如国内的 10CrNiCuP（A）、NSI、ND 钢（09CrCuSb），国外有 CRLA 及 Corten 等钢。这些钢材均有一定的耐露点腐蚀性能。

作业

1. 简述阴极保护的原理及主要参数。
2. 简述二氧化碳腐蚀、硫化氢腐蚀的腐蚀机理。
3. 简述金属设施在海水中不同深度处的腐蚀行为。
4. 简述硫酸露点腐蚀。

第8章
电化学测试方法

导言 ▶▶▶

本章主要介绍了常见的几种电化学测试方法，如稳态极化曲线的测定、暂态测量技术、电化学阻抗谱技术、电化学噪声的测试原理及应用，并简要介绍了几种微区测试技术。重点掌握稳态极化曲线的测定，了解其他几种测试技术，学会应用。

8.1 稳态极化曲线的测定

8.1.1 稳态法的特点

极化曲线的测定分稳态法和暂态法。电极过程达到稳态后，整个电极过程的速度——稳态电流密度的大小，等于该电极过程中控制步骤的速度。

要测定稳态极化曲线，就必须在电极过程达到稳态时进行测定。电极过程达到稳态，就是组成电极过程的各个基本过程，如双电层充电、电化学反应、扩散传质等都达到稳态。当整个电极过程达到稳态时，电极电位、极化电流、电极表面状态及电极表面液层中的浓度分布，均达到稳态而不随时间变化。这时稳态电流全部是由于电极反应产生的。

从极化开始到电极过程达到稳态需要一定的时间。双电层充（放）电达到稳态所需要的时间一般很短。但扩散过程达到稳态往往需要较长的时间。因为在实际情况下只有扩散层厚度延伸到对流区，才能使扩散过程达到稳态。也就是说，在实际情况下，只有对流作用（自然对流和人工搅拌）存在下才能达到稳态扩散。

显然，测定稳态极化曲线的最简单的方法是在自然对流情况下进行。但这种简单的方法往往效果不好。因为自然对流很不稳定，易受温度、振动等因素的影响，因此实验结果重现性差。另外，利用自然对流下测得的稳态极化曲线测定电化学动力学参数时，只能测定那些交换电流密度较小的体系。因为用稳态极化曲线法测定交换电流密度时，必须在不发生浓差极化或者浓差极化的影响很容易加以校正的情况下才行。

此外，要使电极过程达到稳态还必须使电极真实表面积、电极组成及表面状态、溶液浓度及温度等条件在测量过程中保持不变。否则这些条件的变化也会引起电极过程随时间的变化，也得不到稳定的测量结果。显然，对于某些体系，特别是金属腐蚀（表面被腐蚀及腐蚀产物的形成等）和金属电沉积（特别是在疏松镀层或毛刺出现时）等固体电极过程，要在整个所研究的电流密度范围内，保持电极表面积和表面状态不变是非常困难的。在这种情况下，达到稳态往往需要很长的时间，甚至根本达不到稳态。所以，稳态是相对的，绝对的稳态是没有的。实际上只要根据实验条件，在一定时间内电化学参数（如电位、电流、浓度分布等）基本不变，或变化不超过某一定值，就认为达到了稳态。因此，在实际测试中，除了合理地选择测量电极体系和实验条件外，还需要合理地确定达到"稳态"的时间或扫描速度。

8.1.2　稳态极化测量的分类

稳态极化曲线的形状与时间无关，而暂态极化曲线的形状与时间有关，测试频率不同，极化曲线的形状也不同。暂态测试能反映电极过程的全貌，便于实现自动测量，具有一系列优点。但稳态测量仍是最基本的研究方法，特别是在腐蚀研究中更为重要。

稳态极化测量按其控制方式，分为控制电位方法（恒电位法）和控制电流方法（恒电流法）两大类。

控制电位方法：以电极电位作主变量，测试时逐步改变电极电位，测定相应的极化电流的大小。按其电位变化方式，又分为静电位和动电位两种极化方式。静电位法的电位变化可以是逐点的（经典恒电位方法），也可以是阶梯式的（电位台阶法），电位变化后，间隔一定时间进行测量，以便使体系很好地达到稳态。动电位法的电位变化是连续地以恒定的速度扫描，电位扫描速度应保证测试体系达到稳态。

控制电流方法：以极化电流作为主变量，测试时逐步改变外加电流，测定相应的电极电位的数值。电流的变化可以是逐点的，也可以是连续的。逐点变化称为静电流方法，其电流变化可以是逐点的（经典恒电流方法），也可以是阶梯式的（电流台阶法）。

控制电流方法还包括断续电流法，也就是在断电流时间内测量电极电位，此时测出的电极电位不包含溶液欧姆压降，因此断电流法的优点在于能自动地消除欧姆极化。

恒电位方法和恒电流方法各有优缺点及各自的适用范围。恒电流方法使用仪器较为简单，也易于控制，主要用于一些不受扩散控制的电极过程或电极表面状态不发生很大变化的电化学反应。而恒电位方法需要用恒电位仪控制电位，实验操作较为复杂，但适用的范围较广。

对于形状简单的极化曲线，也就是电极电位是极化电流的单值函数的情况，采用恒电位方法和恒电流方法得到的结果是相同的。对于形状复杂的极化曲线，电极电位不是极化电流的单值函数，即同一电流可能对应多个电位值，此时只能采用恒电位方法测定，倘若采用恒电流方法则得不到完整的极化曲线。如具有活化—钝化转变的腐蚀体系的阳极极化曲线的测量。

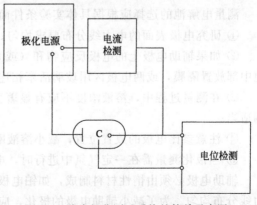

图 8-1　稳态极化测试系统的简单示意图

8.1.3　测试系统

稳态极化测试系统的简单示意图见图 8-1，其主要组成部分包括：极化电源、电流与电位检测、电解池与电极系统。

8.1.3.1 极化电路

极化电路由极化电源和电流检测仪表组成。电流检测仪表可以在回路中串联电流表、采样电阻或零阻电流表。

不同的测试方法，极化电源不同。稳态极化测试最基本的极化电源是恒电位仪。因为恒电位仪除用作恒电位测试外，还可用作恒电流实验。手动经典恒电流（或恒电位）测试，可采用最简单的经典恒电流电路（图8-2）或恒电位电路（图8-3）。

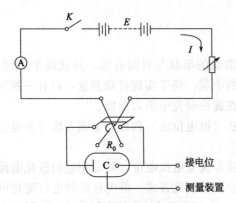

图 8-2　经典恒电流电路原理图

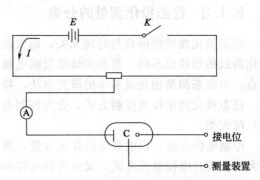

图 8-3　经典恒电位电路原理图

经典恒电流电路由直流电源 E、可调大电阻 R 与电解池串联组成。根据欧姆定律，此电路的电流为

$$I = \frac{E}{R + R_0}$$

式中，R_0 为包括阴、阳极的极化电阻和溶液电阻、导线电阻、接点电阻及仪表内电阻的总电阻。

如果 R 足够大，电流 I 取决于 R 的数值。此种电路主要适合于极化电流小的体系，电路简单、噪声干扰小。

经典恒电位电路实际上是恒定槽压电路，基本电路由一个容量较大的直流电源 E 和一个可通过大电流的可调电阻 R 组成。且要求 $R < R_0$。显然这种测试方法的电流效率很低，研究电极的电位仍然存在波动，没有自动调节恒电位的能力。

8.1.3.2 测量电解池和电极系统

测量电解池的选择应根据具体实验条件而定。一般来说，选择和设计的要点有：

① 研究电极表面的电力线分布要求均匀；

② 如果辅助电极上的电极反应物和（或）产物不希望扩散到研究电极区，可在测量电池中部放置隔膜，或两电极区用玻璃活塞相连；

③ 在测量过程中，溶液浓度不应有显著变化，要注意研究电极的面积与溶液体积的比例适当；

④ 注意参比电极的放置位置，减小溶液欧姆压降；

⑤ 当极化测量需在一定气氛中进行时，电解池应有气体进出管，并注意电解池的密封。

辅助电极必须由惰性材料制成，如铂电极、石墨电极等。其形状和配置应使电解池中电力线分布均匀。为了减小辅助电极的极化，应增大其暴露面积，常采用镀铂黑的铂片作辅助电极。

研究电极应具有一定的容易计算的表面积，在极化测试时其表面的电力线应均匀一致。此外，研究电极的表面状态对测试结果也有很大的影响。因此，在极化测量以及其他电化学测试时，对研究电极的要求主要是封样和表面处理两个方面。

封样是为了使研究电极表面具有确定的表面积，此外为了使试样的非工作表面（包括导线、试样与导线的接触面等）能与腐蚀介质隔离，在封样时应尽力避免缝隙腐蚀的出现。封样方法很多，常用的有涂料封闭试样、热塑性或热固性塑料镶嵌试样、聚四氟乙烯专用夹具压紧非工作面、预先使试样表面钝化再用涂料封闭或与镶嵌配合等。

8.1.4　稳态极化测量在腐蚀电化学研究中的应用

稳态极化测量在金属腐蚀研究中起着很大的作用。以下简要介绍几种典型的应用情况。

8.1.4.1　研究腐蚀机理

由稳态极化曲线的形状、斜率和极化曲线的位置可以研究腐蚀电极过程的电化学行为以及阴、阳极反应的控制特性。通过分析极化曲线还可以探讨腐蚀过程如何随着合金组成、溶液中阴离子、pH、介质浓度及组成、添加剂、温度、流速等因素而变化。

8.1.4.2　测定金属的腐蚀速率

活化极化控制的腐蚀体系，电极电位与外加电流的极化曲线可分为三个区，不同区域有不同的腐蚀速率测试方法。

通过稳态极化曲线测试，由 Tafel 曲线的直线段外延相交可测定金属的自腐蚀电流密度。这一方法比较简单，但是受方法本身特性和测量技术限制，测定误差较大。

当腐蚀金属电极的阴极过程受传质扩散控制时，在阴极极化曲线上表现出不随电极电位而变化的极限扩散电流密度 i_L，此时金属的腐蚀速率就相当于 i_L。

8.1.4.3　判断添加剂的作用机理，评选缓蚀剂

稳态极化曲线测试评选缓蚀剂主要是根据加与不加添加剂时的极化曲线对比分析，判断该添加剂是激发剂还是缓蚀剂，影响的是阳极过程还是阴极过程。从添加剂加入后自腐蚀电流相对于无添加剂时的自腐蚀电流的增减，可以判断添加剂是否为缓蚀剂以及其缓蚀效率。

8.1.4.4　金属钝态的研究

具有钝化特性的金属或合金，可采用恒电位法测定其极化曲线。通过金属和合金在腐蚀介质中阳极极化行为的研究，可以比较不同金属或合金在同一介质中或同种金属或合金在不同介质中的钝化行为，从而用于发展新型耐蚀合金以及筛选耐蚀合金。

如三种超级奥氏体不锈钢 AINI316L、AINI904L、S28，以及三种双相不锈钢 SAF2205、SAF2507、SAF2707 在饱和酒石酸溶液中的阳极极化曲线如图 8-4 所示。316L 和 2205 表现出很强的活性，其中 316L 的致钝电流密度更大。超级奥氏体不锈钢 904L 和 S28 也具有一定的活性。不过这些不锈钢也具有很强的钝化能力。与其他不锈钢相比，双相不锈钢 2507 和 2707 的腐蚀电位更正，更容易钝化。各种不锈钢的钝化行为不同是与钢中 Cr 和 Mo 的含量有关的，316L 和 2205 钢中的 Cr 和 Mo 的含量较低，其活性较大。与 316L 相比，904L 和 S28 中 Mo 含量的增加改善了不锈钢在酸性溶液中的钝化行为，2507 和 2707 中高 Cr 和高 Mo 含量使其具有更明显的钝化行为。

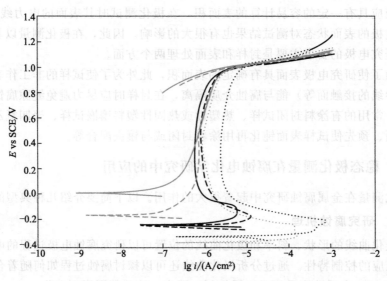

图 8-4　各种不锈钢在饱和酒石酸溶液中的阳极极化曲线

（······ 316L；－－· 904L；── S28；········ 2205；－－ 2507；── 2707）

8.2　暂态测量技术

8.2.1　暂态法的特点

从电极开始极化到电极过程达到稳态这一阶段称为暂态过程。电极过程中任一基本过程，如双电层充电、电化学反应或扩散传质等未达到稳态都会使整个电极过程处于暂态过程中。这时电极电位、电极界面的吸附覆盖状态或者扩散层中浓度的分布都可能处在变化之中，因此暂态过程比稳态过程复杂得多。但是，暂态过程比稳态过程多考虑了时间因素，可以利用各基本过程对时间响应的不同，使所研究的问题得以简化，从而达到研究各基本过程和控制电极总过程的目的。

暂态的一个重要特征是具有暂态电流。暂态电流分为两部分，一部分称为 Faraday 电流，来源于电极表面电化学反应的电荷传递，满足 Faraday 定律，在稳态时亦存在。另一部分称为非 Faraday 电流，是由于双电层电荷改变产生的，电量不满足 Faraday 定律，在稳态时不存在。

与稳态相比，电极过程的暂态多了时间变量和非 Faraday 电流。因此可根据时间变量得到更多的过程动力学信息，如传质动力学等。通过非 Faraday 电流可以得到一些电极表面信息，如双电层电容、吸（脱）附行为等。

8.2.2　暂态测量技术的分类

电化学暂态技术包括电位扰动和电流扰动两大类。电位扰动方法即控制电位暂态技术，它是按指定的规律控制研究体系电极电位 E 的变化，并同时测量响应电流 i 随时间 t 或电量 Q 随时间 t 的变化，也称计时电流法或计时电量法。电流扰动方法是控制电极的极化电流按指定规律变化，同时测量 E-t 的变化。

选用某种用于特定研究的电化学技术主要取决于：①电化学反应的速度；②所要求的数

据精确度；③实验参数，如溶剂性质（电导率、黏度等）、温度、压力、溶液 pH 值等；④采用辅助性技术（如椭圆术、分光光度计）时电极体系的相容性等。通常采用几种方法的组合，包括产物的化学分析以及电分析，其目的是为了尽可能全面地表征所研究的电极过程。

8.2.2.1　控制电流暂态测量技术

控制电流暂态测量技术分为直流和交流两类。常见的直流控制电流暂态测量技术电流信号如图 8-5 所示。图 8-5(a) 为恒电流跃迁，指突然给处于开路状态的电化学体系施加一个恒电流跃迁信号，测量工作电极电位随时间的变化，又称计时电位法。图 8-5(b) 为阶梯电流跃迁，指突然改变处于恒电流极化的电化学体系的电流信号，使其变为另一个恒定值（或为零，即断电），测量工作电极电位随时间的变化。常用于控制电流暂态测量的交流信号有方波和正弦波（图 8-6）。

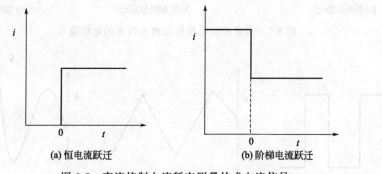

图 8-5　直流控制电流暂态测量技术电流信号

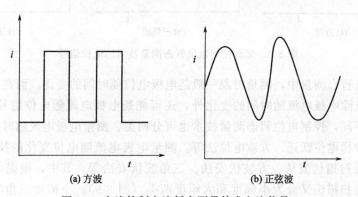

图 8-6　交流控制电流暂态测量技术电流信号

其中，恒电流跃迁法是最常用的暂态测量技术之一。当跃迁电流很小且持续时间很短时，由于电极反应进行而导致的电极表面反应物及产物的浓度变化很小，此时电极过程处于电化学控制。当跃迁电流较大且持续时间较长时，由电极反应进行而导致的电极表面反应物消耗很快，甚至为零，此时电极过程处于扩散控制。

8.2.2.2　控制电位暂态测量技术

控制电位暂态测量技术根据电位信号不同可以分为直流和交流两类。常见直流控制电位暂态测量技术的电位信号如图 8-7 所示。图 8-7(a) 为恒电位跃迁，指突然给处于开路状态的电化学体系施加一个恒电位跃迁信号，测量工作电极电流随时间的变化，又称计时电流法。图 8-7(b) 为阶梯电位跃迁，指突然改变处于恒电位极化的电化学体系的电位信号，使其变为另一个恒定值（或为零，即断电），测量工作电极电流随时间的变化。图 8-7(c) 为线性电位扫描，指对电化学体系施加以一定速率线性变化的电位信号，测量通过工作电极的电流变化。常用于控制电位暂态测量技术的交流信号有方波、三角波和正弦波（图 8-8）。

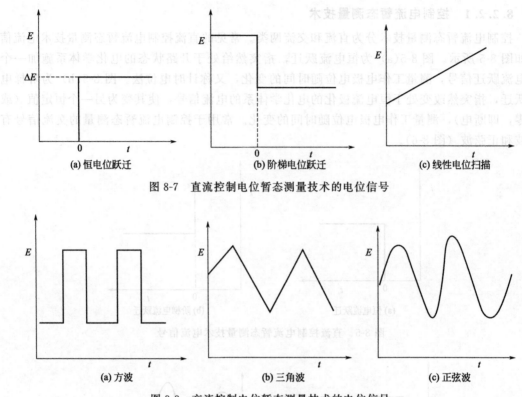

图 8-7　直流控制电位暂态测量技术的电位信号

图 8-8　交流控制电位暂态测量技术的电位信号

在控制电流暂态测量中，测量对象一般是电极电位随时间的变化。而在控制电位暂态测量中，测量对象除电极电流随时间的变化外，还可能是电极电流随电位信号的变化。因此，根据测量对象不同，控制电位暂态测量技术也可分两类。测量电极电流随时间变化的技术有恒电位跃迁、阶梯电位跃迁、方波电位法等。测量电极电流随电位变化的技术又称伏安法，主要有线性电位扫描伏安法、方波伏安法、三角波伏安法等。其中，根据电流响应规律不同，三角波电位扫描法又分为小幅度和大幅度两类（图 8-9）。小幅度三角波电位扫描法的 $|\Delta E| \leqslant 10\text{mV}$，测量对象是电流响应随时间的变化，大幅度三角波电位扫描法又称循环伏安法，测量对象为电流响应随电位的变化。此处主要介绍循环伏安法（cyclic voltammetry，CV）。

在腐蚀研究领域，循环伏安法是一种较为有效、便捷的试验方法，是线性电位扫描技术的一种，常用于测定电极参数，判断电极过程的可逆性、控制步骤和反应机理。通常，它可以清晰地显示整个电位范围内可能发生的反应，为探究腐蚀反应机理提供有力的证据。

定义电位扫描方向改变时的电位为换向电位，记为 E_λ ［见图 8-9(b)］，相应的换向时间记为 λ。以电位先向负方向扫描、再向正方向回扫为例，经历一个循环，工作电极的电位为

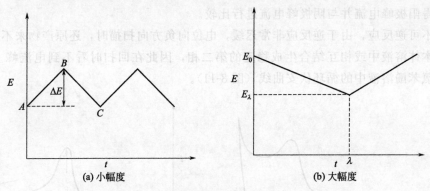

图 8-9　三角波电位扫描法的电位信号

$$E=E_0-vt \qquad (0\leqslant t\leqslant \lambda)$$

$$E=E_0-vt+2(t-\lambda)v=E_0-2v\lambda+vt \qquad (\lambda\leqslant t\leqslant 2\lambda) \qquad (8\text{-}1)$$

对于可逆反应，其典型的循环伏安曲线如图 8-10 所示，在此曲线中，最感兴趣的参数是阴极峰和阳极峰电流之比 $\left|\dfrac{i_{pa}}{i_{pc}}\right|$ 及峰电位间距 $|E_{pa}-E_{pc}|$。对于可逆反应体系，假设反应产物稳定且在电极表面不发生吸附，则有：

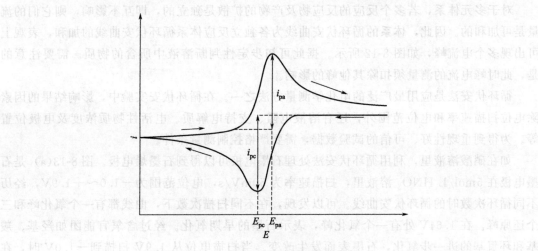

图 8-10　可逆反应的循环伏安曲线

$$\frac{i_{pa}}{i_{pc}}=1 \qquad (8\text{-}2)$$

$$|E_{pa}-E_{pc}|\approx\frac{2.3RT}{nF} \qquad (8\text{-}3)$$

根据这些特征，可由循环伏安曲线判断电极是否处于可逆状态。然而，在实验中，i_{pa} 和 i_{pc} 的值很难精确测量，主要误差来源于基线的确定。一般认为，当 E_λ 比阴极峰的峰电位负 $\dfrac{35}{n}$mV 以上，可根据回扫时的衰减电流外延得到基线来计算回扫时的阳极峰电流。还有一个方法是在电位扫描方向改变时保持电位不变，到电流降为零时再开始回扫。此时电极表面反应物浓度降为零，因此回扫就相当于从起始仅含可逆反应的还原产物 R 的溶液中进行，从而可测得阳极峰电流并与阴极峰电流进行比较。

对于不可逆反应，由于逆反应非常迟缓，电位向负方向扫描时，还原产物来不及反应就已扩散到本体溶液中或相互结合生成稳定的第二相，因此在回扫时看不到电流峰。如 IrO_2 阳极在对氯苯酚溶液中的循环伏安曲线（图 8-11）。

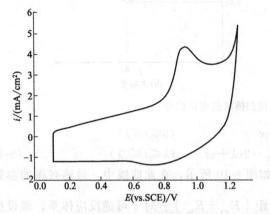

图 8-11　IrO_2 阳极在 5mmol/L 对氯苯酚溶液中发生氯酚　　图 8-12　多元体系的循环伏安曲线
不可逆氧化时的循环伏安曲线（电位扫描速率：0.1V/s）

对于多元体系，若多个反应的反应物及产物的扩散是独立的，即互不影响，则它们的流量是可加和的。因此，体系的循环伏安曲线为各独立反应体系循环伏安曲线的加和，表观上可出现多个电流峰，如图 8-12 所示。据此可初步定性判断溶液中所含的物质。需要注意的是，此时峰电流的测量须扣除其他峰的影响。

循环伏安法是应用最广泛的电化学测量方法之一。在循环伏安实验中，影响结果的因素除电位扫描速率和电位范围外，还有溶液电阻、支持电解质、电活性物质浓度及电极位置等。为得到重现性好、可信的试验数据，需要严格控制测量条件。

如在硝酸溶液里，利用循环伏安法处理石墨电极可以得到石墨烯电极。图 8-13(a) 是石墨电极在 5mol/L HNO_3 溶液里，扫描速率为 50mV/s，电位范围为 $-1.0 \sim +1.9V$，经历不同循环次数时的循环伏安曲线。可以发现，在不同扫描次数下，曲线都有一个氧化峰和三个还原峰。在 1.64V 处有一个氧化峰，表示石墨的早期氧化。经过含氧官能团如羟基、羧基和环氧基的进一步氧化，石墨表面发生改变。当扫描电位从 1.9V 扫描到 $-1.0V$ 时，在 1.42V、0.35V 和 $-0.2V$ 处出现三个还原峰。这些还原峰对应着氧化石墨烯被还原成石墨烯。

图 8-13(b) 表示石墨电极表面的石墨烯（GPGE）和氧化石墨烯（GOPGE）在 0.1mol/L $LiClO_4$ 溶液中，电位范围为 $-1.75 \sim +2.0V$ 的循环伏安曲线。其中氧化石墨烯是在 5mol/L HNO_3 溶液、电位为 1.9V 的条件下通过恒电位法得到的。GPGE 由于没有含氧官能团，所以没有出现明显的还原峰，但是 GOPGE 在 $-1.3V$ 有一个还原峰，这可能是由于 GOPGE 上的含氧官能团发生还原反应引起的。因此可以认为在同一种溶液中，阳极形成的氧化石墨烯在阴极被还原成石墨烯。

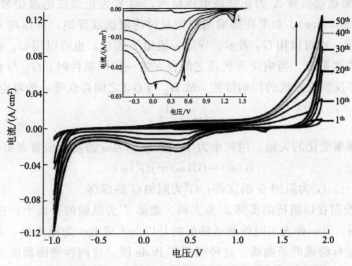

(a) 石墨电极在5mol/L HNO₃溶液中经历不同循环次数的循环伏安曲线

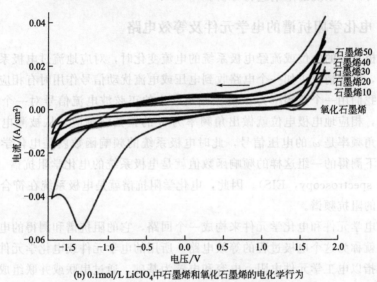

(b) 0.1mol/L LiClO₄中石墨烯和氧化石墨烯的电化学行为

图 8-13　石墨及石墨烯电极循环伏安曲线

8.3　交流阻抗测试技术

8.3.1　阻抗与导纳

对于一个稳定的线性系统 M，如以一个角频率为 ω 的正弦波电信号（电压或电流）X 为扰动信号输入该系统，则相应地从该系统输出一个角频率也为 ω 的正弦波电信号（电流或电压）Y。Y 与 X 之间的关系为

$$Y = G(\omega)X$$

式中，G 为频率的函数，即频响函数，反映系统的频响特征，由 M 的内部结构决定。

如果扰动信号 X 为正弦波电流信号，而 Y 为正弦波电压信号，则称 G 为系统 M 的阻抗

（impedance）。如果扰动信号 X 为正弦波电压信号，而 Y 为正弦波电流信号，则称 G 为系统 M 的导纳（admittance）。如果在频响函数中只讨论阻抗或导纳，可以将 G 总称为阻纳。阻抗一般用 Z 表示，也可以用 G_Z 表示。导纳一般用 Y 表示，也可以用 G_Y 表示。

对于稳定的线性系统，当响应与扰动之间存在唯一的因果性时，G_Z 与 G_Y 都取决于系统的内部结构，都反映该系统的频响特征。故 G_Z 与 G_Y 之间存在唯一的对应关系：

$$G_Z = \frac{1}{G_Y}$$

G 是一个随频率变化的矢量，用频率为 f 或角频率为 ω 的复变函数表示。

$$G(\omega) = G'(\omega) + jG''(\omega)$$

式中，$j^2 = -1$；G' 为阻纳 G 的实部；G'' 为阻纳 G 的虚部。

阻抗 Z 可以绘制在以阻抗的实部 Z' 为实轴、虚部 Z'' 为纵轴的平面上，这种阻抗复平面图称为 Nyquist 图。另一种表示阻纳频谱特征的是以 $\lg f$ 或 $\lg \omega$ 为横坐标，分别以 $\lg |G|$ 和相位角 φ 为纵坐标绘成两条曲线，这种图叫作 Bode 图。这两种谱图都能反映出被测系统的频谱特征，可以对系统的阻纳进行分析。

8.3.2 电化学阻抗谱的电学元件及等效电路

当一个电极系统的电位或流经电极系统的电流变化时，对应地流过电极系统的电流或电位相应地变化，这种情况正如一个电路收到电压或电流扰动信号作用时有相应的电流或电压响应一样。当我们用一个角频率为 ω 的振幅足够小的正弦波电流信号对一个稳定的电极系统进行扰动时，相应地电极电位就做出角频率为 ω 的正弦波响应，从被测电极与参比电极之间输出一个角频率是 ω 的电压信号，此时电极系统的频响函数就是电化学阻抗。在一系列不同角频率下测得的一组这样的频响函数值就是电极系统的电化学阻抗谱（electrochemical impedance spectroscopy，EIS）。因此，电化学阻抗谱就是电极系统在符合阻纳的基本条件时电极系统的阻抗频谱。

如果能用电学元件和电化学元件来构成一个回路，它的阻抗谱和测得的电化学阻抗谱一样，这个电路就称为这个电极过程的等效电路。所用的电学元件或电化学元件就称为等效元件。等效电路指以电工学元件电阻、电容和电感为基础，通过串联或并联组成电路来模拟电化学体系中发生的过程，其阻抗行为与电化学体系的阻抗行为相似或等同，可以帮助电化学研究者考察真实的电化学问题。

如果先不考虑扩散过程的阻抗，主要的等效元件有以下几种。

(1) 等效电阻 R

在电化学阻抗谱中，是按电极的单位面积来计算等效元件的参数值，等效电阻 R 的单位是 $\Omega \cdot cm^2$。等效电阻的阻抗和导纳为

$$Z = R = Z_{Re}, Z_{Im} = 0 \tag{8-4}$$

$$Y = \frac{1}{R} = Y_{Re}, Y_{Im} = 0 \tag{8-5}$$

在 Nyquist 图中，用实轴上的一个点表示。在 Bode 图上，它的绝对值的对数用一条与横轴平行的直线表示，相位角 φ 为 0。

(2) 等效电容 C

作为电化学中的等效电容，其参数值对应于单位电极面积的电容值，单位是 F/cm^2。

阻抗和导纳分别为

$$Z=-j\frac{1}{\omega C}, Z_{Re}=0, Z_{Im}=\frac{1}{\omega C} \tag{8-6}$$

$$Y=j\omega C, Y_{Re}=0, Y_{Im}=\omega C \tag{8-7}$$

它们只有虚部，没有实部。在 Nyquist 图上，以第一象限中的一条与纵轴重合的直线表示。在 Bode 图上，$\lg|Z|$-$\lg\omega$ 曲线是一条斜率为 -1 的直线，相位角 $\varphi=\pi/2$。

(3) 等效电感 L

等效电感的参数值对应于单位电极面积的数值，单位是 $H \cdot cm^2$。其阻抗与导纳分别为

$$Z=-j\omega L, Z_{Re}=0, Z_{Im}=-\omega L \tag{8-8}$$

$$Y=-j\frac{1}{\omega L}, Y_{Re}=0, Y_{Im}=-\frac{1}{\omega L} \tag{8-9}$$

它的阻抗在 Nyquist 图上为第四象限的一条与纵轴重合的直线。在 Bode 图上，$\lg|Z|$-$\lg\omega$ 曲线表现为一条斜率为 1 的直线，相位角 $\varphi=-\pi/2$。

(4) 常相位角元件（CPE）Q

电极与溶液之间的双电层，一般用等效电容表示。实验中发现，固体电极的双电层的阻抗行为与等效电容的双电层的阻抗行为有一定的偏离。这种现象一般称为"弥散效应"。由此而形成一个等效元件，用符号 Q 表示。其阻抗为

$$Z=\frac{1}{Y_0}(j\omega)^{-n} \tag{8-10}$$

等效元件 Q 有两个参数，一个是参数 Y_0，取正值，其单位为 $\Omega^{-1} \cdot cm^{-2} \cdot s^{-1}$。另一个参数是 n，无量纲，也被称为弥散指数。$n=0$ 时，Q 与等效电阻 R 相当；$n=1$ 时，Q 与等效电容 C 相当；$n=-1$ 时，Q 与等效电感 L 相当；$n=0.5$ 时，Q 与半无限扩散引起的韦伯阻抗相当。

(5) 复合元件

由简单的等效元件串联、并联或既有串联又有并联的连接，可以组成"复合元件"。如等效电阻与等效电容串联，用 RC 表示，阻抗为

$$Z=R+\frac{1}{j\omega C}=R-j\frac{1}{\omega C} \tag{8-11}$$

在阻抗复平面图上，表示在第一象限中与实轴相交于 R 而与纵轴平行的一条垂直线。这一复合元件的相位角正切为

$$\tan\varphi=\frac{1}{\omega RC} \tag{8-12}$$

复合元件的模值为

$$|Z|=\sqrt{R^2+\frac{1}{(\omega C)^2}}=\frac{\sqrt{1+(\omega RC)^2}}{\omega C}$$

$$\lg|Z|=\frac{1}{2}\lg[1+(\omega RC)^2]-\lg\omega-\lg C \tag{8-13}$$

由上式可见，在高频时，由于 ω 数值很大，$\omega RC \gg 1$，当 $\omega \to \infty$ 时，$|Z|=R$，$\varphi=0$，复合元件的频响特征和电阻 R 一样。

在低频时，由于 ω 数值很小，$\omega RC \ll 1$，当 $\omega \to 0$ 时，$\tan\varphi \to \infty$，$\varphi=\pi/2$，复合元件的

频响特征和电容 C 一样。

在高频与低频之间，存在一个特征频率 ω^*，这时阻抗的实部等于虚部，复合元件的特征频率的数值为

$$\omega^* = \frac{1}{RC} \tag{8-14}$$

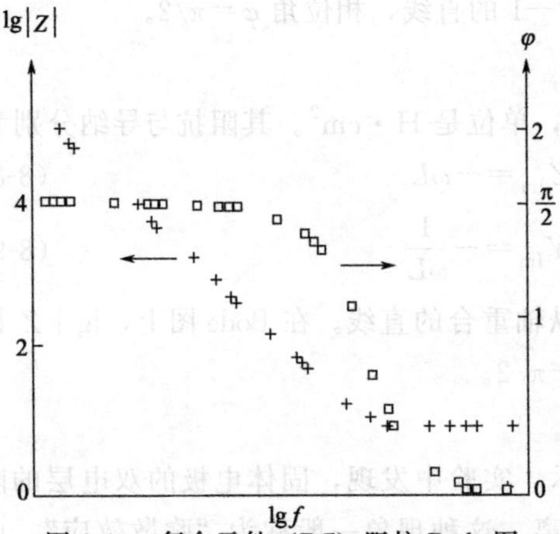

可以看出，在 $\omega = \omega^*$ 时，$\tan\varphi = 1$，$\varphi = \pi/4$。在这一复合元件的阻抗 Bode 图中（图 8-14），$\lg|Z|$-$\lg\omega$ 曲线在高频端是一条平行于横轴的水平线，在低频端是一条斜率为 -1 的直线。

等效电阻与等效电容并联，其复合元件用 (RC) 表示。其导纳为

$$Y = \frac{1}{R} + j\omega C \tag{8-15}$$

在导纳复平面图上是第一象限中的一条平行于纵轴而与实轴相交于 $1/R$ 处的垂直线。

阻抗为

$$Z = \frac{1}{Y} = \frac{R}{1 + j\omega RC} = \frac{R}{1 + (\omega RC)^2} - j\frac{\omega R^2 C}{1 + (\omega RC)^2} \tag{8-16}$$

图 8-14 复合元件 (RC) 阻抗 Bode 图
$(\omega = \omega^*)$

其中，

$$Z'_{Re} = \frac{R}{1 + (\omega RC)^2}, \quad Z_{Im} = \frac{\omega R^2 C}{1 + (\omega RC)^2} \tag{8-17}$$

$$\left(Z'_{Re} - \frac{R}{2} \right)^2 + Z^2_{Im} = \left(\frac{R}{2} \right)^2 \tag{8-18}$$

在复平面图中，这是一个圆心坐标 $(R/2, 0)$、半径为 $R/2$ 的第一象限中的半圆（如图 8-15 所示）。

另外，这个复合元件 (RC) 的阻抗模值为

$$|Z| = \frac{R}{\sqrt{1 + (\omega RC)^2}} \tag{8-19}$$

$$\lg|Z| = \lg R - 0.5\lg\left[1 + (\omega RC)^2 \right] \tag{8-20}$$

可以看出，对于由电阻 R 与电容 C 并联组成的复合元件 (RC) 来说：

在很低频率，$\omega RC \ll 1$ 时，$|Z| \approx R$，与频率无关。此时 $\varphi \to 0$，电路的阻抗相当于电阻 R 的阻抗。

在很高频率，$\omega RC \gg 1$ 时，$|Z| = 1/\omega C$，故在 $\omega \to \infty$ 时，$\varphi \to \pi/2$，电路的阻抗相当于电容 C 的阻抗。

这个复合元件的特征频率为 $\omega^* = 1/RC$，时间常数为 $1/\omega^* = RC$。在这一复合元件阻抗的 Bode 图（图 8-16）中，$\lg|Z|$-$\lg\omega$ 曲线在低频端是一条平行于横轴的水平线，在高频端是一条斜率 -1 的直线。

关于等效电阻和其他等效元件的串联或并联组成的复合元件的阻抗谱，可自行推导或查阅相关文献。

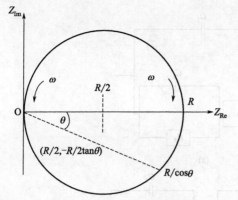

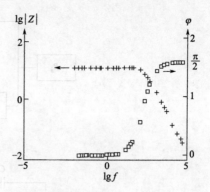

图 8-15　并联复合元件（RC）阻抗 Nyquist 图　　图 8-16　复合元件（RC）阻抗 Bode 图

$$\left(\omega^* = \frac{1}{RC}\right)$$

8.3.3　等效电路的优缺点

目前，等效电路法仍然是电化学阻抗谱的主要分析方法。这是因为由等效电路来联系电化学阻抗谱与电极过程动力学模型的方法比较具体直观，尤其是在一些简单的电化学阻抗谱的分析中，可以用一个电阻参数 R_s 表示从参比电极的鲁金毛细管口到被研究电极之间的溶液电阻，用一个电容参数 C_{dl} 代表电极与电解质两相之间的双电层电容，用一个电阻参数 R_t 代表电极过程中电荷转移所遇到的阻力（电荷转移在很多情况下是电极过程的速度决定步骤）。这时，这些等效元件的物理意义也是很明确的。

但是，等效电路方法也有一些不可避免的缺陷。等效电路与电极反应的动力学模型之间一般来说并不存在一一对应的关系。如对于同一个反应机理，在不同的电极电位下，可以呈现相当于完全不同的等效电路的阻抗谱图。而且，在一些情况下，由等效元件组成的等效电路与阻抗谱图类型之间也不存在一一对应的关系。实际情况是，同一个阻抗谱可以由不同的等效电路来描述。图 8-17 是一个具有两个时间常数的阻抗谱的阻抗平面图，从图中可以看到由两个容抗弧组成的频响曲线。这个阻抗谱根据图 8-18（a）、（b）中的等效电路都可得到，但很容易看出，图 8-18 中的两个不同的等效电路的物理意义是完全不同的。

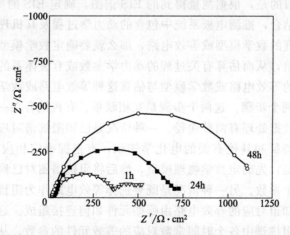

图 8-17　具有两个时间常数的阻抗谱的阻抗平面图

因此，用一个等效电路能否很好地描述一个阻抗谱来判断等效电路选择的合理性是不可

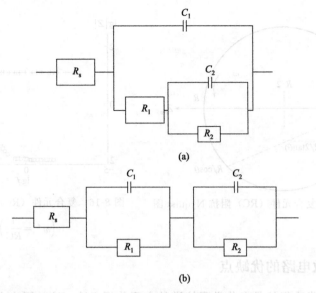

图 8-18　具有两个容抗弧的阻抗谱所对应的等效电路

靠的。这是等效电路方法的一个缺陷。

等效电路方法的另一个缺陷是，有些等效元件的物理意义不明确，而有些复杂电极过程的电化学阻抗谱又无法只用上面提到的几个等效元件来描述。对于等效电感元件的物理意义一直存在争论。直到今天，还有人认为电化学阻抗谱中电感成分的贡献，即所谓的感抗弧（inductive loop），是由体系不稳定造成的。对此，用等效电路方法无法澄清。

8.3.4　电化学阻抗谱的测量及数据处理

研究电极系统的电化学阻抗谱，需要测量几个数量级频率范围内的阻抗值。目前，电化学阻抗谱常用两大方法来完成，即正弦波激励信号逐个频率测量方法和时-频转换多点测量方法。

电化学阻抗谱是一种研究电极反应动力学及电极界面现象的重要电化学方法。进行电化学阻抗谱测量的一个目的是，根据测量得到的 EIS 谱图，确定 EIS 的等效电路或数学模型，与其他的电化学方法结合，推测电极系统中包含的动力学过程及其机理。另一个目的是，如果已经建立了一个合理的数学模型或等效电路，那么就要确定数学模型中有关参数或等效电路中有关元件的参数值，从而估算有关过程的动力学参数或有关体系的物理参数。

确定阻抗谱对应的等效电路或数学模型与估算这种等效电路或数学模型中的有关参数的值是 EIS 数据处理的两个步骤。这两个步骤是互相联系、有机结合在一起的。

因此，阻抗谱的数据处理有两种途径。一种情况是已知阻抗谱对应的数学模型或等效电路，或根据阻抗谱的特征和其他有关的电化学知识，有把握确定相应的数学物理模型。此时，数据处理的途径是：先确定数学物理模型，然后将阻抗谱图对已确定的模型进行曲线拟合，求出模型中的各个参数。另一种情况是既要选择等效电路作为阻抗谱的物理模型，而阻抗谱又比较复杂，不知道对应的等效电路由哪些元件如何连接组成。这种情况下，数据处理的途径是：逐个求解阻抗谱中各个时间常数对应的等效元件的参数，从测得的阻抗谱求出最有可能的等效电路，然后将阻抗谱确定的物理模型进行曲线拟合，确定等效电路中等效元件的参数值。这种处理方法，一般叫作阻抗谱数据的解析。

8.3.5 电化学阻抗谱在腐蚀科学中的应用

随着阻抗测量技术的发展，电化学阻抗谱测量的应用日益广泛。以下主要介绍电化学阻抗谱在腐蚀科学中应用的一些重要方面。

8.3.5.1 测量极化电阻

在以电极电位 E 为纵轴、电流密度 I 为横轴的稳态极化曲线上，相应于某一电位 E 下的斜率 $(\mathrm{d}E/\mathrm{d}I)_E$，称为该电位下的极化电阻。这在电化学阻抗中就相当于在电位 E 下测得的阻抗谱频率为 0 时的法拉第阻抗。用 R_p 表示极化电阻，Z_F 代表法拉第阻抗，则存在以下关系

$$R_p = (Z_F)_{\omega=0} \tag{8-21}$$

对于一定的腐蚀体系，在腐蚀电位下的极化电阻 R_p 与腐蚀电流密度 I 成反比。利用这个关系，可以通过测量腐蚀电位下的极化电阻来估计被测体系中金属腐蚀电流密度的大小。虽然严格来说，腐蚀电位下的 R_p 应该是极化曲线上在 E_{corr} 那一点的斜率，但在实际测量中一般都是使腐蚀金属电极极化一个很小的数值 ΔE（$\Delta E = E - E_{corr}$），同时测量这一极化值下的极化电流密度，由它们的比值求出极化电阻 R_p 的近似值。

$$R_p \approx \frac{\Delta E}{I} \tag{8-22}$$

当然 ΔE 的数值愈小，近似得愈好。但 ΔE 的数值也不能太小，否则腐蚀电位在测量过程中由漂移所引起的误差太大。在一般测量中 ΔE 为几毫伏。在这种用直流方法测定极化电阻的方法中，引起误差的一个重要因素是溶液电阻。令参比电极与被测腐蚀金属电极之间的溶液电阻为 R_s，R_s 相当于以被测电极的面积为单位值时的电阻值，故其单位为 $\Omega \cdot cm^2$。在这种情况下用上述直流方法测得的表观极化电阻值 R_p' 实际为

$$R_p' = R_p + R_s$$

可见，极化电阻的测定值中包含 R_s 溶液电阻，由此估算得到的腐蚀电流密度值总是偏低的。

在电化学阻抗谱上，在频率 $\omega \to \infty$ 时的阻抗实部即为 R_s。而在 $\omega \to 0$ 时的阻抗实部则为 $R_p + R_s$。因此对于腐蚀金属电极进行电化学阻抗谱的测量，就可以同时测得极化电阻 R_p 和溶液电阻 R_s 的数值，这样测得的极化电阻值不受溶液电阻的影响。

8.3.5.2 测量界面电容

在金属和溶液之间存在一个界面电容。界面电容的大小与金属的表面状态和溶液成分等因素有关，在一定的体系中，界面电容的变化反映了腐蚀金属表面状态的变化。例如，洁净的汞表面可以代表理想光滑的金属表面。如果溶液中没有特性吸附离子存在，由吸附在汞电极表面的水分子所组成的双电层的电容值约为 $20\mu F/cm^2$。但是一般固体金属电极的双电层电容的测量值要大得多，例如铁电极在硫酸溶液中的界面电容的测量值一般为 $40 \sim 100\mu F/cm^2$。这是因为固体金属电极表面有一定的粗糙度，实际的表面积要比表观的表面积大得多。如果在金属表面有其他物质吸附而使得一部分或大部分吸附在金属表面上的 H_2O 分子被其取代时，由于 H_2O 分子的介电常数远比其他物质的介电常数大，界面电容的数值就会显著降低。

在腐蚀金属电极表面形成固体腐蚀产物时，有两种相反的情况：一种情况是在金属表面形成致密的钝化膜。这相当于在金属与溶液之间插入一个新相，即钝化膜相。钝化膜中有

"空间电荷层"，两种符号相反的电荷相对地集中在空间电荷层的两侧。这个空间电荷层的阻抗行为也相当于一个电容，但是它的电容值要比溶液一侧的双电层的电容值小得多，一般为几微法每平方厘米。在这种情况下，从金属到溶液之间的界面电容由钝化膜中的空间电荷层的电容和溶液一侧的双电层的电容串联组成。由于空间电荷层的电容值比双电层的电容值小得多，所以由它们串联组成的总的界面电容值也要比正常的界面电容值小很多。另一种情况是在电极表面上生成疏松多孔的含水固体腐蚀产物，有的腐蚀产物甚至是凝絮状的。这时的电极表面相当于多孔电极的表面，界面电容值异常地大，可以达到几百至一千以上微法每平方厘米。

所以根据具体情况之不同，通过对电极表面电容的测量，可以研究腐蚀金属电极表面状态的变化，包括金属表面在腐蚀过程中粗糙度的变化，缓蚀剂的吸附情况，钝化膜的形成与破坏，以及表面固体腐蚀产物的形成等。

8.3.5.3　研究涂层与涂层的破坏过程

随着阻抗测量仪器的发展及电化学阻抗谱方法在电化学研究中的应用，在 20 世纪 80 年代，国际上开始用该方法来研究涂层与涂层的破坏过程。由于用电化学阻抗谱方法可以在很宽的频率范围对涂层体系进行测量，因而可以在不同的频率段分别得到涂层电容、微孔电阻以及涂层下基底腐蚀反应电阻、双电层电容等与涂层性能及涂层破坏过程有关的信息。同时，由于该方法采用小振幅的正弦波扰动信号，对涂层体系进行测量时，不会使涂层体系在测量中发生大的改变，故可以对其进行反复多次的测量，适用于研究涂层破坏的动力学过程。电化学阻抗谱方法也因此成为研究涂层性能与涂层破坏过程的一种主要的电化学方法。

涂层是防止金属腐蚀的一种主要的防护手段。涂层的种类也有很多，每种涂层的防护机制各不相同。因此，在用电化学阻抗谱方法来研究涂层与涂层的破坏过程时，需要建立不同的模型来分别处理各种不同的涂层体系。

(1) 研究涂层性能的 EIS 实验方法

用电化学阻抗谱方法研究涂层性能时，一般将被涂层覆盖的金属电极样品浸泡于 3.5%（质量分数）NaCl 溶液中。

阻抗测量可在室温敞开条件下进行，测量的频率范围为 $10^5 \sim 10^{-2}$ Hz。在有些情况下低频可至 10^{-3} Hz。测量信号为幅值 20 mV 的正弦波。这个幅值比一般 EIS 测量所用的幅值要高，这是因为有机涂层可以看成是一个线性元件，故涂层覆盖的金属电极的线性响应区要比裸露的金属电极宽。幅值高一些可避免或减小因腐蚀电位漂移而对测量所带来的误差，也可以提高测量的信噪比。

试样的制备可采用一般的涂装工艺，最根本的要求是涂装均匀，使样品的厚度和物理化学性质基本一致。将试验样品装入电解池后，向电解池加入约其容量 2/3 的氯化钠溶液。将参比电极、辅助电极和工作电极与仪器相连，测量工作电极的腐蚀电位，浸泡约 30min，待工作电极的腐蚀电位趋于稳定，即可开始测量阻抗。

为了研究涂层性能及涂层破坏过程，要对试验样品进行长时间、反复的测量。在浸泡初期，为了更好地了解电解质溶液渗入涂层的情况，每次测量的时间间隔要短一些，可以一天进行两次测量。当渗入涂层的溶液已经饱和之后，涂层结构的变化相当缓慢，每次测量的时间间隔就可以长一些，可以几天甚至十几天测量一次。长期浸泡中，由于腐蚀产物的影响及溶液中水分的挥发，会改变溶液的成分，故应经常地更换溶液。

(2) 涂层防护性能的评价及涂层破坏机制的研究

在用 EIS 方法对涂层性能进行研究时，需要将涂装的金属样品长期浸泡在试验溶液中，且对试样进行反复的测量。多次测量得到的 EIS 谱图随浸泡时间的不同而变化。这些谱图的变化有的来自涂层性质的变化，可以用同一模型中参数值的变化来进行描述；有的则来自涂层的结构、涂层与界面的结构的变化，需要用不同的物理模型来进行描述。应该指出，由于有涂层覆盖的金属电极系统在阻抗测量时，非法拉第阻抗中除了有双电层电容的贡献之外，还有涂层电容的贡献，故涂层体系的电化学阻抗谱以等效电路作为物理模型为好。

用 EIS 方法来研究涂层性能的目的，一是要根据测得的 EIS 谱图来建立其对应的物理模型，推知涂层体系的结构与性能的变化；二是要用建立的物理模型对测得的阻抗谱进行解析，求得一些相关的参数，对涂层性能进行定量的评价。

① 涂层体系的电化学阻抗谱特征。涂层在电解质溶液中浸泡不同时间对应的阻抗谱特征不同，根据浸泡时间的不同，可分为浸泡初期、浸泡中期和浸泡后期等不同阶段。

有机涂层被认为是一种隔绝层，通过阻止或延缓水溶液渗入到金属基体和涂层的界面来达到保护金属基体免受腐蚀的目的。虽然水溶液总能通过涂层的溶胀和因有机溶剂的挥发而在涂层表面留下的微孔隙缝向涂层内渗透，但只要水分没有到达涂层/基底金属界面，那么涂层就还是一个隔绝层，起到隔离水分与基底金属接触的作用。将水分还未渗透到达涂层/基底金属界面的那段时间叫作浸泡初期。

图 8-19 为有机涂层覆盖的金属电极在氯化钠溶液中浸泡初期的电化学阻抗谱的波特图。从图中可看出，在浸泡初期测得的几个阻抗谱，$\lg|Z|$ 对 $\lg f$ 作图为一条斜线，相位角在很宽的范围内接近 $-90°$，说明此时的有机涂层相当于一个电阻值很大、电容值很小的隔绝层。此时阻抗谱所对应的物理模型则可由图 8-20 中的等效电路给出。图中，R_s 为溶液电阻，C_c 为涂层电容，R_c 为涂层电阻。

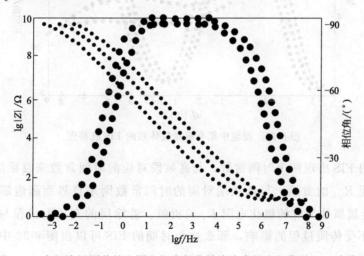

图 8-19　有机涂层覆盖的金属电极在氯化钠溶液中浸泡初期的 EIS 波特图

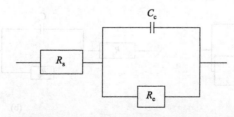

图 8-20　有机涂层覆盖的金属电极在浸泡初期的 EIS 等效电路图

在浸泡初期，随着电解质溶液向有机涂层的渗透，涂层电容 C_c 随浸泡时间而增大，涂层电阻则随浸泡时间而减小。

浸泡中期，电解质溶液对涂层的渗透在一定时间后达到饱和，涂层电容 C_c 不再因为电解质溶液渗透造成涂层介电常数的变化而明显增大。这时测得的阻抗谱波特图中高频端对应于涂层电容的那条斜线不再随时间向低频移动而是互相重叠的（见图 8-21）。但随着电解质溶液渗透到达涂层/基底金属的界面并在界面区形成腐蚀反应微电池后，测得的阻抗谱就会具有两个时间常数。电解质溶液到达涂层/基底金属的界面，引起基底金属腐蚀的同时还破坏着涂层与基底金属之间的结合，使涂层局部与基底金属失黏或起泡。但此时涂层表面还没有出现肉眼能观察到的宏观小孔。把阻抗谱出现两个时间常数但涂层表面尚未形成宏观小孔的那段时间叫作浸泡中期。

浸泡中期有机涂层体系的阻抗谱特征示于图 8-21。图 8-21 是具有两个时间常数的阻抗谱波特图。几条阻抗谱曲线在高频端重叠在一起，表明在浸泡中期，电解质溶液对涂层的渗透已达饱和。

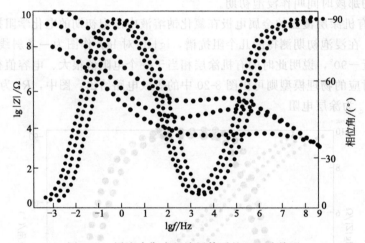

图 8-21　浸泡中期有机涂层体系的 EIS 波特图

浸泡中期的 EIS 出现两个时间常数，与高频段对应的时间常数来自涂层电容 C_c 及涂层表面微孔电阻 R_{p0} 的贡献，与低频端对应的时间常数则来自界面起泡部分的双电层电容 C_{dl} 及基底金属腐蚀反应的极化电阻 R_t 的贡献。若涂层的充放电过程与基底金属的腐蚀反应过程都不受传质过程的影响，那么这个时期的 EIS 可以由图 8-22 中的两种等效电路来描述。

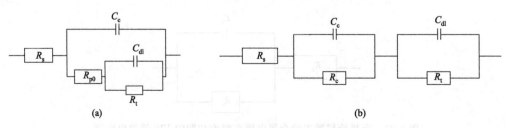

图 8-22　浸泡中期的等效电路图

大多数的有机涂层中都含有颜料、填料等添加物，由于这些添加物的阻挡作用，电解质溶液渗入涂层就比较困难，参与界面腐蚀反应的反应粒子的传质过程也就可能是一个缓慢步骤，在阻抗谱中往往会出现扩散过程引起的 Warburg 阻抗的特征。图 8-23 为浸泡中期在中间频率段呈现 Warburg 阻抗特征的阻抗谱的等效电路图。

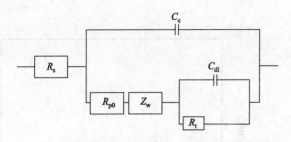 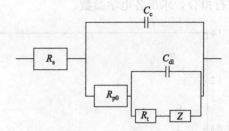

图 8-23　呈 Warburg 阻抗特征且含两个时间常数的 EIS 等效电路（浸泡中期）　　图 8-24　呈 Warburg 阻抗特征且含两个时间常数的 EIS 等效电路（浸泡后期）

浸泡后期，有机涂层表面出现肉眼可见的锈点或宏观孔，此时的等效电路可用图 8-24 表示。

这种等效电路的出现，是由于随着宏观孔的形成，原本存在于有机涂层中的浓度梯度消失，在界面区由于基底金属的腐蚀反应速度加快而形成新的扩散层。以上两种等效电路的不同在于扩散层所存在的位置。当有机涂层表面仅有肉眼看不到的微孔时，扩散层在有机涂层内；而当涂层表面形成宏观孔，反应粒子可顺利通过宏观孔到达涂层/基底金属界面的时候，扩散层就在电极附近了。

在浸泡后期，还可得到一个时间常数且呈 Warburg 阻抗特征的阻抗谱。这种阻抗谱的阻抗复平面图及其等效电路示于图 8-25。这种阻抗谱的出现表示，在浸泡后期，有机涂层表面的孔隙率及涂层/基底金属界面的起泡区都已经很大，有机涂层已经失去了阻挡保护作用，故阻抗谱的特征主要由基底金属上的电极过程所决定。

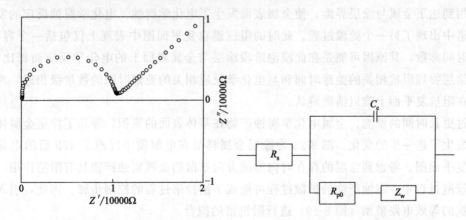

图 8-25　浸泡后期，一个时间常数且呈 Warburg 阻抗特征的阻抗谱复平面图及其等效电路

② 涂层防护性能的评价。根据测得的 EIS 谱图建立了物理模型后，就可以对 EIS 数据进行解析。这样，就可以得到涂层电容 C_c、微孔电阻 R_{p0}、双电层电容 C_{dl} 及基底金属腐蚀

反应电阻 R_t 等电化学参数。根据相关公式就可以计算不同浸泡时间的涂层表面微孔率及界面区面积，从而可以研究涂层的防护性能。

如 LY12 铝合金表面涂覆厚度为 $60\mu m$ 的环氧树脂涂层，在 3.5％NaCl 溶液中浸泡不同时间，利用 EIS 研究其性能变化。如图 8-26 所示为浸泡 16min 时的阻抗复平面图。此时，涂层相当于一个阻挡层，具有较低的电容值和较高的电阻值，可采用图 8-20 的等效电路图进行拟合，求出各电学参数。

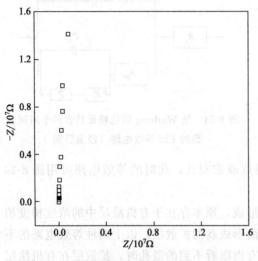

图 8-26　环氧铝合金电极浸泡 16min 时的阻抗复平面图

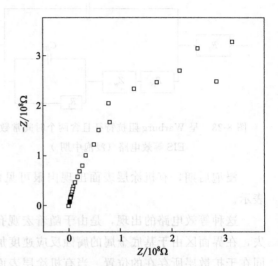

图 8-27　环氧铝合金电极浸泡 24h 后的阻抗复平面图

随着浸泡时间的延长，EIS 发生明显改变，图 8-27 为环氧铝合金电极在电解质中浸泡 24h 后的阻抗复平面图。由图可知，涂层金属电极的阻抗谱已明显区别于图 8-26 中的图谱。虽然涂层金属体系的阻抗复平面图表观上仅存在一个容抗弧，只含有一个时间常数，但是需要用图 8-22 的等效电路图进行拟合。出现这种情况的原因可能是电解质溶液经较长时间的渗透作用到达了金属与涂层界面，使金属表面发生了电化学腐蚀。电化学腐蚀反应的发生导致阻抗谱中出现了另一个弛豫过程。此时的阻抗谱在复平面图中表观上仅包括一个容抗弧，即一个时间常数，其原因可能是在此浸泡阶段涂层与金属界面上的电化学反应面积比较小，导致与涂层物理阻抗相关的弛豫时间和与电化学反应相关的弛豫时间的数量级相近，两个弛豫过程在阻抗复平面上难以清晰辨认。

经过更长时间的浸泡，金属电化学腐蚀产物在基体表面的累积，导致了涂层金属体系的阻抗谱发生了进一步的变化。图 8-28 为涂层金属样品在电解质中浸泡了 47h 后的电化学阻抗谱的复平面图。考虑到涂层的存在对向溶液方向扩散的金属腐蚀产物具有阻挡作用，在此阶段的浸泡过程中，腐蚀产物的扩散过程可能成了法拉第过程的控制步骤。因此，引入包含扩散阻抗的等效电路模型（图 8-29）进行阻抗谱的拟合。

在浸泡 533h 后，涂层金属体系的电化学阻抗谱发生了较大的变化，如图 8-30 所示。腐蚀介质中的 Cl^- 渗透穿过涂层到达铝合金基体表面后可能参与基体的腐蚀反应，形成含 Cl 腐蚀产物膜覆盖在金属表面上。这层盐膜的生成导致涂层金属电极的阻抗谱发生变化。因此，采用图 8-31 来拟合此浸泡阶段的涂层金属体系的阻抗测试数据。

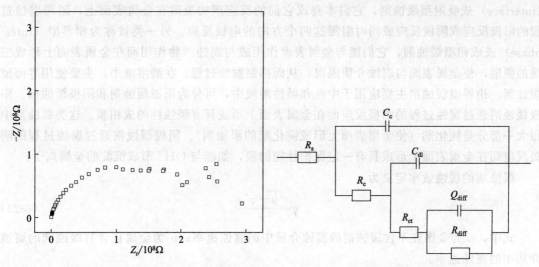

图 8-28　环氧铝合金电极浸泡 47h 的阻抗复平面图　　　图 8-29　含有扩散阻抗的等效电路图

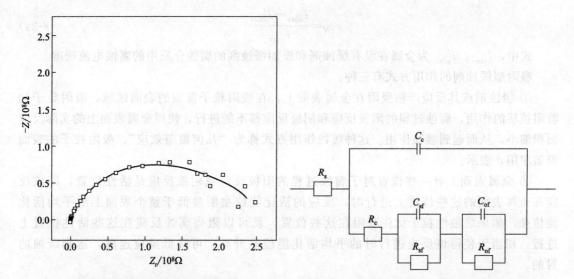

图 8-30　环氧铝合金电极浸泡 533h 的阻抗复平面图　　　图 8-31　含金属表面盐膜阻抗的涂层等效电路图

8.3.5.4　在缓蚀剂研究中的应用

(1) 缓蚀剂的类型

只要少量添加于腐蚀介质中就能使金属腐蚀的速度显著降低的物质称为缓蚀剂。

金属在含水介质中腐蚀时,在金属表面上同时进行着阳极反应和阴极反应,这是两个方向相反而速度相等的电极反应。阴极反应是腐蚀介质中某一物质(通常是 H^+ 或溶解在水介质中的 O_2)在金属表面被还原的反应。阳极反应就是金属被氧化为金属离子或化合物的反应。阳极反应和阴极反应合起来,就是一个金属被氧化而腐蚀介质中某一物质被还原的氧化还原反应。无论是腐蚀过程的阳极反应或是阴极反应的进行受到抑制,都会使腐蚀过程的进行受到阻滞。

缓蚀剂的特点是添加量很少,在腐蚀介质中的浓度很低,但阻滞腐蚀过程的效率却很高。它们的作用主要是通过缓蚀性粒子(分子或离子)在金属表面上的吸附或使金属表面上形成某种表面膜,阻滞腐蚀过程的进行。因此缓蚀剂可以分成两大类:一类被称为界面型(interface)或吸附型缓蚀剂,它们本身或它们的反应产物吸附在金属表面上,阻滞腐蚀过程的阳极反应或阴极反应或同时阻滞这两个方向的电极反应。另一类被称为相界型(interphase)或成相型缓蚀剂,它们能与金属表面作用或与腐蚀产物作用而在金属表面上形成三维的膜层,使金属表面与腐蚀介质隔离,从而抑制腐蚀过程。在酸溶液中,主要使用界面型缓蚀剂。相界型缓蚀剂主要应用于中性和碱性溶液中,可分为阳极缓蚀剂和阴极缓蚀剂。阳极缓蚀剂通过腐蚀过程的阳极反应而在金属表面上形成具有缓蚀性的成相膜。这类缓蚀剂中很大一部分是钝化剂(使金属表面上形成钝化膜的添加剂)。阴极缓蚀剂通过腐蚀过程的阴极反应而在金属表面上形成具有一定保护性能的膜,如能与 OH^- 形成沉淀的金属离子。

缓蚀剂的缓蚀效率定义为

$$\eta = \frac{v - v'}{v} \tag{8-23}$$

式中,v 为金属在不含缓蚀剂的腐蚀介质中的腐蚀速率;v' 为金属在含有缓蚀剂的腐蚀介质中的腐蚀速率。

在电化学中则一般将缓蚀效率表示为

$$\eta = \frac{i_{corr} - i'_{corr}}{i_{corr}} \tag{8-24}$$

式中,i_{corr},i'_{corr} 为金属在没有缓蚀剂和添加缓蚀剂的腐蚀介质中的腐蚀电流密度。

吸附型缓蚀剂的作用方式有三种:

① 缓蚀剂或其反应产物吸附在金属表面上,在吸附粒子覆盖的表面区域,吸附粒子起着阻挡层的作用,腐蚀过程的阳极反应和阴极反应都不能进行,使得金属表面上的实际反应面积缩小,从而起到缓蚀作用。这种缓蚀作用方式称为"几何覆盖效应"。吸附粒子的表面覆盖率用 θ 表示。

② 金属表面上有一些位置对于腐蚀过程的阳极反应或阴极反应是活性位置,即该反应在金属表面的这些位置上进行时,反应的活化能位垒明显低于整个表面上的平均活化能位垒。如果缓蚀性粒子优先吸附在这些位置,就可以阻碍腐蚀反应在这些活性位置上进行,相当于使得该反应进行时的平均活化能位垒升高,可降低反应速度,达到缓蚀的目的。

③ 缓蚀剂或其反应产物吸附在金属表面上以后,像催化剂一样影响了腐蚀过程的阳极反应和阴极反应之一或同时影响两者的反应,使反应活化能位垒升高或降低。若缓蚀剂使反应的活化能位垒升高,反应速度降低,缓蚀剂对于该反应就起着"负催化"的作用;反之,则起着"正催化"的作用。

(2) EIS 在缓蚀剂研究中的应用

在有缓蚀剂的情况下,恒温恒压下影响腐蚀过程的阳极反应和阴极反应的反应速度的状态变量主要是电极电位 E 和缓蚀剂粒子在金属表面上的覆盖率 θ。在缓蚀剂作用是几何覆盖效应的条件下,整个金属表面由两部分组成,一部分是被缓蚀剂吸附粒子覆盖的部分,这部分表面的法拉第导纳以 $Y_{F\theta}$ 表示;另一部分是未被缓蚀剂覆盖的部分,这部分表面的法拉第导纳以 Y_{F0} 表示。总的法拉第导纳为

$$Y_F = \theta Y_{F\theta} + (1 - \theta) Y_{F0} \tag{8-25}$$

以 $R_{t\theta}$ 表示被缓蚀剂吸附粒子覆盖的表面部分的转移电阻,则总导纳可表示为

$$Y_F = \frac{\theta}{R_{t\theta}} + (1-\theta)Y_{F0} \tag{8-26}$$

在缓蚀剂作用是几何覆盖效应的条件下，缓蚀效率 η 即缓蚀剂吸附粒子的表面覆盖率 θ。若缓蚀剂的缓蚀效率很高，如 θ 在 0.9 以上，此时金属的法拉第阻抗相当于一个数值为 $\theta/R_{t\theta}$ 的电阻，相应的阻抗谱在阻抗复平面上是一个简单的容抗弧。例如，室温下不同浓度的双噻吩衍生物在 1mol/L HCl 溶液中对碳钢缓蚀行为的研究发现，这种缓蚀剂的作用是几何覆盖效应，它的缓蚀效率相当高（达到 93% 以上），所以在这种情况下测得的阻抗谱是一个简单的容抗弧（图 8-32）。

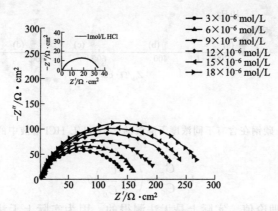

图 8-32　碳钢在含有不同浓度双噻吩衍生物的 1 mol/L HCl 溶液中的阻抗谱

另一方面，在缓蚀剂的作用是几何覆盖效应的情况下，倘若缓蚀效率不够高，θ 数值不够大，则金属电极的法拉第导纳相当于它在空白溶液中的法拉第导纳 Y_{F0} 乘以一个分数值 $(1-\theta)$ 再同一个数值为 $R_{t\theta}/\theta$ 的电阻并联，因而整个金属电极的阻抗谱仍保留金属电极在空白溶液中的阻抗谱的特征，只是等效元件的数值发生了变化。例如，25℃时，不同浓度的干酪素在 0.1mol/L HCl 溶液中对碳钢缓蚀行为的研究发现，随着干酪素浓度的增加，其缓释效率增加；当浓度低于 400mg/L 时，其缓释效率低于 90%。干酪素的缓蚀作用是几何覆盖效应。图 8-33 给出了碳钢在含有不同浓度干酪素的 HCl 溶液中的阻抗谱，可以看出它们的特征是相同的。

当缓蚀性粒子吸附在金属表面时，它必须排除掉原来吸附在金属表面上的 H_2O 分子。因此在缓蚀性吸附粒子覆盖的表面部分，金属电极与溶液之间的相界层由原来吸附的 H_2O 变为吸附的缓蚀性粒子层。由于吸附的 H_2O 分子的介电常数比所有其他吸附物质的介电常数大得多，而且一般情况下缓蚀剂吸附层的厚度比 H_2O 吸附层的厚度大，因此由缓蚀性吸附粒子组成的界面层的界面电容值要明显地比由吸附的 H_2O 分子组成的界面层的界面电容值小。利用这一点可以通过电化学阻抗谱测定界面电容来研究缓蚀剂的吸附及其作用。

电极的界面电容可以由电化学阻抗谱的高频段的容抗弧测定。若金属电极在空白溶液中的界面电容值为 C_0，在加有缓蚀剂的溶液中的界面电容的实测值为 C_c。在一定的电位下，C_c 是溶液中缓蚀剂的浓度，因而也是缓蚀性吸附粒子在金属表面的覆盖率 θ 的函数。又设金属表面上吸附的 H_2O 分子全部都被吸附的缓蚀性粒子所取代时，即缓蚀性吸附粒子表面覆盖率 θ 为 1 时，界面电容值为 C_s，于是应有下列关系：

$$C_c = \theta C_s + (1-\theta)C_0 \tag{8-27}$$

由此可以导出：

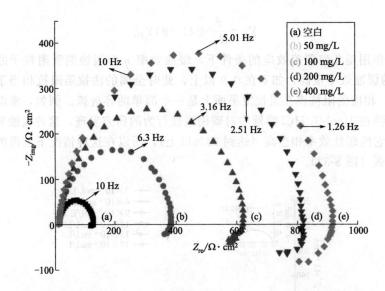

图 8-33　碳钢在含有不同浓度干酪素的 0.1mol/L HCl 溶液中的阻抗谱

$$1-\frac{C_{\mathrm{c}}}{C_0}=\left(1-\frac{C_{\mathrm{s}}}{C_0}\right)\theta \tag{8-28}$$

由于 C_{s} 只是一个理论值，实际上是无法测得的，因为实际上无法使缓蚀性吸附粒子布满整个金属表面，表面覆盖率 θ 不可能达到 1。但对于一定的体系来说，C_{s} 和 C_0 都是不随缓蚀剂浓度而改变的定值，故可令 $1-C_{\mathrm{s}}/C_0=\lambda$。对于一定的体系来说，$\lambda$ 是一个常数。又令 $1-C_{\mathrm{c}}/C_0=\mu$，μ 虽随缓蚀剂浓度而改变，但它可通过实验测得，上式可写成

$$\mu=\lambda\theta$$

μ 称为"相对覆盖率"。一般情况下，真实的表面覆盖率 θ 很难直接测定，但是在缓蚀剂的作用是几何覆盖效应的情况下，θ 等于缓蚀效率 η。故在这种情况下，μ 与 λ 之间应该得到一条通过零点的直线，由直线的斜率可以求得 λ 的数值。由于 C_0 就是在不加缓蚀剂的空白溶液中测得的界面电容的数值，因此可以由 λ 求出 C_{s} 的数值。

若添加缓蚀剂以后腐蚀电位有明显的变化，表明缓蚀剂的作用是"负催化效应"，此时整个金属电极的法拉第导纳为

$$Y_{\mathrm{F}}=\frac{1}{R_{\mathrm{t}}}+\frac{B}{1+j\omega\tau} \tag{8-29}$$

式中

$$B=\left[\left(\frac{\partial I_{\mathrm{a}}'}{\partial\theta}\right)-\left(\frac{\partial|I_{\mathrm{c}}'|}{\partial\theta}\right)\right]\frac{\mathrm{d}\theta}{\mathrm{d}E} \tag{8-30}$$

因此，若缓蚀效率足够高，金属电极在加有缓蚀剂的溶液中的阻抗谱应该有两个时间常数：在高频部分，有一个反映转移电阻 R_{t} 和电极界面电容组成的阻容弛豫过程的容抗弧；在低频部分，若 $B>0$，是一个感抗弧；若 $B<0$，则是一个容抗弧。这部分阻抗谱是由缓蚀粒子在电极表面的吸附-脱附过程所引起的。一般情况下，特别是在缓蚀剂浓度比较低时，θ 总是随溶液中缓蚀剂浓度的增加而增加。

令

$$m=\left(\frac{\partial I_{\mathrm{a}}'}{\partial\theta}\right)-\left(\frac{\partial|I_{\mathrm{c}}'|}{\partial\theta}\right) \tag{8-31}$$

$$B=m\frac{\mathrm{d}\theta}{\mathrm{d}E}$$

若金属电极在添加缓蚀剂后，腐蚀电位升高且 E_{corr} 随着缓蚀剂浓度增加而升高，则这种缓蚀剂是阳极型缓蚀剂，m 为负值。反之，若 $\Delta E_{corr}<0$，且随着缓蚀剂浓度的增大，腐蚀电位不断降低，缓蚀剂应为阴极型缓蚀剂，m 为正值。知道了 m 值的正负以后，根据阻抗谱图上低频部分出现的是感抗弧还是容抗弧，即根据 B 值的正负，可以知道 $\dfrac{\mathrm{d}\theta}{\mathrm{d}E}$ 的正负。即可以知道随着电位的升高或降低，θ 是增大还是减小。例如，25℃时，碳钢在添加不同浓度干酪素的 0.1mol/L HCl 溶液中的极化曲线如图 8-34 所示，可以发现添加干酪素后碳钢的 $\Delta E_{corr}>0$，且 E_{corr} 随干酪素的浓度增大而升高，可以判断这种缓蚀剂是阳极型缓蚀剂，$m<0$，在加有这种缓蚀剂的溶液中测得的阻抗谱如图 8-33 所示，低频部分出现的是一个感抗弧，因此 $B>0$。由此可以得出，$\dfrac{\mathrm{d}\theta}{\mathrm{d}E}<0$。因此，对于这种缓蚀剂来说，电位的增加可以促进吸附在金属表面上的缓蚀粒子的脱附。

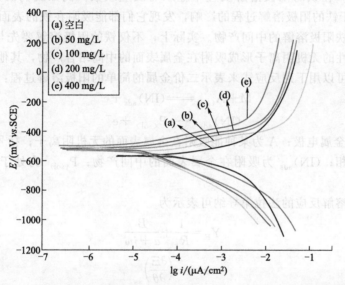

图 8-34　碳钢在含有不同浓度干酪素 0.1mol/L HCl 溶液中的极化曲线

8.3.5.5　研究金属阳极溶解和钝化过程

(1) 阳极溶解过程

金属的阳极溶解过程通常是由多个步骤组成的复杂过程。以铁在酸中的阳极溶解为例，总的反应看起来很简单：

$$Fe \longrightarrow Fe^{2+}_{(sol)}+2e^-$$

实际上这一反应由多个步骤组成。表面活性比较低的铁阳极溶解时通常遵循所谓的 Bockris 机理：

$$Fe+H_2O \Longleftrightarrow (FeOH)_{ads}+H^++e^- \tag{8-32}$$

$$(FeOH)_{ads} \longrightarrow FeOH^++e^- \tag{8-33}$$

$$FeOH^++H^+ \Longleftrightarrow Fe^{2+}_{(sol)}+H_2O \tag{8-34}$$

式中，$Fe^{2+}_{(sol)}$ 为在溶液相中的亚铁离子；下标"ads"为吸附态。

式(8-32)、式(8-34) 是快反应，处于平衡态，式(8-33) 是速度控制步骤。按这样的反应机理进行的铁的阳极溶解反应的 Tafel 斜率约为 40mV/dec。

另外一种适用于表面活性比较高（表面上晶格缺陷和位错露头等能成为表面活性位置的点的密度比较高）的铁的阳极溶解机理是

$$Fe + H_2O \Longrightarrow (FeOH)_{ads} + H^+ + e^- \tag{8-35}$$

$$2(FeOH)_{ads} \longrightarrow FeOH^+ + (FeOH)_{ads} + e^- \tag{8-36}$$

$$FeOH^+ + H^+ \Longrightarrow Fe^{2+}_{(sol)} + H_2O \tag{8-37}$$

在这个反应机理中，第一和第三步骤同上述反应机理一样，只是第二个控制步骤不同。络合物 $(FeOH)_{ads}$ 是吸附在金属表面上的中间产物，可以做二维运动。在活性比较高的铁表面上，$(FeOH)_{ads}$ 的表面覆盖率比较高，式(8-36)是它们在做二维运动时相碰撞的过程中发生电子转移的反应。按这种反应机理进行的铁的阳极溶解反应的 Tafel 斜率的理论值约为 30 mV/dec。

不仅 OH^- 能参与铁的阳极溶解反应，其他具有表面吸附活性的无机阴离子也会参与铁的阳极溶解过程，在铁的阳极溶解反应中显示有反应级数。例如我们研究过 Cl^-、Br^-、SCN^- 等离子对于铁的阳极溶解过程的影响，发现它们都能吸附在铁的表面，与铁形成某种吸附络合物作为铁阳极溶解的中间产物。实际上，不仅铁的阳极溶解要先与 OH^- 或溶液中其他具有吸附活性的无机阴离子形成吸附在金属表面的中间络合产物，其他金属的阳极溶解也是如此。因此可以用下列反应式来表示二价金属的简单的阳极溶解过程：

$$M + A_{(sol)} \Longrightarrow (IN)_{ads} + e^- \tag{8-38}$$

$$(IN)_{ads} \longrightarrow P_{(sol)} + e^- \tag{8-39}$$

式中，M 为金属电极；A 为某种能吸附在金属表面的无机阴离子；括号中的 sol 表示该种物质处于溶液相；$(IN)_{ads}$ 为吸附在金属表面的中间产物；$P_{(sol)}$ 为处于溶液相中的最终反应产物。

简单的阳极溶解反应的法拉第导纳可表示为

$$Y_F = \frac{1}{R_t} + \frac{B}{a + j\omega} \tag{8-40}$$

$$a = -\left(\frac{\partial \Xi}{\partial \theta}\right)_{ss}$$

$$B = mb$$

$$m = \left(\frac{\partial I_F}{\partial \theta}\right)_{ss}$$

$$b = \left(\frac{\partial \Xi}{\partial E}\right)_{ss}$$

$$E = \frac{d\theta}{dt} \tag{8-41}$$

式中，θ 为 $(IN)_{ads}$ 在金属表面的覆盖率。

阻抗谱有两个时间常数，当金属在比较低的极化条件下阳极溶解时，$B > 0$，低频部分容易出现感抗弧；而在高的极化条件下溶解时，$B < 0$，低频部分容易出现第二个容抗弧。

(2) 钝化过程

当金属电极阳极极化到比较高的电位时，吸附在金属表面的 H_2O 分子或其他的无机阴离子与金属原子之间的吸附键转变为化合键，形成固相表面膜。特别是金属表面的金属原子与吸附的 H_2O 分子或 OH^- 形成金属的氧化物（往往是含水的氧化物）膜。这种氧化物膜的形成，使它所覆盖的金属表面部分与溶液隔离，阻碍这一部分表面的金属通过阳极溶解过程直接溶解成为溶液中的金属离子。在为这种氧化物膜层所覆盖的金属表面上，金属的阳极溶解过程是通过膜的溶解与生成过程来进行的。一方面，在膜的外侧，即在氧化物膜与溶液之间的界面，进行膜的溶解过程，这使得膜层变薄。另一方面，在膜中，亦即在膜的内侧即金属/膜界面与膜的外侧即膜/溶液界面之间，有一个电位差，它驱使带正电荷的金属离子从膜的内侧向外迁移或使带负电荷的阴离子从膜的外侧向内迁移，形成新的膜层。膜中的电场强度愈高，离子在膜中的迁移速度和膜的形成速度就愈大。在一定的电极电位下，膜两侧之间的电位差是一个定值，当膜层减薄时，膜中的电场强度就增高，从而新膜层的形成速度增大，这使得膜层变厚。在定态条件下，新膜层的形成速度与膜层的溶解速度相等，膜层的厚度保持不变。此时流过金属电极的阳极电流都用于生成新的膜层。故在定态条件下，表面为氧化膜层覆盖的金属电极的阳极电流密度决定于膜的溶解速度，并与膜的溶解速度之间具有等量关系，可按法拉第定律由金属的阳极电流密度计算出膜的溶解速度。

金属表面上的由阳极过程形成的氧化膜，视金属的不同，有两种类型：一种类型的氧化膜具有半导体性质，另一种类型的氧化膜不具有半导体性质。前者主要是在 d 电子不饱和的过渡族金属上生成。这种氧化物膜一般叫作钝化膜。在 Al、Ta 等金属上形成的氧化物膜则没有半导体性质，是电绝缘的。当膜很薄（几至几十纳米）时，电子依靠"隧道效应"通过膜层。但当膜较厚时，膜层对于电子和空穴是绝缘的，只有组成氧化物膜的阳离子或（和）阴离子能在因阳极极化使膜层中的电场强度达到很高的数值的情况下通过膜层。这种氧化物膜一般叫作"阳极氧化膜"。在膜层很薄因而可以依靠隧道效应导电时，这种氧化物膜也往往被称为钝化膜。形成钝化膜的过程叫作钝化，而形成阳极氧化膜的过程则叫作阳极氧化。但若金属通过阳极极化与溶液中其他阴离子形成金属的难溶盐的膜层，例如银通过阳极极化与溶液中的 Cl^- 形成 AgCl 膜层，对于银来说是价数升高的氧化过程，故在广义上，也可以称这种过程为阳极氧化过程。通过阳极极化使金属表面上生成钝化膜或完整的阳极氧化膜的必要条件是所生成的膜层的溶解速度很小，否则就很难形成完整的膜层。

设金属通过阳极氧化与溶液中的具有负 s 价的阴离子 A^{s-} 形成钝化膜或阳极氧化膜，其分子式可写为 $MA_{n/s}$。且设在形成第一层完整的钝化膜或阳极氧化膜的过程中，金属表面上发生的反应可以简略地以下列三个公式表示：

$$M \longrightarrow M^{m+}_{(sol)} + me^- \qquad\qquad I_1$$
$$1-\theta$$
$$M + n/s\,A^{s-}_{(sol)} \longrightarrow MA_{n/s} + ne^- \qquad I_2$$
$$1-\theta \qquad\qquad\qquad\qquad\quad \theta$$
$$MA_{n/s} \longrightarrow M^{n+}_{(sol)} + n/s\,A^{s-}_{(sol)} \qquad I_3$$
$$\theta$$

$$(8\text{-}42)$$

式中 θ 为钝化膜或阳极氧化膜的表面覆盖率。

由于阳极钝化或阳极氧化都是在较高的极化电位下发生的，逆反应可以忽略，整个金属电极上的法拉第电流密度为

$$I_F = I_1 + I_2 = (k_1 + k_2)(1-\theta) \qquad\qquad (8\text{-}43)$$

此时，对 I_F 有影响的变量是电极电位和表面覆盖率 θ。故在第一层完整的膜层形成过程中，电化学阻抗谱呈现两个时间常数。

一般情况下，当电荷转移电阻 R_t 和极化电阻 R_p 趋向于无穷大时，阻抗谱具有图 8-35 的形状。Al、Ta、Zr 等阀金属阳极极化的起始阶段，会出现这种阻抗谱。在金属表面没有被膜覆盖的区域，金属进行阳极溶解反应所生成的金属离子的价态比膜中金属离子的价态低，R_t 和 R_p 是负值，在阻抗谱图上出现从第一象限伸展到第二象限的容抗弧，如图 8-36 所示。铁和铁族合金阳极钝化时，在从活化的阳极溶解转为钝化状态的过渡阶段，会出现这种阻抗谱。

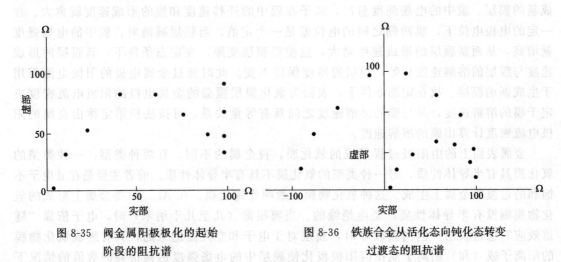

图 8-35　阀金属阳极极化的起始　　　图 8-36　铁族合金从活化态向钝化态转变
阶段的阻抗谱　　　　　　　　　　　过渡态的阻抗谱

8.3.5.6　钝化膜的孔蚀过程

如果溶液中有 Cl^- 等能够吸附在钝化膜的表面促进钝化膜溶解的阴离子存在，由于电位对这些离子的吸附影响很大，在有这种阴离子吸附的表面区域，极化电阻和法拉第阻抗远小于没有这种阴离子吸附的钝化膜表面区域，两者可以相差几个数量级。此时整个金属电极的法拉第阻抗由有这种阴离子吸附的表面区域的法拉第阻抗和没有这种阴离子吸附的表面区域的法拉第阻抗并联组成。由于后者远大于前者，整个金属电极的法拉第阻抗谱主要反映前者的阻抗谱特征。如钝化的金属在有 Cl^- 等能引起小孔腐蚀的阴离子的溶液中，钝化膜的一些表面区域吸附 Cl^- 以后，这些区域的钝化膜的溶解速度变得非常大，整个金属电极的阻抗谱特征实际上反映了有 Cl^- 吸附的表面区域的阻抗谱特征。因此，在钝化金属的孔蚀诱导期，金属电极的阻抗谱有两个时间常数，且在低频部分出现感抗弧。

此时如用等效电路表示法拉第导纳，它是由一个等效电阻 R_L 与一个等效电感 L 串联然后再与等效电阻 R_t 并联的电路。用这种等效电路表示的法拉第导纳的表达式为

$$Y_F = \frac{1}{R_t} + \frac{1}{R_L + j\omega L}$$
(8-44)

整个金属表面的法拉第阻抗的等效电路图如图 8-37 所示。其中，虚线方框表示小孔腐蚀活性区的等效电路，R_f 表示金属表面其他区域的成膜电阻，该电阻数值很大。实际测得的阻抗谱的典型曲线如图 8-38 所示。

当发生孔蚀的表面区域钝化膜的厚度不断减薄时，等效电感 L 的数值也就随之不断减小。故在钝化金属的孔蚀诱导期，阻抗谱上的低频感抗弧随时间不断萎缩。一旦这些表面区域的钝化膜溶解穿透，电感 L 也就为 0，于是阻抗谱上的低频感抗弧也就消失了。

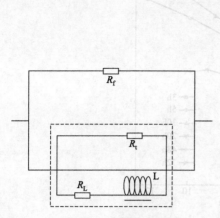

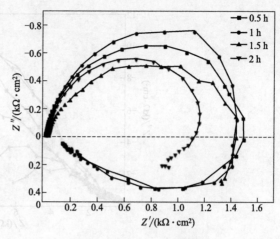

图 8-37　钝化金属小孔腐蚀诱导期中法拉第　　图 8-38　7A60 合金在 3.5%（质量分数）NaCl 溶液中
　　　　阻抗的等效电路　　　　　　　　　　　　　　　浸泡初期 2h 内的阻抗谱

　　在钝化膜局部溶解穿透以后，进入腐蚀孔的发展阶段。此时整个金属表面由两部分组成：大部分表面是钝化膜完整的表面，这部分表面区域的法拉第阻抗可以简单地用一个等效电阻 R_f 表示；另外在面积很小的局部表面区域是钝化膜已经穿透的表面，在这部分表面区域金属直接与溶液接触，进行阳极溶解。这些表面区域的阳极溶解过程是在很高的电位下进行的，阳极电流密度非常大，使得这些区域的金属表面很快凹陷进去，同时很高的阳极电流密度还使得侵蚀性的阴离子如 Cl^- 向这些表面区域迁移。溶解下来的金属离子的水解又使得这部分表面附近的溶液中的 H^+ 的浓度升高；更有甚者，

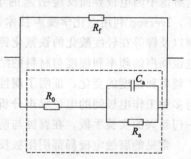

这部分金属表面因阳极溶解速度很大而很快向下凹陷进去，成为腐蚀孔，孔内形成相对"闭塞"的区域，传质过程的进行比较困难，因而孔内形成 Cl^-、H^+ 和金属离子的浓度都非常高的而黏度比较大的溶液。由于孔内金属表面的阳极电流密度很大，在这些电流流过孔内溶液时，就有可观的欧姆电压降。金属在比较高的电位下进行阳极溶解时，阳极溶解过程的法拉第阻抗的等效电路是阳极溶解过程的转移电阻 R_t 与由等效元件 R_a 和电容 C_a 并联组成的复合元件相串联的电路。所以整个金属表面的法拉第阻抗可以用图 8-39 表示。

图 8-39　钝化金属表面小孔腐蚀发展
　　　　期的法拉第阻抗等效电路

　　图中，R_f 表示有钝化膜的表面区域的法拉第阻抗，R_0 表示腐蚀孔内溶液的电阻与孔内阳极溶解过程的转移电阻相串联的电阻：$R_0 = R_t + R_{孔内溶液电阻}$。由于在腐蚀孔内金属的阳极溶解电流密度非常大，阳极溶解过程的转移电阻与孔内溶液中的欧姆电阻相比可以忽略，故 R_0 基本上就是孔内溶液中的欧姆电阻。严格说来，R_0 不能算作法拉第阻抗，但是由于它同由 R_a 与 C_a 并联组成的复合元件相串联后，再同法拉第阻抗 R_f 并联，无法从整个金属电极的法拉第阻抗中分离出来，所以把它看作整个金属电极的法拉第阻抗的一个组成部分。因此在钝化金属小孔腐蚀的发展期，金属电极的电化学阻抗谱有两个容抗弧。实验证明确实如此，如 7A60 合金在 3.5%（质量分数）NaCl 溶液中浸泡 3h 后，出现两个容抗弧，表明已形成腐蚀孔（图 8-40）。

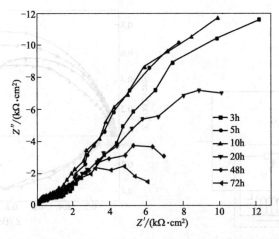

图 8-40 7A60 合金在 3.5％（质量分数）NaCl 溶液中浸泡 3h 后的阻抗谱

8.4 电化学噪声分析技术

8.4.1 电化学噪声的特点

电化学噪声（electrochemical noise，EN）是指电化学系统在恒电位（恒电流）控制下，电解池中因电极界面反应引起的电极/溶液界面的电流（或电极电位）的自发波动。1968年，Iverson 利用电化学噪声技术对纯铝、铝合金（AA2024 和 AA7075）、镁带、铁、中性钢以及锌等在轻度酸化的铁氰化钾和亚铁氰化钾中的腐蚀过程进行了系列的研究，发现腐蚀电位噪声的频率和幅度与材料的结构和性能密切相关；同时通过缓蚀剂加入前后腐蚀电位噪声频率和幅度的变化，证明了腐蚀噪声与腐蚀过程间存在着密切的关系。自从发现 Pt 电极与多种工作电极间的电位噪声分析能够揭示电化学系统特征信息以后，电化学噪声技术作为一门新兴的实验手段，在腐蚀与防护领域得到了长足的发展。

常见的腐蚀电极局部阴阳极反应活性的变化、环境温度的改变、腐蚀电极表面钝化膜的破坏和修复、扩散层厚度的变化、表面膜层的剥离及电极表面气泡的产生等，均能引起电化学噪声。应用电化学噪声分析技术可以研究金属材料局部腐蚀的热力学与动力学行为，评估材料耐蚀性以及缓蚀剂、表面涂镀层的防护性能，监视电化学系统腐蚀速度和过程。电化学噪声技术相对于诸多传统的腐蚀监测技术具有明显的优良特性。传统电化学研究方法可能因为外加信号的介入而影响腐蚀电极的腐蚀过程，同样无法对被测体系进行原位监测。电化学噪声，首先是一种原位无损的监测技术，在测量过程中无须对被测电极施加可能改变电极腐蚀过程的外界扰动，无须预先建立被测体系的电极过程模型，无须满足阻纳的三个基本条件。另外，其检测设备简单，且可以实现远距离监测。电化学噪声测量是以随机过程理论为基础，用统计方法来研究腐蚀过程中电极/溶液界面电势和电流波动规律性的一种新颖的电化学研究方法。近十多年来，电化学噪声测量技术作为腐蚀电化学研究的前沿领域，已经引起越来越多研究者的兴趣，对航空铝合金、锰钢、黄铜等材料的孔蚀、缝隙腐蚀过程中的电化学噪声特征的研究方兴未艾。电化学噪声测量技术完整地将金属的腐蚀机理研究和防护科学在理论上和技术上大大地向前推进了一步。

8.4.2 电化学噪声测试原理

8.4.2.1 电化学噪声的分类

根据所检测到的电化学信号，视电流或电压信号的不同，可将电化学噪声分为电流噪声或电压噪声；根据噪声的来源不同，又可将其分为热噪声、散粒效应噪声和闪烁噪声。

(1) 热噪声

热噪声是由自由电子的随机热运动引起的，是最常见的一类噪声。电子的随机热运动带来一个大小和方向都不确定的随机电流，它们流过导体则产生随机的电压波动。但在没有外电场存在的情况下，这些随机波动信号的净结果为零。1928 年，贝尔实验室的约翰逊 (J. B. Johnson) 首先对热噪声进行了详细的实验研究（所以热噪声又称为约翰逊噪声）。之后，H. Nyquist 根据热力学原理在理论上对其进行了大量探讨。实验与理论结果表明，电阻中热噪声电压的均方值 $E[V_N^2]$ 正比于其本身的阻值 R 及体系的热力学温度 T：

$$E[V_N^2] = 4K_B TR\Delta v \tag{8-45}$$

式中，V 为噪声电位值；Δv 为频带宽；K_B 为 Boltzmann 常数（$K_B = 1.38 \times 10^{-23} \text{J/K}$）。

上式在直到 10^{13}Hz 频率范围内都有效，超过此频率范围后量子力学效应开始起作用，此时，功率谱将按量子理论预测的规律而衰减。热噪声的谱功率密度一般很小，例如，$1M\Omega$ 的电阻在室温 298K 时所产生的热噪声的谱功率密度的最大值仅为 $0.0169\mu\text{V}^2/\text{Hz}$。因此，一般情况下，在电化学噪声测量过程中，热噪声的影响可以忽略不计。热噪声值决定了待测体系的待测噪声的下限值，因此当后者小于监测电路的热噪声时，就必须采用前置信号放大器对被测体系的被测信号进行放大处理。

(2) 散粒效应噪声

散粒效应噪声是 Schottky 于 1918 年研究此类噪声时，用子弹射入靶子时所产生的噪声命名的。因此该噪声又称为散弹噪声或颗粒噪声。在电化学研究中，当电流流过被测体系时，如果被测体系的局部平衡仍没有被破坏，此时被测体系的散粒效应噪声可以忽略不计。然而，在实际工作中，特别是被测体系为腐蚀体系时，由于腐蚀电极存在着局部阴阳极反应，整个腐蚀电极的 Gibbs 自由能 ΔG 为

$$\Delta G = -(E_a + E_c)zF = -E_{外测}zF \tag{8-46}$$

式中，E_c 和 E_a 为局部阴、阳极的电极电位；$E_{外测}$ 为被测电极的外测电极电位；z 为局部阴、阳极反应所交换的电子数；F 为 Faraday 常数。

因此，即使 $E_{外测}$ 或流过被测体系的电流很小甚至为零时，腐蚀电极的散粒效应噪声也不能忽略不计。

(3) 闪烁噪声

闪烁噪声又称为 $1/f^a$，a 一般为 1、2、4，也有取 6 或更大值的情况。与散粒效应噪声一样，它同样与流过被测体系的电流有关，与腐蚀电极的局部阴阳极反应有关。所不同的是，引起散粒效应噪声的局部阴阳极反应所产生的能量耗散掉了，且 $E_{外测}$ 表现为零或稳定值，而对应于闪烁噪声的 $E_{外测}$ 则表现为具有各种瞬态过程的变量。局部腐蚀（如孔蚀）能显著地改变腐蚀电极上局部微区的阳极反应电阻值，从而导致 E_a 的剧烈变化。因此，当电极发生局部腐蚀时，如果在开路电位下测定腐蚀电极的电化学噪声，则电极电位会发生负移，之后伴随着电极局部腐蚀部位的修复而正移；如果在恒压情况下测定，则在电流-时间曲线上有一个正的脉冲尖峰。关于电化学体系中闪烁噪声的产生机理有很多假说，如"时间

常数假说"和"渗透理论假说"等，但迄今能为大多数人接受的只有"钝化膜破坏/修复"假说。该假说认为：钝化膜本身就是一种半导体，其中必然存在着位错、缺陷、晶体不均匀及其他一些与表面状态有关的不规则因素，从而导致通过这层膜的阳极腐蚀电流的随机非平衡波动，于是导致电化学体系中产生了类似半导体中的 $1/f^a$ 噪声。闪烁噪声主要影响频域谱中 SPD 曲线的高频（线性）倾斜部分。

8.4.2.2　电化学噪声的测定

电化学噪声分为电流噪声和电位噪声。最初研究的是电位噪声，随后发现电流噪声相对于电位噪声，能更真实地刻画电极的表面状况，表征电极表面所发生的暂态过程，特别是非稳态点蚀过程，同时发展了同步测定电位噪声和电流噪声的噪声电阻技术。

电化学电位噪声的测量可以分为同种电极体系和异种电极体系。传统测试方法一般采用异种电极体系，即采用一个研究电极和一个参比电极。参比电极一般为甘汞电极或铂电极，也可以采用其他形式的参比电极，如 Ag-AgCl 参比电极等。电化学噪声用参比电极的选择原则为：除了符合作为参比电极的一般要求以外，还要满足电阻小（以减小外界干扰）、电位稳定和噪声低等要求。同种电极体系是近年才发展起来的，它的研究电极和参比电极均为被研究的材料。电化学电流噪声的测量是在两个同种电极之间进行的，通过一个零电阻安培表将它们连接起来，记录电流噪声。电流噪声也能通过测定流向恒定电位的单个电极的电流而得到，这种方法主要是早期一些研究人员研究单个暂态变量（常常是在预定的极化电位下）的变化规律时使用，但该方法无法同时测定电极的电位噪声。

电位噪声和电流噪声都可能由于幅度过小而不易测量。对于大电极的腐蚀过程，因为其阻抗较小、信噪比低，从而导致电化学噪声不易测量，同时因为电位噪声的功率谱密度与试样的面积成反比，通常需要 $0.1\sim1\mu V$ 的分辨率。因此一般噪声的测量通常使用研究面积相对较小的电极。目前普遍采用三电极系统测量腐蚀体系的电化学噪声，其中一个电极为参比电极，另外两个电极为同种材料的工作电极。一方面，三电极噪声测试系统能够同时测得腐蚀电极的电流噪声和电位噪声；另一方面，因为参比电极的面积通常远远小于两个用来测量电流和电位噪声的电极面积之和，导致电位噪声的测定结果不太准确。

电化学噪声的测试系统分为两大类，即恒电流法和恒电位法（图 8-41）。恒电流条件下的电化学噪声测量可采用双通道频谱分析仪。其特点是用两个参比电极同时测量噪声信号，经低噪声前置放大后输入 FFT 分析仪。通过相关技术能够消除只用一个参比电极时具有的各种寄生干扰。然后借助双通道频谱分析仪，可得到电压噪声的互功率密度谱。在恒电位条件下的电化学噪声测试中，电极电位的控制是由恒电位仪实现的。测量的关键是必须选用低噪声恒电位仪（一般为直流供电）。使用双参比电极，其中一个作为检测电位用。采用双通道频谱分析仪存储和显示被测腐蚀体系电极电位和响应电流的自相关噪声谱以及它们的互相关功率谱。通过电流互功率谱可以从响应于电极电位的电流信号中辨别出由电极特征参数的随机波动所引起的噪声信号，这样有利于消除仪器的附加噪声。电化学噪声测试的关键装置是频谱分析仪，它具备 FFT 的数学处理功能，能自动完成噪声时间谱、频率谱和功率密度谱的显示、存储和测量。

8.4.2.3　电化学噪声的分析

噪声谱分析就是将电极电位或电流随时间波动的时间谱，通过快速傅里叶变换（FFT），转变成功率密度随频率变化的功率密度谱（power spectral density，PSD），再通过功率谱的主要参数 f_c 来研究局部腐蚀的特征。

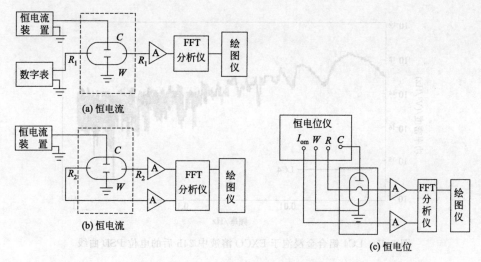

图 8-41　电化学噪声测量装置

电化学噪声谱图包括电化学噪声的时间谱和功率密度谱两种。电化学噪声的时间谱是时域谱，它显示噪声瞬时值随时间的变化。例如，在孔蚀诱导期，出现了数量可观的电流尖脉冲，它揭示了噪声与引起这种噪声的物理现象的内在关系，有助于研究孔蚀的具体过程。噪声功率密度谱是频域图谱，表示噪声与频率的关系，即噪声频率分量的振幅随频率变化的曲线。噪声功率密度谱易于解析和分析规律性。噪声功率密度谱用功率密度的对数对频率的对数作图，即 $\lg P$-$\lg f$ 曲线。在一定频率以上，功率密度降到最小值（－50）时对应的频率记为 f_c，以 f_c 的数值表示噪声的频率范围，可以通过 f_c 的值来判断局部腐蚀过程中的一些规律。f_c 的大小与噪声波波动的速度有关。波动速度越大，f_c 越大。

电化学噪声的分析方法主要有：

(1) 频域分析

电化学噪声技术发展的初期主要采用频谱变换的方法来处理噪声数据，即将电流或电位随时间变化的规律（时域谱，如图 8-42 所示）通过某种技术转变为功率密度谱曲线（频域谱，如图 8-43 所示），然后根据 PSD 曲线的水平部分的高度（白噪声水平）、曲线转折点的频率（转折频率）、曲线倾斜部分的斜率和曲线没入基底水平的频率（截止频率）等 PSD 曲线的特征参数来表征噪声的特性，探寻电极过程的规律。

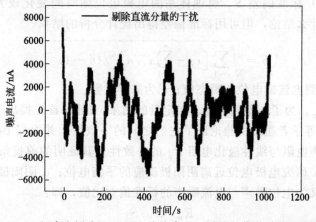

图 8-42　LC4 铝合金浸泡于 EXCO 溶液中 24h 后的电化学时域电流噪声谱

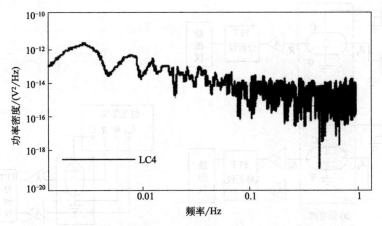

图 8-43　LC4 铝合金浸泡于 EXCO 溶液中 24h 后的电位 PSD 曲线

常见的时频转换技术有快速傅里叶变换（fast fourier transform，FFT）、最大熵值法（maximum entropy method，MEM）、小波变换（wavelets transform，WT）。特别是其中的小波变换，它是傅里叶变换的重要发展，既保留了傅里叶变换的优点又能克服其不足。因此，它代表了电化学噪声数据时频转换技术的发展方向。在进行噪声的时频转换之前应剔除噪声的直流部分，否则 PSD 曲线的各个特征将变得模糊不清，影响分析结果的可靠性。

(2) 时域分析

与以前相比，电化学噪声信号检测方式发生很大变化，"相同"电极测量技术已取代了传统的三电极体系，成为电化学噪声研究中应用最多的测量方式，相应的数据处理方法也随之产生。原始的数据分析，即对采样得到的电位、电流随时间波动的原始数据进行分析，可以获得电极表面发生的一些有价值的信息。但由于仪器的缺陷（采样点数少、采样频率低等）和时频转换技术本身的不足（如转换过程中某些有用信息的丢失、难于得到确切的电极反应速率等），一方面迫使电化学工作者不断探索新的数据处理手段，以便利用电化学噪声频域分析的优势来研究电极过程的机理；另一方面又将人们的注意力部分转移到时域谱的分析上，从最原始的数据中归纳出电极过程的一级信息。

在电化学噪声的时域分析中，标准偏差（standard deviation）S、噪声电阻 R_n 和孔蚀指标 PI 等是最常用的几个基本概念，它们也是评价腐蚀类型与腐蚀速率大小的依据。

① 电位（电流）标准偏差 S。腐蚀体系的电极电位随时间变化较大，仅靠平均电位、平均电流很难得出什么结论，但可用标准偏差得出统计分析的结果。

$$S = \sqrt{\sum_{i=1}^{n} \left[x_i - \sum_{i=1}^{n} x_i / n \right]^2 / (n-1)} \tag{8-47}$$

式中，x_i 为实测电流或电位的瞬态值；n 为采样点数。

② 噪声电阻 R_n。为了能得到定量、半定量的结果，Eden 首先提出了噪声电阻的概念，之后，F. Mansfeld 等学者通过实验论证了它们之间的一致性，并根据 Butter-Volmer 方程，从理论上证明了噪声电阻与线性极化电阻 R_p 的一致性。其证明的前提条件为：a. 阴阳极反应均为活化控制；b. 研究电极电位远离阴阳极反应的平衡电位；c. 阴阳极反应处于稳态。

噪声电阻被定义为电位噪声与电流噪声的标准偏差比值，即：

$$R_n = S_V / S_I \tag{8-48}$$

③ 孔蚀指标 PI。PI 被定义为电流噪声的标准偏差 S_I 与电流的均方根（root mean

square) I_{RMS} 的比值：

$$PI = S_I/I_{RMS} \tag{8-49}$$

一般认为，PI 值接近 1.0 时，表明孔蚀的产生；当 PI 处于 0.1～1.0 之间时，意味局部腐蚀的发生；当 PI 接近于零时，表示电极表面出现均匀腐蚀或保持钝化状态。另外，也有不少研究者对 PI 的作用提出了质疑。

在电化学噪声的时域分析中，除了上述方法外，应用较多的还有统计直方图。它分为两种：第一种统计直方图是以事件发生的强度为横坐标，以事件发生的次数为纵坐标。实验表明，当腐蚀电极处于钝态时，该统计直方图上只有一个正态（Gaussian）分布；当电极发生孔蚀时，该图上出现双峰分布。另一种统计直方图是以事件发生的次数或事件发生过程的进行速度为纵坐标，以随机时间步长为横坐标。该图能在某一个给定的频率（如取样频率）将噪声的统计特性定量化。

8.4.3　电化学噪声测试技术

与电化学阻抗谱等测试方法不同，电化学噪声测试具有测量装置简单、对被测体系没有干扰、可以反映材料腐蚀真实状况的优点。电化学噪声测试可以在恒电位极化或在电极腐蚀电位下进行。当在电极腐蚀电位下测定 EN 时，测试系统可以采用相同材料的双电极体系或者三电极体系。

对于电化学噪声测试，既可以选用专用的电化学噪声设备，也可以利用恒电位仪的 ZRA（zero resistance ammeter）模式连接，搭建测试线路。

8.4.3.1　电化学噪声测试的影响因素

影响电化学噪声测量结果的因素有电极的面积、采样频率、测量仪器固有噪声以及附属部分如参比电极、溶液电阻等。参比电极采用无噪声的饱和甘汞电极。通常工作电极和辅助电极面积、形状相同，由于引起电流、电位波动的许多原因与电极表面的几何面积并不完全成比例，如点蚀的起源在很大程度上是独立于电极总面积的，另一方面由于许多现象在空间上不可能不相关，因此在测量时要选择合适的电极尺寸。如果要对比不同次的测量结果，电极面积应保持不变。

合适的采样频率对测量结果的影响并不是很快就能够表现出来。常用的 0.5Hz、1Hz 或 2Hz 采样频率对于一些电化学系统（如评估涂层性能）也许是合适的，但对另外一些电化学系统则不一定是合适的。为捕捉到构成噪声的事件，必须使采样频率超过某一最低频率值，这个值可能取决于均匀腐蚀时阴、阳极有效面积波动的速率，点蚀的亚稳定增长时间以及电极表观面积等。如果采样频率不合适，例如采样频率较低时，相当于使用了低通滤波器，将丢失有用的高频信息。

测量系统的固有噪声同样会影响到测量结果。其噪声主要来源于测量系统中的放大器。当所研究的电化学系统设计得不合适时，微弱的电化学噪声信号将淹没在测量系统的固有噪声中，使人无法获取有用的电化学系统信息。通常人们将测量系统的测量电位信号端短路，使测量电流信号断路，以得到测量系统固有噪声信号。将所测量的电化学噪声信号与系统固有噪声信号在时域内直接对比，或通过 FFT 转换到频域内对比其功率谱值，可考查所研究电化学系统的设计是否合理。

如上所述，影响电化学噪声测量的因素很多，事实上所测量到的噪声信号是所研究的电极噪声与测量系统固有噪声、参比电极、溶液电阻的噪声以及其他干扰源噪声的综合。通常人们会采取一些措施来降低不必要的噪声信号干扰，如：降低组成电化学系统的所有附属部分的阻抗值；屏蔽机械振动和电磁干扰，尤其是交流电频率及其谐波；根据研究对象及目的，选择合适的电极面积；测量系统中采用在低频区低噪声、高增益的放大器；选取合适的采样频率；避免在极化状态下测量噪声；信号分析时加窗除噪等。

8.4.3.2　测试注意要点

测量电位噪声和电流噪声时，要将试样先浸泡于介质溶液中一段时间，等到体系稳定后再开始采集数据。由于电化学噪声数据本身具有随机性特点，为了提高实验精度，减小实验误差，在实验过程中应交换两工作电极测量，比较两组数据，判断两个工作电极表面状态的相似性，并且将多次实验结果取平均值。在测定电化学噪声时，测试系统应置于屏蔽箱中，以减小外界干扰。应采用无信号漂移的低噪声前置放大器，特别是其本身的闪烁噪声应该很小，否则将极大地限制仪器在低频部分的分辨能力。

引起电化学系统电位、电流波动的因素很多，如试样表面的电化学反应，因反应产生的气泡逸出而导致电极反应面积变化、表面保护膜层破裂等。这些均会引起电位信号的突变，并且随着表面与介质相互作用，其电位会逐渐复原。噪声信号具有时变特征，采用小波变换，能够提取发生点蚀电化学噪声信号和系统噪声在多尺度分率空间中的波形特征，从而实现对信号突变点的检测。

8.4.4　电化学噪声测试应用

目前，电化学噪声技术已广泛地应用于工业电化学（包括金属的腐蚀与防护、化学电源和金属电沉积）和生物电化学等学科领域，并日益成为相关学科领域的重要研究手段。同时，电化学噪声的基本理论和数据处理技术也在其广泛的应用中得到了长足的发展。

8.4.4.1　电化学噪声在腐蚀科学中的应用

1968 年，Iverson 采用两电极体系（腐蚀金属电极和 Pt）首次观察到了腐蚀电化学体系中腐蚀电极电位随时间的随机波动现象——电化学噪声，并且认为这种波动现象与电极的腐蚀过程紧密相关，可以通过对 EN 特征的研究来探索金属腐蚀过程的规律，探寻有效的防腐涂料和筛选缓蚀剂。此后，电化学噪声技术在腐蚀科学及相关科学领域中的应用日益受到人们的普遍关注。如用电化学噪声技术判断腐蚀类型，分析孔蚀的特征，材料应力腐蚀和裂纹等局部腐蚀的电化学噪声特征表征，以及涂层性能评价和缓蚀剂的筛选等。

8.4.4.2　电化学噪声在化学电源和金属电沉积等其他领域中的应用

在金属电沉积过程中，电化学噪声起源于晶核的随机生长，噪声水平远高于金属溶解或由扩散控制的物质还原过程中产生的电化学噪声水平，且与沉积物的结构和晶体取向生长密切相关。如在 Ni 的电沉积过程中，当 $1/f^\alpha$ 噪声中的指数 α 接近于 2 时，[110] 晶面择优生长；当 α 接近于 1 时，[211] 晶面择优生长。在 Zn 的电沉积过程中，PSD 正比于沉积层的表面粗糙度。

EN 技术除了用于上述工业电化学领域外，在生物化学和环境科学等领域也得到了长足发展。

8.5　微区电化学测试技术

传统宏观的电化学技术，如电化学极化曲线、交流阻抗等，对金属在腐蚀过程中的电化学特征进行了大量准确的表征。但随着对腐蚀过程和机理研究的不断深入，传统的宏观电化学测试方法已经无法满足现有研究的需要，这些测试方法局限于探测整个样品的宏观变化，测试结果只反映样品的不同局部位置的整体统计结果，不能反映出局部的腐蚀及材料与环境的作用机理与过程。而微区探针能够区分材料不同区域电化学特性差异，且具有局部信息的整体统计结果，并能够探测材料/溶液界面的电化学反应过程，逐渐成为腐蚀机理研究的重要手段。

微区电化学测量技术利用微探针对材料发生腐蚀的局部进行线性扫描，能在材料发生微米级乃至亚微米级的腐蚀之初进行监测反馈，并对其腐蚀进行针对性的表征和掌控，从而得到直观且准确的结论。通过微区电化学方法，可以将材料发生腐蚀的区域进行分块微小化，获取不同微小区域的电化学性质，从而建立系统完整的腐蚀检测机制，这为电偶腐蚀乃至全部腐蚀的发生提供了详细的说明，可以将材料的不同微小区域的电化学特征细微差异区别开，更加本质地揭示材料腐蚀的过程和机理。

一些具有较好抗均匀腐蚀能力的材料往往容易发生点蚀、应力腐蚀开裂等局部腐蚀，由于局部腐蚀不易被察觉，因而局部腐蚀比均匀腐蚀更加危险，对材料的使用安全性产生更大的影响。局部腐蚀发生的主要动力是电化学电偶的存在。材料中存在偏析、夹杂和第二相等组织不均匀性，导致不同区域的电化学特性差异，形成电化学电偶。带有防护性涂层的金属由于机械的或者化学的原因产生的局部破坏也能够导致材料表面不同区域的差异而使破损涂层下的金属产生腐蚀。近年来，人们一直在进行局部电化学过程的探索研究。微区扫描系统为进行局部表面科学研究提供了一个新的途径，从而得到腐蚀领域的广泛应用。

8.5.1　扫描振动电极技术

扫描振动电极（SVET）技术是使用扫描振动探针（SVP）在不接触待测样品表面的情况下，测量局部电流、电位随远离被测电极表面位置的变化，检定样品在液下局部腐蚀电位的一种先进技术。SVP 系统具有高灵敏度、非破坏性、可进行电化学活性测量的特点。它可进行局部腐蚀（如点蚀和应力腐蚀的产生、发展等）和表面涂层及缓蚀剂的评价等方面的研究。

测量原理为：电解质溶液中的金属材料由于表面存在局部阴阳极，在电解液中形成离子电流，从而形成表面电位差，通过测量表面电位梯度和离子电流探测金属的局部腐蚀性能。用 SVET 进行测试时，微探针在样品表面进行扫描，用一个微电极测试表面所有点的电势差，另外一个电极作为参比电极，通过测量不同点的电势差，获得表面的电流分布图。测量原理示意图如图 8-44 所示。

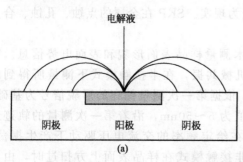
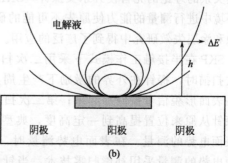

图 8-44　SVET 测量原理示意图

假设电解液浓度均匀且为电中性，反应电流密度可由下式求得

$$i = \frac{\Delta E}{R_{\Omega} + R_a + R_c} \tag{8-50}$$

式中，ΔE 为阴阳极电位差；R_{Ω} 为电解液的电阻；R_a 和 R_c 分别为阳极和阴极反应电阻。

振动电极探测到的交流电压与平行于振动方向的电位梯度成正比，因此探测电压与振动方向的电流密度成正比。对于电导率为 κ 的电介质，位置（x，y，z）处的电位梯度由下式给出

$$F = \frac{dE}{dz} = \frac{iz}{2\pi\kappa(x^2 + y^2 + z^2)^{1.5}} \tag{8-51}$$

SVET 在腐蚀研究中的应用包括：研究点蚀、微电偶腐蚀以及钝化膜的破坏和修复作用，研究表面涂层对金属基体起保护作用的微观机理，研究金属表面有机物涂层的破坏和修复机理，涂层微小缺陷萌生到扩展与腐蚀性能的关系等。X70 钢电极在碱性溶液里进行阳极极化，极化到点蚀电位以上后材料表面产生腐蚀孔，其 SVET 扫描图像显示在孔蚀处出现很高的局部溶解电流峰，说明高 pH 溶液中孔蚀处的局部溶解速度很快（图 8-45）。

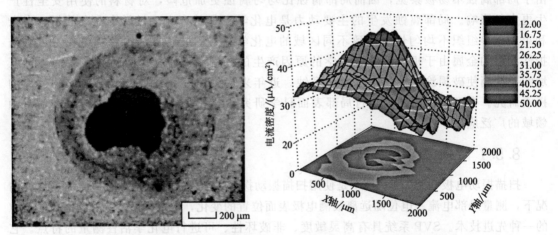

图 8-45　X70 钢电极在高 pH 溶液里的腐蚀形貌及 SVET 电流密度测量

8.5.2　扫描开尔文探针测量技术

开尔文探针是一种无接触、无破坏性的仪器，可以用于测量导电的、半导电的或涂覆的材料与试样探针之间的功函差。这种技术是用一个振动电容探针来工作的，通过调节一个外加的前级电压可以测量出样品表面和扫描探针的参比针尖之间的功函差。功函和表面状况有直接关系的理论的完善使开尔文探针（SKP）成为一种很有价值的仪器，它能在潮湿甚至气态环境中进行测量的能力使原先不可能的研究变为现实。SKP 在金属的点蚀、孔蚀、合金腐蚀和涂层失效研究中得到了广泛的应用。

SKP 在半接触工作模式下采用二次扫描技术测量样品表面形貌和表面电势信息。第一次扫描时，探针在外界的激励下产生周期性机械共振，在半接触模式下测量所得到的样品表面形貌信号被储存起来；第二次扫描时，依据第一次测量储存的形貌信号为基础，把探针从原来位置提高到一定高度，典型的数值为 5～50nm，沿着第一次测量的轨迹进行表面电势的测量。在表面电势测量时，探针在给定频率的交流电压驱动下产生振荡。表面电势的测量采用补偿归零技术。当针尖以非接触模式在样品表面上方扫过时，由于

针尖费米能级 E_{probe} 与样品表面费米能级 E_{sample} 不同，针尖和微悬臂会受到力的作用产生周期振动，这个作用力一般含有 ω 的零次项、一次项和二次项。系统通过调整施加到针尖上的直流电压 V_b，使得含 ω 一次项作用力的部分（该作用力与探针和样品微区的电子功函数差成正比）恒等于零来测量样品微区与探针之间的电子功函数差。将针尖在不同 $(x，y)$ 位置的形貌和归零电压信号同时记录下来，就得到了样品表面的形貌和对应接触电势差的二维分布图。将该势差图像与样品成分的电子功函数联系起来，得到样品表面微区成分分布。

SKP 是建立在扫描参比电极技术（SRET）和扫描振动电极技术（SVET）之上，采用扫描开尔文探针测量不同材料表面的功函数的方法。功函数是指将一个电子从导电材料内部移动到此物体表面并使其动能等于零时所需的最小能量。功函数的值越小，说明该材料表面电子越容易逸出，则材料耐蚀性越差。SKP 技术能够在不接触、无损的条件下，在产生腐蚀的初期阶段精确检测到腐蚀的发生，近年来在大气腐蚀科学中被广泛应用，为大气腐蚀的机理研究提供了有力的证据。目前存在探针扫描速度低、易受湿度和噪声干扰的问题，可以在提高信噪比、加快扫描速度、研究高性能探针材料等方面进行改善。如用 SKP 研究了2A12 铝合金在大气环境中初期腐蚀的电化学行为，如图 8-46 所示。结果表明，材料的初期腐蚀行为表现为金属表面阴极区和阳极区不断发生变化，呈现局部腐蚀的特征。随着腐蚀的不断进行，表面电位随时间逐渐正移，阴极区和阳极区逐渐变得明显，腐蚀反应处于不断加速过程。

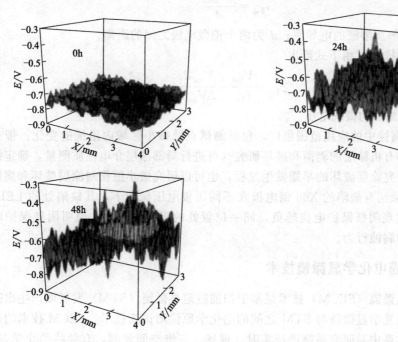

图 8-46　2A12 铝合金的早期大气腐蚀行为 SKP 电位分布图

8.5.3　微区电化学阻抗技术

微区电化学阻抗（LEIS）技术能精确确定局部区域固/液界面的阻抗行为及相应参数，如局部腐蚀速率、涂层（有机、无机）完整性和均匀性、涂层下或与金属界面间的局部腐蚀、缓蚀剂性能及不锈钢钝化/再钝化等多种电化学界面特性。局部电化学阻抗技术的测量原理是向被测电极施加一微扰电压，从而感生出交变电流，通过使用两个铂微电极确定金属表面上局部溶液交流电流密度来测量局部阻抗谱，如图 8-47 所示。

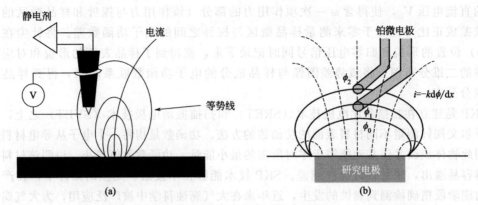

图 8-47　LEIS 的测量原理示意图

除此之外，采用铂微电极测量电极溶液界面（AC）信号，除提供与测试和界面有关的局部电阻、电容、电感等信息外，还能给出局部电流和电位的线、面分布以及二维、三维彩色阻抗或导纳图像。

测定两电极之间的电压 ΔV_{loc}，可以由欧姆定律来求得局部交流电流密度 i_{loc}

$$i_{\text{loc}} = \frac{\Delta V_{\text{loc}} \kappa}{d} \tag{8-52}$$

式中，κ 为电解质溶液的电导率；d 为两个铂微电极之间的距离。

则局部交流阻抗 Z_{loc} 由下式给出

$$Z_{\text{loc}} = \frac{V_{\text{loc}}}{i_{\text{loc}}} = \frac{V_{\text{loc}} d}{\Delta V_{\text{loc}} \kappa} \tag{8-53}$$

式中，V_{loc} 为施加的微扰电压。

LEIS 技术在腐蚀中的应用范围很广，包括测试点蚀微小区域内阻抗的变化；带有缺陷涂层的腐蚀研究；有机涂层的剥落和破坏研究（可进行局部涂层介电性质测量，确定涂层起泡的发生部位，研究涂层破坏的早期发生过程，也可以研究微小擦伤对涂层破坏和腐蚀机理的影响）。如表面涂层有缺陷的 X65 钢电极在不同阴极电压保护下，其缺陷处的 LEIS 如图 8-48 所示，可以发现阴极保护电位越负，同一位置处的阻抗值越大，说明阴极保护电位影响带缺陷涂层钢的腐蚀行为。

8.5.4　扫描电化学显微镜技术

扫描电化学显微镜（SECM）技术是基于扫描隧道显微镜（STM）发展而产生出来的一种分辨率介于普通光学显微镜与 STM 之间的电化学原位测试新技术。SECM 技术的最大特点是可以在溶液体系中对研究系统进行实时、现场、三维空间观测，有独特的化学灵敏性。当微探针在非常靠近基底电极表面扫描时，扫描微探针的氧化还原电流具有反馈的特性，并直接与溶液组分、微探针与基底表面距离以及基底电极表面特性等密切相关。因此，扫描测量在基底电极表面不同位置上微探针的法拉第电流图像，即可直接表征基底电极表面形貌和电化学活性分布。SECM 技术不但可以测量探头和基底之间的异相反应动力学过程及本体溶液中的均相反应动力学过程，还可以通过反馈电信号描绘基底的表面形貌，研究腐蚀和晶体溶解等复杂过程。

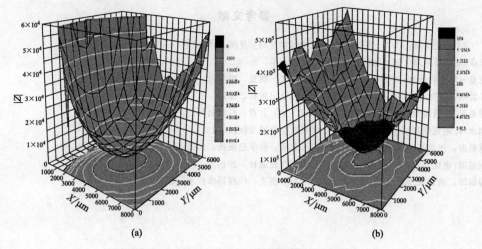

图 8-48　X65 钢电极表面涂层缺陷处的 LEIS

近年来，利用扫描电化学显微镜技术研究金属腐蚀取得了一定的发展，针对金属腐蚀的几个过程，可以对腐蚀微观过程进行表征。如可以原位测量腐蚀电极表面的空间形貌、电化学均一性等，研究腐蚀电极的动态过程；还可以研究金属表面钝化膜的局部破坏、消长、局部腐蚀的早期过程机理；从微米或纳米空间分辨率上对腐蚀发生、发展的机理进行深入研究，使得腐蚀研究整体水平深入到微米或纳米空间的水平；以及涂层与涂层下金属腐蚀行为的研究等。

参考文献

[1] J. O. M 博克里斯，D. M. 德拉齐克. 电化学科学 [M]. 夏熙，译. 北京：人民教育出版社，1980.

[2] 李荻. 电化学原理 [M]. 北京：北京航空航天大学，2008.

[3] 阿里·埃夫特哈利. 纳米材料电化学 [M]. 李屹，胡星，凌志远，译. 北京：化学工业出版社，2017.

[4] 孙世刚，陈胜利. 电催化 [M]. 北京：化学工业出版社，2013.

[5] 陈卓元. 金属腐蚀的光电化学阴极保护机理 [M]. 北京：科学出版社，2017.

[6] 刘永辉. 电化学测试技术 [M]. 北京：北京航空学院出版社，1987.

[7] 曹楚南，张鉴清. 电化学阻抗谱导论 [M]. 北京：科学出版社，2002.

[8] 张鉴清. 电化学测试技术 [M]. 北京：化学工业出版社，2010.

[9] 薛娟琴，唐长斌. 电化学基础与测试技术 [M]. 西安：陕西科学技术出版社，2007.